SPROUT LANDS
Tending the Endless Gift of Trees

樹木の恵みと人間の歴史

石器時代の木道からトトロの森まで

ウィリアム・ブライアント・ローガン［著］
屋代通子［訳］

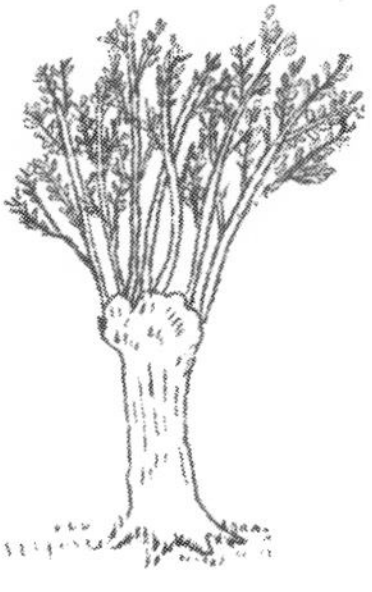

築地書館

母、その父、そしてレイ・ドナヒューに

SPROUT LANDS
Tending the Endless Gift of Trees
by
William Bryant Logan

Japanese translation rights arranged with
W. W. Norton & Company, Inc.
through Japan UNI Agency, Inc., Tokyo
Japanese translation by Michiko Yashiro
Published in Japan by Tsukiji-Shokan Publishing Co., Ltd., Tokyo

崖から見渡す芽吹く土地の、なんと美しいことだろう！　若い木々が、これほど広大な地面いっぱいに伸びている眺めほど、気持ちを盛り立て、元気づけてくれるものはない。見下ろすと、カエデの淡い緑がブナの濃い緑へと溶けこんでいて、そこここにカエデの春紅葉が紅くひらめく……そう、この大地は文句なく住むのにふさわしい場所だ。こんなにたくさんの若い植物が我勝ちに出てこようとするからには、多くの営みは希望をもって成し遂げられるだろう。春、一〇〇エーカー以上の土地を、地面がすっかり枯れはてて黒くなるまで焼くと、夏至の頃までには、その空間が周りより一段階は生きのいい、豊かな緑に埋めつくされる。だとすれば、人も絶望する必要などあろうか。人もまた、幾たびとなく枯れ、しおれはしても、そこに新たに芽吹く大地ではないのか。

——ヘンリー・デイヴィッド・ソロー『*Journal*（日記）』Ⅱ

平凡な日常を動かすために自らのうちから湧いてくる力に関心を払わなくなるのは、官僚主義の兆候だ。官僚主義的態度が過去の文明を滅ぼす萌芽となってきたことを、われわれは知っている。わたしたちの文化にとっても同じことが言えるかもしれない。

——エドガー・アンダーソン『*Plants, Man and Life*（植物、人類、命）』

もくじ

用語について
古来からの樹木の利用法である「萌芽更新」には大きくわけて、樹木の幹を地上部二〜三メートルのところで伐る方法と、地際で伐る方法がある（本文22頁図、88頁、89頁写真参照）。本書では、地上部二〜三メートルのところで切る方法を「台伐り」としている。

ニューヨークを救う木

ヤナギの再生

わたしたちはニューヨーク市で、樹木の手入れを生業《なりわい》としている。今まで、目に触れた木を好きになれなかったことはまずないのだが、例外があるとすればおそらくこの木だ。マンハッタンの、たいそう美しくしつらえられたコミュニティ・ガーデンのど真ん中に鎮座していた。ほとんど幹だけになっていて、その太さはといえば水道管並み、ニューヨーク市のバスを、フロントグラスを下にして逆立ちさせたみたいにそびえていた。中はほぼ空洞で、何も入っていない円筒を、薄いベニヤ板ほどしかない健康な部分で取り囲んだようなものだった。幹のてっぺんや側面のそこここから、しおたれた小枝が突き出している。廃墟からにじみ出た生命の痕跡だ。

わたしたちが手入れを任される一年か二年前に、誰かが上部の枝をほとんど刈り払ってしまっていた。狙いは定かではないけれども、想像するに、幹の健康な部分があまりにも薄っぺらく、木のてっぺんがまるで紙の管にのっけた植木鉢よろしくぐらぐらしていて、今にも通りがかりの人に倒れかかりそうになっていたからだろう。またおそらく、刈り払われた枝のほとんどが、すでに枯死していたのかもしれない。幹のてっぺんは、近くにあるしっかりした木とケーブルでつないであった。

なぜこのヤナギは、ここで息も絶え絶えになっているのだろう――わたしたちは自問した。ヤナギといえば生命力の代名詞だ。倒れても必ず新芽を出す。嵐で折れた枝は、落ちたところに根を張り、あまつさえそこを新たなヤナギの林に変える。

サマセット・レヴェルズという、イングランド南西部に広がる泥炭地を含む平坦で広大な湿地にあるヤナギ林は、もう一〇〇〇年も前からくる年もくる年も枝を刈りこまれてきた。これは萌芽更新と呼ばれる森林利用の手法で、季節になるたびに、ヤナギは新しくしなやかな枝をすっくと伸ばす。当地には今でも、このヤナギを使って美しいサーモン色の編み垣をこしらえる会社がいくつかある。経糸《たていと》と緯糸《よこいと》がきわめて密に編みこまれ、顕微鏡で見る紗織《しゃおり》のシャツさながらだ。

マサチューセッツ州とニューハンプシャー州では、アメリカ先住民がヤナギを焼いて、生えてきた若木を魚捕りの罠に使う。時として探求心旺盛なる冒険家たち――おおむね一二歳未満――が、日照り続きで干上がりかけたよどみでそうした罠を掘り起こしてしまうことがあり、感嘆の声を上げることになる。ソローが出会ったアイルランド少年の二人組は、ダリー・チャンクと名づけた道具で魚を獲ろうとしていた。それは一・二メートルほどの長さのヤナギの新枝で、先端に馬の毛をわっかにしたものが取りつけられていた。身を休めている小ぶりなパイクにそっとわっかをかけると、無造作に引き上げる。ヤナギの竿はよくしない、獲物をしめあげるのだ。

こんな具合に、新芽を出すことにかけてはヤナギは樹木界のチャンピオンなのだが、今わたしたちの前に立つヤナギには、新芽がほとんど見当たらない。明らかに根が腐っているのだ。根ごと取り除く許可をとったほうがいいのでは？

ところがどっこい。このヤナギは名のある木だった。E・B・ホワイトが一九四九年、ホリデイ誌に寄せたエッセイ「Here Is New York」でこの木のことを書いているのだという。記事は、わたしのようにこの街を愛する者なら誰しも涙を誘われる内容だ。ニューヨークは決して一枚岩ではない、とホワイトは書いている。小さなご近所が密になって、もがきながらも何かを生み出そうとしている球体の集まりで、その一つひとつに個人商店がある。クリーニング屋、食料雑貨商、小間物屋、靴の修理屋、新聞販売のスタンド、果物屋、そしてホワイトの時代にはまだ氷と石炭の売店もあった。街はどこからやってくる人でも、惜しみなく抱きしめる。人々はそれぞれに夢を抱き、構想を練り、あるいはカバンに計画を詰めてやってくる。八〇〇万の希望が織りなす場所なのだ。ホワイトは書いている。「詩は、小さな空間に多くを詰めこむ。そして音楽が加わり、その意味を高めるのだ」と。彼にとってニューヨーク市は壮大なる詩であり、名を成した者たちがうらぶれた者たちと、偉大な芸術がさもしい盗みと、豪商がジプシーの王者と袖すり合う場所だ。

記事の最後で、彼は当時としてはまだ目新しかった原子力による破壊について触れている。「雁の編隊ほどのちっぽけな飛行機が一飛びしただけで、この島の夢をたちまちにして無にしてしまえる。塔を焼き、橋を砕き、地下街をガス室に転じて幾百万の民を葬る」

この恐怖の前に、ホワイトは何を対峙させたか。

もうおわかりだろう。息も絶え絶えにくたびれはてたこのヤナギだ。ホワイトの手によれば、「長く風雪に耐え、多くのものが登り、ワイヤでなんとか支えられているけれども、この木を知る人々からはとても愛されている」。もしもこの木が朽ちることがあれば、市全体が崩壊するだろう、と彼は書く。この木が守られている限りは、ニューヨークは保たれる。

なるほど。

それならば。

わたしたちは力をつくして手入れをした。年に二度、盆栽並みに刈り込み、生きている枝はできうる限り陽に当てた。ヤナギに少しでも光が差すように、周辺の木々の枝を払った。根の部分が競合するほかの木々を遠ざけた。根にフミン酸やフルボ酸を与えた。さらに、支えのケーブルを三本増やした。一本はワイヤで、二本はもっと柔らかいポリプロピレン製。五年の間、わたしたちはなんとか安全に生きながらえさせた。

そしてある春の初め、コミュニティ・ガーデンを見まわっているときに、ケーブルが役に立たなくなっているのを見つけた。ヤナギは真っ二つに裂けてこそいなかったものの、ケーブルを渡した箇所で砕けていた。まるで焼き物が割れたかのように。わたしたちはすでにずっと前から、ヤナギに極力体重をかけないようにしていた。てっぺんを見るときには、近くのカエデの枝に結びつけたロープをよじ登って、空洞になった幹を調べたものだ。ヤナギ自体には、木質の部分はもはやほとんど残されていなかった。正直、磁器さながらに薄く、やわだった。ほかの二本のケーブルを渡したところにもひびが入り始めていた。わたしたちは大いにためらいながらも、ヤナギを撤去する許可を求めた。

ガーデンの所有者たちも、最後にはそれしかないと認めてくれた。よく晴れた春の日、わたしたちはヤナギを倒した。幹の断面は、円形の額縁のようだった。枯れた二本の根は、すでに崩れかけている。だが驚くなかれ、グランドセントラル駅も、クライスラービルも、エンパイアステートビルも、掘りつくされたヤナギの根っことともに崩れ落ちはしなかった。ニューヨークタイムズ紙の記者が事態を嗅ぎつけ、偉大なヤナギに引導を渡すという役まわりを引き受けなければならなかった不運な連中と、わたしたちのことを記事にした。だが実際にはその反対に、手入れをするうちにわたしたちはヤナギに愛着を覚え始め、あたかもホスピスの職員のように、心をこめて木を安息へと導けたと感じていた。

安息などという言葉がヤナギにはとんと無縁であることを、わたしたちはまだ知らなかった。

木の残骸は大部分はチッパーにかけられ、マルチになった。枝をほんの数本、砕かずに残しておいた。若いひょろっとした枝を三本、ブルックリンはレッドフックの種苗場の隅に突き挿した。三本とも、箒の柄《え》くらいの長さだった。

別に害にはならないし、あくまでも記念として。

そのまま、ヤナギの枝を挿したことなどすっかり忘れていた。

その年の秋、わたしたちは種苗場の木の棚卸をした。

アメリカサイカチ　六本
ウィローオーク　二本
ケンタッキーコーヒーツリー　四本
サービスベリー　三本

あの隅っこにかたまっている、黄色い葉の細っこい木はなんだろう？　あんなところにウィローオークがあったっけ？　似ているけれども……。黄麻布で根をくるんでいないし、鉢植えでもない。普段移植用に使っている土の中から直接生えているようだ。

なんてこった、あのヤナギか！

わたしはその隅っこに突進した。箒の柄は三本とも芽吹き、生き生きと葉を広げていた。死にかけていたなんてとんでもない！　その時わたしが思い浮かべたのは、ドイツと英国で、無謀にもヤナギの枝を材料に大聖堂の縮尺模型を設計し、植えつけた、愛すべき連中のことだ。あの聖堂も芽吹いた。英国はサマセットのトーントンと、ドイツのアウエルシュテットに現物があって、見物することもできる。成長する建物を作るのは最高にいかしたアイディアだと感心したものだが、わたしたちのヤナギこそは、真の意味でよみがえった――植物の復活物語だ。

このヤナギに必要なのは、要は新しい根っこだけだったのだ。古い根を根こそぎとり払うことで、なんと不思議にも、必要な新しい根ができたのだ。木質部の表皮近くにある形成層の薄い細胞は、ラテン語趣味の植物学者に言わせれば、totipotent《トティポテント》――つまり、分化全能性がある。マーベル・コミックのスタン・リーならば、もっとわかりやすく「全能キャラ《オールパワフル》」とでも呼ぶだろう。同じことだ。植物の形成層は何もないところから、植物のあらゆる部位を作り出すことができ、根でも形成可能だ。刈り取られたばかりの〝箒の柄〟ヤナギは地面に植えられると、全能の形成層が「ふむふむ、このあたりに根が必要そうだな」とつぶやき、根を生やしたというわけだ。

期待を胸に、わたしたちはできかけの木立を見守ることにした。一年のうちに三本の枝は何本にも枝分かれし、よく生い茂った木々になっていた。五年後には、種苗場で一番高い木になっている。種苗場の家主が電話をかけてきて、ヤナギの葉が溝に詰まって困ると苦情をよこした。わたしたちは溝を浚い、てっぺんを刈り戻した。臆せずひるまず、ヤナギはその年のうちに切られた時点の丈を取り戻したばかりか、さらに四五センチも上に伸びた。今では毎年のようにてっぺんを切り戻さなければならなくなっている。オフィスの窓から外を眺めると、一〇メートルもの高さになってなおも上に伸びながら、ヤナギはゆらゆらと揺らぎ、箒の柄はいまや電信柱ほどの太さになっている。

そんなこんなで、かの有名なヤナギは今現在もニューヨーク市を守っている。目下ブルックリン地区に引っ越しはしたけれども。

市のお役所仕事に困惑したり、マンハッタンが金持ちの島になりつつあるのを目の当たりにしたりすると、このヤナギを取引材料に使ってやろうかと思わないでもない。かの尊敬すべきE・B・ホワイトが言うように、ニューヨーク市の安寧と福祉がこの木にかかっているのだとしたら、市長に向かってどすを利かせ、「市長殿、例の木はわたしたちの手中にありますが」と迫ることだってできるだろう。

結局のところ、あのヤナギが死に絶えたら街も立ち行かなくなるのだから。

とはいえ、わたしたちとて輝ける都市圏の周縁でもがきつつ成長を続ける界隈の一部分ではある。わたしたちとて、ホワイトの想定するヤナギを、気持ちのどこかで信じたい。ヤナギの枝を折って魚を獲ることはできても、ゆすりたかりは所詮専門外だ。

それよりもいいことを思いついたのである。毎年、種苗場にあるホワイトのヤナギを刈り込むと、太さが直径六ミリほど、長さ六〇センチから一メートル二〇センチほどのまっすぐな枝が一〇〇本くらいとれる。これこそ、明日へつながる希望を形にしたものだ。枝で生け垣を編む代わりに、わたしたちは挿し木することにした。

どこに？

どこにでも。

ニューヨーク市のどこかに、わたしたちはヤナギの枝を植えていく。そのうちの何本が根づいて成長するだろう。正確なところはわからないが、少なくとも五パーセントは生き延びるだろう。つまり、毎年五本か六本のヤナギが増えるということだ。

目をしっかり開いて見ていてほしい。いつかそのうちの一本に、さらには二本目、三本目に、出会えるかもしれない。ヤナギはどこかで成長し、あなたを待っている。

母なる木の成長に伴い、新芽もたくさんとれるようになったら、わたしたちにも、小さくとも成長する聖堂を作れる日が来るだろう。

忘れられた言葉

木とともに生きる

永遠の命を思わせる不思議な樹木を愛でたのは、何もE・B・ホワイトばかりではない。イングランド南西部、グロースターシャのウェストンバートにある国立樹木園には、ありとあらゆる成熟した美しい樹木が生育していて、そこに年ふりた記念碑がある。わたしが見たとき、それは幾十もの背の低い切り株になっていた。切り株は、街灯が地面に落とす光の環くらいの範囲に、丸く並んでいた。環の中心は、ところどころ草が生えているばかりで何もない。片側には、数百本のポールを紐でひとくくりにした束が置かれていた。ポールはどれも長さ六メートル、太さは一〇〜二〇センチほどあった。収穫した小麦の束をばかでかくしたような感じだ。すべて前の冬に刈り取られた幹で、刈ったあとが今切り株となって環をなしているわけだ。

三人の魔女はマクベスに、バーナムの森がダンシネインに迫ってこない限り安泰だと告げた。自らの城にいた殺人王は予言を笑い飛ばしたが、相手方の兵士たちはバーナムの木々を切り、その陰で進軍してきた。丈高い枝は、見事にカムフラージュになったことだろう。兵士一人ひとりが一本ずつ枝を掲げたなら、全員が進めばあたかもシナノキ（ライム、リンデン）が――英国の人々はライムをリンデンと呼ぶ――うねりながら近づいてくるように見えたことだろう。さほど大樹になる種ではないが、大勢の兵士が身を隠すには充分な高さであり、充分な数だったろう。

この奇妙な記念碑はビッグベンよりも古い。ウェストミンスター寺院よりも、ロンドン橋よりも古く、バースのローマ浴場よりも古い。もう二〇〇〇年近くもの間、刈られては芽吹いてきた木なのだ。この木がまだ生えたての若木だった頃、ガリラヤではイエス・キリストが道を説いていた。やがて、差し渡し三〇センチほどもある木に成長していった。周辺にはおそらく、数多くのシナノキが植わっていたことだろう。人々はひこばえが芽吹くことを信じて疑わず、根元近くまで木を刈っていたに違いない。

一〇年ごとくらいに伐採は繰り返され、まっすぐに伸びた細い幹が刈り取られていった。刈られた幹はそのまま薪にもなり、炭に焼かれて、製陶や製鉄、ガラス製作の燃料ともなったことだろう。籠の材料や漆喰壁の芯にも使われたかもしれない。支柱や椅子の脚にもなっただろう。内側の、丈夫な繊維質である師部の層は、細く裂かれて、頑丈で使い勝手のいい縄になわれたことだろう。古い切り株の縁には、新しい幹からまたしても新芽が生え、そうやって一〇年ごとに、もともとの幹が広がって、数十本、やがて数百本もの新たな茎が、妖精の環をこしらえていった。この周期は何世紀も繰り返されている。暗黒の中世がやってきて過ぎ去り、諸王が戦い、議会が起こり、そして近代が始まった。二〇世紀の初め頃まで、ここから材がとられて各種用途に回されていた。

もっと背が高くて立派な記念碑は数々あるけれども、重要さにおいては見劣りしない。まずこの記念碑は生きている――家屋とも、城とも、教会とも違う、命あるものだ。芽吹きの力に捧げられた、生きる聖堂なのだ。何度刈り倒されようとも、自ら再び列柱を建てなおす。この記念碑には、長い長い時代の記憶がとどまっているのだ――日本でもノルウェーでも、ブルガリアでもアフガニスタンでもモロッコでもシエラレオネでもカリフォルニアでも、自ら再生する樹木が世界中で文化の基盤であった時代の記念碑は、人類がいまだかつて知りえたうちでも、最も健康な樹林の長い歴史と、誕生の時へと思いをはせさせてくれる。萌芽更新を土台にした世界の記念碑なのである。

「切って」「生えてくる」――愛と畏敬をこめてわたしは言う。聞かされる人たちは、赤の他人はもちろん、学生であれ、顧客であれ、友人であれ、一様に、「いったい何が言いたいんだ?」という反応を示す。だがおよそ一万年前から二〇〇年前まで森林地帯に住んだ人なら、世界中どこの人でも、わたしの思いを正確に汲み取ってくれただろう。なにしろ、その人たち自身が、切れば「生えてくる」森のおかげで生きながらえていたはずだからだ。

わたしたちは今再び、この「切る」と「生えてくる」ということの意味を学びなおさねばならない。この特質があってこそ、人々は木を用いて、一万年もの間社会を築き上げてきたのだから。木々の、粘り強さ、力強さ、聡明さ、忍耐強さ、そして気前の良さが、森で暮らす人々の導《しるべ》となった。家庭も文化も詩も生きる熱意も、木々を刈ることによってつくられた。「持続可能」なる言葉が紡ぎだされるよりずっと以前から、森の人々は、自分たちに富をもたらし、なおかつ自分たちの生活を支えてくれる木々と、ともに生きる方法を学んでいたのだ。

考え方は単純だ。葉の生い茂る樹木ならば高いのも低いのもおよそ何であれ、幹を倒されたり、燃やされたり、短く刈られたりしたら、そのあと必ずもう一度芽を出すのである。新しい枝は、基底部のあたりから生えてくる。不活性だった芽が、待ちかねていた「育て」の合図を受けて育つ場合もあれば、全能の形成層から新しく生えてくる場合もある。

樹木は動くことができない。最初に遭遇した地べたで生き続けるしかない。四億年の間、樹木や灌木は、生き続けるために損傷に対して積極的に打って出るやり方を身につけてきた。風に枝を持っていかれることもある。若い木が野牛に、地面すれすれまで食いつくされてしまうこともある。道管が病気にかかって、地表の組織がすべてやられることもある。自分より大きな大木が倒れかかってくることもある。洪水で根こそぎ倒されることもある。コフキサルノコシカケといった腐朽菌は、植物のほとんどを土に還す。ただ、こうした災厄のすべてが、樹木の生命を完全に終わらせるとは限らない。なぜならば木は、再び萌えるすべを身につけてきたからだ。広葉樹林の樹木の八〇パーセントは、種子から育った実生でなく、手練れの再生樹なのである。

少なくとも一万年前には、生きている木にどれだけのことができるのか、人々はつぶさに観察していた。薪も必要だし、生け垣も編まねばならないし、家も建てなければならないし、橋もかけなければならない。木材が見つかるのはありがたいが、それをもし倍増することができたとしたらどうだろうか。森の一部が焼けた後、多くの植物が地面からまた芽を出すのを、人々は目の当たりにしてきた。新しい枝は、既存の根から生えて素早くまっすぐに伸びていく。森の人々は森の一部をどうやって燃やせば、どうやって刈り込めば、幹や再生した枝を収穫できるか、学んでいった。欲を出さず、木が再生するのを気長に待って刈り取れば、刈り取りと再生の周期を、何度も何度も繰り返すことができる。

古印欧語で木を意味するvarna《ヴァールナ》という語は、「伐る」という意味でもある。この言葉は紀元前六〇〇〇年代ごろに使われていたが、すでに木には伐られるものだという含みがあったことになる。ヨーロッパでは、切ることをcoppiceと呼ぶようになった。古フランス語のchop（斧で叩き切る）から派生した言葉で、一撃で切り倒すということだ。新石器時代の研ぎ澄まされた石斧は、地表に伸びた部分を根からきれいに切り離すことができた。それ以前、燧石《すいせき》を削っただけの中石器時代の斧は、こしらえるのは簡単だったが刃物というよりは鈍器に近く、長持ちもしなかった。新石器時代の石斧は大きな燧石の塊を現代の斧ほどの大きさにまでたんねんに研ぎあげ、さらに砂岩で一日か二日磨いたため、刃の切れが長く保たれた。

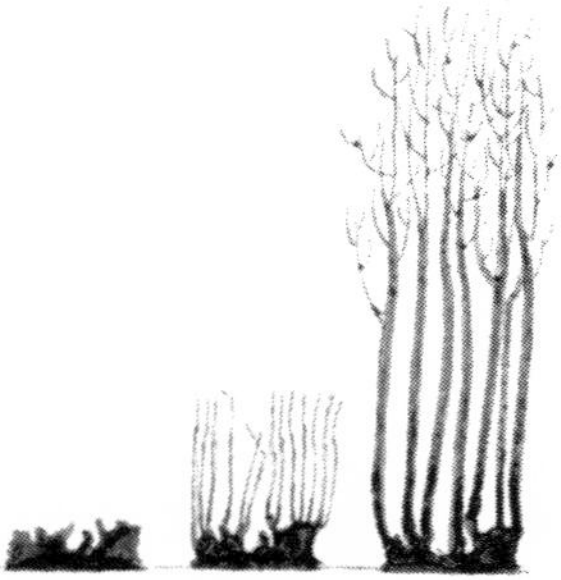
地際で伐られ、更新中の根株

台伐り萌芽樹

左の切り株は根元近くで伐られている。右は地面からおよそ1.8mほどの高さで伐られた台伐り萌芽樹（ポラード）。左のイラストも右のイラストも、左から右へ、伐り取った直後、1年後、5年後の姿

新石器時代の人々は樹木に、伐採と再生に入れあげた。スイスやドイツアルプスの湖畔の家を支える桟橋も、サマセット・レヴェルズの沼地を渡る橋も、放牧地の柵や門も、籠を編む材料も、すべて、更新された枝から作られた。どうしてわかるかというと、いずれもほぼ同じ太さの棒を何百本も使っているからだ。伐採されたあと、同じだけの時間をかけて再生された枝を、選りすぐって刈り取ったものだろう。萌芽更新したものでないとしたら、長さも太さもそろった材をこれだけの数集めるのはとうてい無理だっただろう。

だが、根元近くで刈るのがよくはない場所も、地球上にたくさんある。人々は家畜に――牛や羊ややヤギや豚に――一年草の茎や葉の栄養を蓄え、人が食べられる形に変えるプロセスをゆだねてきた。もしも伐採したての森に放したら、家畜たちは刈りあとから芽吹いたばかりの新芽をむしゃむしゃやってしまうだろう。そうなれば、伐採された木は二度と再生しなくなる。いくら新芽を出しても、柔らかな茎はそのたびに家畜たちの喉に飲

み下されてしまうからだ。

対策のひとつとして考えられるのは、再生した枝が家畜には歯が立たなくなるほど丈夫になるまで、森に動物を入れないことだ。溝や土手、さらにはその上に垣根を設けることも防護になる。そこで、木の枝を編んで柵が作られた。三番目の対策には垣根は必要ない。台伐りと呼ばれるやり方だ。台伐り――pollard――は、切るとか刈るとか断つを意味する「poll」から派生した言葉で、例えば除角された若い牝牛を称して polled Hereford というように使われる。ヘブライの偉大な預言者エゼキエルは、神に仕える司祭は（髪を）短く刈り込んでいなければならないと考えた。「頭を剃るのではなく、髪を長く垂らすのでもなく――許されるのは短く刈り込む《poll》ことである」と。すなわち、司祭は散髪しなければならないというわけだ。また、髪の毛は頭に乗っているものなので、poll という語は一人頭を指すようになっていく。「poll tax（人頭税）」は一人当たりに課せられる税だし、「going to the polls（投票に行く）」といえば、個人の意見を表明しに出かけることだ。

樹木を台伐りするのは、いくつもの「頭」を作ることであり、それぞれの頭は定期的な散髪が必要になる。根元まで刈り込む代わりに台伐りを始めるには、地表から少なくとも二メートル前後にある枝や幹を伐ることになる。牛や羊やヤギがいくら背伸びしても届かない高さだ。幹を切る場合もあれば、およそ二メートル以上の枝を全部刈り取る場合もある。もし幹を切ったならば、木は円環状に新しい枝を伸ばしてくる。この枝が切り戻しの土台になる。そのあとは地際で伐採した場合と同じで、どの程度の長さや太さの枝を収穫したいかによって、あるいは樹木の再生の度合いに応じて、次の世代の枝が成長するまで、短くて一年から長ければ三〇年でも待つことになる。枝をいつも同じ場所で切っていると、新しい枝はその切り跡からしか生えない。

この切り跡はこんもりと膨らみ、不思議なほどあとからあとから命を生み出してくれる。そして、見事に体を表す名前がついている。フランス人は切り跡をtetes de chatと呼び、スペインではcabezas de gatoと呼ばれる。どちらも、「猫の頭」という意味だ。英語圏ではこれが、頭ないし拳になる〔日本では山オヤジと言う〕。切り取られた後の枝先はごつごつと分厚くなる（木の種類によっては、とても大きく重くなるので、枝のほうが支えきれなくなるほどだ）。

切り跡が厚くなるのは、木が刈り込みに賢く対応しているからだ。何もなければ、木は枝の根元から先端まで、どの場所からも新たな枝を生やすけれども、いったん切られるとそれをやめてしまう。切られた先端からしか芽を生やさないように指令を出すのだ。するとそこに幾多の萌芽が集まり、大量のでんぷんが投入されて、素早く再生が始まるのだ。木のこぶを利用してこしらえた家具や什器を見たことがあるだろうか。だとすれば、樹皮の中で太陽を浴びる日を待ちかまえていた何千という萌芽の、日の目を見なかった姿を目にしたことになる。切り跡の頭は、木と人との共同作業で作り出されたこぶなのだ。

遅くとも中石器時代以降には、萌芽更新のおかげで人々は暮らしを支えられるようになったばかりでなく、考え方が変わり、視点が広がり、手にはさまざまな技術が備わった。食料も燃料も、調理も家づくりも、境界線や橋も、そして舟までも、萌芽更新という手法に依拠している。木を切れば切っただけ、人々は学んだ。学べば学んだだけ、発想は広がった。

やがて見ていくように、春という概念は伐採があることで成立する。ちょうど、八〇〇年の伝統を持つ日本の詩歌が、刈り込むことによって成り立つように。街路も、夏の休暇も、帰郷も、萌芽更新に支えられる文化の中で生み出された。だが樹木がわたしたち人間に教えようとした最も大切なことは、樹木の生に合わせて生きよということだ。切らねばならないのは当然として、いつ切るのをやめるかも知らねばならないし、もう一度切るときまで、どれだけ待つべきかも知らねばならない。対応を間違えたからといって、罰金を科されたり新聞で批判されたりするわけではない。ただ、次の冬、凍えて腹を空かすことになるだけだ。偉大なる自然その人が、間違えた者を裁くのだ。

一万年もの間、樹木はわたしたちの伴侶であり、師であった。樹木はわたしたちをはるばるここまで連れてきてくれた。きっとこの先、もっと導いてくれるだろう。ただひとつ問題なのは、わたしたちのほうが、樹木に教わったことをほとんど忘れてしまったということだ。

記憶

失われた技法

わたしにとって、記憶は仕事とともにある。これもただの、もうひとつの仕事にすぎないはずだった。オーリン・スタジオの優れた庭園設計者たちのおかげで、わたしたちはニューヨーク市五番街にあるメトロポリタン美術館の前に、新しく植えられた九二本の木を手入れする機会を与えられた。そのうち五二本はシナノキだ。これで高垣、つまり木々の幹の上にのっけて、地面からは浮いた形にした高い生け垣を、二列二組作ることを要請された。できあがりの見た目はツゲかイチイの生け垣に似ているが、丈はずっと高く、一二メートルほどになる。会社では以前にも同じ仕事をしたことがあって、わたしたちはこの作業が気に入っていた。

不格好な四〇本のプラタナス

それ以外の四〇本はプラタナスの木で、こちらは剪定を任された。プラタナスは四カ所に分けて植えられて、それぞれの塊では等間隔に一列に並べられていて、そのひとかたまりを、設計者は低木林《ボスケ》と呼んでいる。狙いは、冬には枯れ枝が美しい模様を風景に添え、夏には木陰を作って、下で休めるようにということだ。郡部では人々が木を生活に利用することで、副産物として美しい樹形が生まれる。装飾的な剪定は、その美しさを都会に風景美として持ちこむものだ。わたしたちの会社も時に実験的な剪定を行ってはきたけれども、今回のような刈り込みはかなり時代遅れで、あまり経験がなかった。

庭園設計者のひとり、アリソン・ハーヴェイとわたしは、一〇本の若いプラタナスが並ぶ前に立っていた。美術館の前に植えたばかりの四つのボスケのうちの一カ所だ。三月の終わりだった。冬の名残の嵐が、枝々を湿った雪で白く彩っていた。

プラタナスの樹群は、どう見ても普通ではなかった。なんというか、幼児が初めて描いた絵の中の木のように見えた。どの木も幹は立派なのだが、枝が、一本だけぶっとく突き出していたり、Vの字型に折れ曲がっていたりする。枝先は切り詰められている。どれもが短く刈られ、枝先のほっそりした小枝はすべて取り除いてある。一〇本のうちの一部の木では、タバコの先くらいに切り詰められた枝を一本だけ残し、ほかの、小枝が二本出てきていた木では、拳を握ったとき浮き出てくる第一関節をふたつ並べたみたいに見えるくらいまで、二本の枝を切り戻してあった。

雪に縁どられた木々は、一言でいえば木というよりはむしろ、石油トラックのタンクを洗うのにちょうどいい長柄ブラシを突き立てたような恰好だった。画用紙の隅っこに、オレンジ色をしたピザさながらの太陽が鬣《たてがみ》に囲まれ、にこにこ顔で描いてあり、その下には、棒切れみたいに描かれた母親が、子どものわたしの背中に大きく開いた五本指の手のひらを当てている場面をつい連想してしまう。

わたしの口元が綻《ほころ》んだ。アリソンも微笑み返してくる。心中では、「みんな死なせてしまった。美術館は何百万という予算をつぎこんだのに、わたしがみんな死なせてしまったんだ」と繰り返していた。それまでにわたしが学んできた木についての知識を総動員して照らしてみれば、この思いは正しくない。四億年にわたり、木質の植物は、菌類やキクイムシ、風雨、草食動物、斧などなどからの致命的とも思える破壊行為に対処するすべを会得してきて、傷ついたら新芽を出して対抗してきた。とはいっても、ここの木々はつい最近植え替えられたばかりで、まだ根がしっかりしていない。わたしたちが掘り起こし、マンハッタンに連れてくるまでは、ニュージャージーの南で、のんびりと木生を謳歌していたのに。ここの木々は原則を裏切る例外になるに違いない、とわたしは確信していた。

わたしは、毎年の冬、剪定教室が始まるときに生徒たちに伝える呪文を自分自身に唱えた。「傷ついたとき、木にできるのは次の三つです。その一、なくした枝の代用に、残っている枝を生かす。その二、休眠させていた芽を発芽させて、なくした枝の代わりの枝を生やす。その三、まったく新しく芽を作り、茎の内側の形成層から枝を生やす」。自分自身をなだめ、励ますための呪文だったが、木の選択肢にはもうひとつあることに突然気づいてしまった。「その四、死を選ぶ」

ここの四〇本の木とは、初対面ではなかった。二年の間自分たちの種苗場で世話をしてきたのだ。まず先端を刈る。そうすれば木の高さを望みのままに抑えられる。それから各々の木の三〇本から四〇本ある側枝から残しておく枝を選別し、一度に数本ずつ取り除いていった。最終的に、一本の木に枝が八本から一二本程度になるようにしたかった。細いワイヤと竹の杭を用いて手のこんだトレリスを考案して幹にくくりつけ、上へ伸びるのではなくなるべく横に広がるように、てっぺんあたりの枝を引っ張った。枝からさらに小枝が生えると、せいぜい一、二本を残してほとんどは取り払った。

自分たちが目指している形は、よくわかっていた。都会的な剪定だ。木を強く整枝するのは、フランスや南欧では今も当たり前に行われている。伸び放題に伸び、幾重にも枝分かれして小枝をふんだんに広げた背の高い木々は、側枝のどこからでも新芽を生やすけれども、強剪定された木はずんぐりして、刈り取られた跡からしか芽を出さない（が、萌芽力は旺盛だ）。冬には、選び抜かれた枝とそこから星形に広がった小枝は、地面に素敵な影を落とす。まるで生きた薔薇窓〔ゴシック建築でステンドグラスで作られた円形の窓〕だ。夏ともなればその木陰は腰を下ろしたりお弁当を広げたりするのにうってつけだし、野外で演奏される音楽に耳を傾けるのに格好の座席になる。太陽の光は充分に遮るけれど、うっそうとした森の中ほど暗くはないからだ。それが狙いだった。

だが、マンハッタンのど真ん中でどうしたらこの狙いを達成できるだろうか。わたしは教えを乞うにはどこへ行けばいいか、わかっているつもりでいた。サンフランシスコから南へおよそ二四キロメートル、ベイエリアのペニンスラで少年時代を過ごしたわたしは、ゴールデンゲートパークのスタインハート水族館に夢中になっていた。当時は水族館の建物に入るとすぐ、目の前に街の街区半分ほどもある沼が広がっていた。沼地は地面に埋めこんであり、真鍮の手すりで囲われているほかは屋根も壁もなかった。沼はワニだらけだった。大きいのは加速を競うドラッグレースの車ほどもあったし、小さいのはバグパイプくらいで、ワニの上にワニが覆いかぶさって、あちこちに大小の山になっていた。ぼくら男の子は、どれかが動いてくれないか、いやもっと運がよければ水中に滑りこんで優雅に動きまわってくれないものかと固唾を呑んで見守ったものだ。この開放水槽の周りには壁に沿ってガラスのテラリウムが並び、世界中から集められた色とりどりのヘビやトカゲが飼育されていた。わたしにとってそこはまさに天国だった。

週末になるといつも、わたしたち兄弟は水族館に連れて行ってくれと両親にせがんだ。おねだりが成功したとしても、ほとんどいつも代償がついてきた。ワニの沼には連れて行ってあげるから、その代わり一緒にデ・ヤング美術館に行くのよ。くだんの美術館は中国の陶器だらけのくそ面白くない場所だ。爬虫類という見返りを得たければ、同意するほかなかった。だが、ぴかぴかの壺なんかからなんとしても逃げ出すために、口実が必要だった。

その答えが萌芽林だ。水族館と美術館を隔てて、音楽広場があった。そこは地面から一段掘り下げてあって——午後の風に直撃されないため——底には砕石と砂利が敷き詰められ、最大二万人の聴衆が、片隅にしつらえられたスプレックルズ・テンプル音楽堂なる、貝殻から生まれたばかりのヴィーナスを連想するようなルネサンスふうの野外音楽堂で奏でられる音楽に耳を傾けられるようになっていた。一九〇〇年に創建された音楽広場には、当初から台伐りされた木々があった。現在その数は三〇〇ほど、三分の二は成木で広大な広場を縦横に埋めている。古木の中で最も多いのがオウシュウハルニレ、僅差で続くのがプラタナスで、実験的にコブカエデやクログルミなどまでが刈り込まれていた。老いた木々は、わたしが五歳だった六〇年前と高さはさほど変わっていないが、胴回りはぐんと太くなった。

その昔、ワニ見物を堪能したあと、ぼくたちはとらわれ人のようにとぼとぼと、デ・ヤング美術館まで、音楽広場を歩かされる羽目になる。刈り込まれた樹木の最初の一本のところに差しかかると、ぼくたちは決まって声を上げた。「ねえ、パパママ、ぼくたちここで遊んでるから! いいでしょ!?」。両親は許さない。「ねえったら、木のそばから離れないから。大丈夫だから」。ふくれっ面の子どもたちは美術館見学のじゃまになるだけだし、ごく自然に木々に囲まれ、周囲が急な土手になっている窪地が安全そうなのを見て取ると、両親もきまって、最後には譲歩してくれるのだった。そんなわけで、わたしは刈り込まれた木に親しむようになった。木登りはできない。というのも、一番下の枝で地面から二・四メートルもあり、幼児にしたら成層圏も同じだったからだ。かくれんぼにも向かない。なぜなら幹の下のほうにはまったく枝がなく、体の脇にぴったり腕をつけ、まっすぐ立っていない限り丸見えになってしまうからだ。

こんな姿の木をそれまで見たことがなかった。わたしは父親に尋ねた。「あの木、ほんものなの?」。間違いなく本物であると父は請け合ったけれども、それ以上のことは言おうとしなかった。父は医者で、なんでも知っているはずだと思っていたので、父親の沈黙は何か空恐ろしかった。
だがあの木々を世話している人ならば……その人たちならわかっているはずだ。音楽広場の台伐りされた木々に出会ってから半世紀、わたしはついにその秘密を紐解くべき時がきたと思った。とりわけ、どうやって刈り込み、手入れをすればいいのかを。

助っ人を探す

近くのストライビング樹木園のつてで、広場の木々を管理しているのが市の公園局であることを突き止めた。公園局では、スコット・マコーミックに連絡するよう言われた。そして彼が、広場での作業を見せてくれることになった。カリフォルニア大学バークリー校にも萌芽更新した木がたくさんある、とマコーミックは教えてくれた。バークリー校の庭園管理者も力になってくれるのでは？　わたしはマコーミックに礼を言って、バークリー校の管理者であるフィル・コディとジム・ホーナーにも連絡をとった。おまけに、わたしはフィロリというお屋敷の庭園のことも思い出した。ウッドサイドの近くで、ペニンスラから三二キロほど南へ行ったところだ。一九七〇年代、この庭園を一般公開するのを母親が手伝ったのだ。あそこには台伐りプラタナスがあったはずだ。わたしは庭園の園芸家アレクサンダー・フェルナンデスに会う段取りをつけた。

助っ人を得た安心感もつかの間のものだった。マコーミックは気持ちのいい若者ではあったが。「この作業はみんなから嫌われているんですよ」と彼は言う。「とても時間がかかるし、どこを切るか、細心の注意を払わなくてはならないし」。彼自身はその仕事を愛し、喜んで取り組んでいる。「わたしにはとっても興味深くて、賛成してくれる人も少しはいるんです。ただ問題は、自分たちが正しいかどうかわからないことです」

一〇〇年前にゴールデンゲートパークに植えられた樹木第一世代はいまやほとんどがなくなっていて、根づくのが難しい場所ではすでに三回か四回も植え替えられている。剪定するにも、新しい木を大胆に伐り込んでいいものか控えめにしたほうがいいのか、切り戻すときに新芽をひとつふたつ残しておいたほうがいいのか残さないほうがいいのか、自信が持てないのだ。刈り込みの先端を重たくしすぎると枝が折れるもとになるが、もし先端を取り除いたとして、新しい枝が生えてくるかどうかもわからない。刈り込み用にはプラタナスがいいのか、ニレがいいのか、それともまったく別の樹種にするべきか。「なんでも試しているんです。そして、うまくいったものは記録に残すようにしています」とマコーミックは言う。助言してくれる先輩はいないのだ。

でも心配することはない。バークリー校に行けばきっと役に立つことを教われる。コディとホーナーと約束した時間の二時間前に大学に着いた。ざっと見てまわりたかったからだ。構内は台伐りプラタナスでいっぱいだった。やったぞ！　斜面の上も下も、キャンパス中、ユーカリが群生している場所以外は、台伐りプラタナスが列になってひとかたまりに植えられていた。

ある場所では三〇本が四角く固まって植えられ、先端は平らに刈り込まれていた。先端が丸く大きく刈り込まれ、枝は喝采するように上へ向かって整えられている木々もあった。多くの木々がまだ新しく、最初の刈り込みがなされたばかりだった。この真新しい木々はどこか妙だったが、それが何なのか、はっきりと言葉にはできなかった。あたかも、まだ若い木を、年月を経て形の定まった刈り込みに、形だけ似せたかのようなのだ。そうしておけば、あとは丈と太さがそのまま成長し、れっきとした台伐り樹形になると言わんばかりに。まるで木が巨大な風船で、母なる自然はそこに息を吹きこむポンプでであるかのように。

構内で最も素晴らしかったのは、尖塔をいただいた鐘楼から四列並んで北へと続くプラタナスだった。この木々は、一九一五年の終わりに、サンフランシスコ万国博覧会のあと、会場から移植されたものだ。万博会場に植えられた時点ですでに成熟していたので、わたしが目にした当時で樹齢は一世紀を優に数えていた。それ自体が、わたしには驚きだった。というのも、これほど深く刈り込まれた木がそんなに長生きするとは思っていなかったからだ。ここまで生きながらえてきた木々なのだから、この木々が当初どんなふうに伐られたのかを教われば、この先どうやっていけばいいかわかるかもしれないと考えた。

台伐りされている木々なので、高くそびえたってはいない。よく晴れた冬の日、ホーナーとコディに会うまでの時間をつぶそうと樹列の下を歩いていると、まるで水の中にいるような気分になった。頂のほうの枝々は、枝つき燭台よろしく外へ広がり、また頭上に弧を描いている。先端は暗く重たく、ひしゃげた節のようにごつごつとうろこ状になっていた。木のてっぺんというより根元のようで、ただしこれが、モンタレー湾の浅瀬に漂っているブルケルプなる大きな海藻の膨らんだ鱗茎みたいに、水中を漂っているものだとしたなら、話は別だ。

ニキビのかさぶたみたいな枝先には、これまたとてつもなく予想を裏切るものがたゆたっている。細長い枝だ。どれも七、八〇センチはあって、しなやかで金色で、たおやかだ。二枚貝が食事している姿を見たことがあるだろうか。少しばかり開いた貝殻から、ピンク色の透明な細胞の網をひらひらとスカートのように広げて食べている。ちょうどあんなふうな意外な組み合わせなのだ。ぼこぼこと硬いものから、ほとんど糸のように繊細なまばゆいものが伸びている。

五六本の木にはそれぞれ一二本から二〇本の枝があり、その一本一本の枝先が、同じように、細くてしなやかな若い枝に覆われていた。木々はいずれも高さは七メートル半ほどで、樹齢一〇〇年を超えるプラタナスとしては、通常の三分の一ほどでしかない。毎年（あるいは一年おきに）、新しく伸びた若枝は節のところまで切り戻される。成育中には若い枝が茂らせる葉が丸い天井を作り、冬には地面に丸い影を落とす。

一九一五年、サンフランシスコ万国博覧会によってサンフランシスコは、一九〇六年の大地震からの復興を知らしめただけでなく、世界でも有数の大都市に躍り出た。主催者はずうずうしくも、「史上、最も素晴らしく、最も美しく、最も重要な」博覧会になると称したのだ。

メイン会場は、のちにマリーナと呼ばれることになる一帯だった。ほとんどが埋め立て地で、のちの地震でたびたび液状化し、地盤が割れたり家が傾いたりする原因となった。宝石の塔だのエネルギーの泉だの豊穣園といった夢のような建造物は、少数の例外を除き、博覧会の終了とともに撤去された（ほとんどの建造物が黄麻布を張りつけたプラスターボード製で、耐久性のあるものではなかった）。博覧会の目玉はサザン・パシフィック鉄道の最初の蒸気機関車と、西海岸と東海岸を結ぶ電話線で、ニューヨーカーに太平洋の波音を届けた。そうした近代の奇跡の中に、まさにこの五六本のプラタナスは立っていたのだ。人々がまだ木々の言葉を話すことのできた時代の、つつましやかな記念碑として。

そうこうするうちにホーナーとコディがやってきた。わたしは勢いこんで、剪定の方法を尋ねた。「わかりません」ひとりが答えた。「今いる者は誰も知らないんです。手法を受け継いでいた最後のひとりが少し前に引退していたんですが、存命中に彼からやり方を教わっておこうと、誰も思いつかなかったので」。そこで彼らはいろいろ試したという。ある時は、毎年一月か二月に若芽をすべて切り落としてみた。応えてくれない枝がいくらかあった。今度は一年おきに切り落としてみた。だが傷は深まり、癒えるのにますます時間がかかったうえ、一部は枯れてしまった。新しく台伐りしている木々は、試行錯誤中だという。若い木々の多くは枝が押し合いへし合いして、バレエのような優雅さがなくぎくしゃくしていた。バークリーの人々もまた、萌芽更新の技術と科学を失ってしまったようだ。

ヒントはどこに？

フィロリのアレクサンダー・フェルナンデスが、わたしの最後の希望だった。わたしは彼に会うべく半島を南下し、一時間ほどでクリスタル・スプリングス貯水池のすぐ南の渓谷にやってきた。

この庭園はかつて、さる泥棒男爵〔一九世紀、米国で寡占や不公正な商慣習で富を築いた実業家〕の本拠地で、この起業家も、のちにサンフランシスコ市が水源地として確保する土地を事前に買いあさっていたあまたの資本家のひとりだ。所有地を市に売却した後も、最も南の部分、貯水池を越えたあたりは自らの別邸として手元に残した。それがフィロリだ。その後、邸宅と庭園はマトソン海運の女相続人の手にわたり、最終的に一般公開されている。

正門の両脇は、一二本の美しいトピアリーで固められている。中に入ると、フェルナンデスが骨身を惜しまず、好き放題に伸びきった庭を手なずけていったことが見て取れた。

二列に並んだ巨大なヨーロッパイチイは――あまりにも立派なので、サンフランシスコ国際空港に着陸しようとするパイロットが目印にしたそうだ――、ここに植えられた一九二〇年代から、二倍以上に成長したという。近頃ではこれ以上広がらないように、ワイヤでお互い同士くくりつけておかねばならないそうだ。「嵐がくると決まってワイヤがはじけるんだ」フェルナンデスが言う。「そうなるとイチイは、老婦人のガードルみたいに跳ねて離れてしまう」。彼は高さを七メートル半から三メートル半まで、幅を二メートル半から一メートル弱にまで縮めた。「初めのうちは、それは目も当てられなかった」。フェルナンデスは述懐する。「だが、次の年にはすっかりよくなったんだ」

彼はさらに、ブナの生け垣も一・二メートルから一・五メートルにそろえ、ヒイラギの長い生け垣を整え、有名な格子仕立ての並木道を再現し、モクレンからサンザシに至るまで、あらゆる樹木をよみがえらせた。ここに、剪定をこよなく愛する人物がいる。彼ならわたしを救い出してくれるだろう。

わたしたちはイチイの並木道の端まで歩いて行った。枝をほとんど払い落とされた若木が六本あった。まるで案山子《かかし》だ。丸裸に近い幹からはそれぞれ、六本か七本、箒の柄のような枝が突き出していて、その枝先は長い新芽で覆われていた。フェルナンデスが、これをやったのは前任者だと念押しした。「思うに彼は、剪定前の枝を長く伸ばしすぎたんだ。とても硬くなってる」

「どうすればよかったと?」

「さっぱりわからない」というのがフェルナンデスの答えだった。

誰ひとり、ほんとうに誰ひとりとして、木をこういう奇妙な姿に仕上げるコツを教えられる人間はいないのだ。仲間はいる。それは間違いない。だがわれわれはまごまご同盟だ。まるっきり知識のないところでみんな懸命にあがいている。

とはいえ、大戦後に園芸家となった者なりの好みがあるとすれば、わたしはそれほど驚くことはなかったのかもしれない。同年代の木の専門家の例にもれず、わたしもアレックス・シゴという米国農務省の誇る傑出した学者の弟子だ。シゴは樹木の管理というものを根底から覆した。一五世紀から一六世紀にかけてのボローニャやパドヴァの解剖学者が人体に行ったことを、いわば樹木に施したのだ。その道の権威なる者が見もせずに内部がこうなっている、とのたまうのには耳を貸さず、掻っ捌いて中が実際どうなっているかを自分の目で確かめた。それは、衝撃的と言っていいほど、予測と違っていた。幹から太い枝が分かれるその分かれ目にあるブランチカラーと呼ばれる部分――それ以前には存在すら認められていなかった――が舞台の中央に躍り出て、樹木の管理のかなめになった。枝が、主枝あるいは幹そのものとつながっていて、肩のように盛り上がったその部分は、幾星霜かけて進化してきた場所で、樹木を損傷から守ってきた。カラーを残して枝を落とせば、すべてうまくいく。

だが、シゴの教えの底流には偏見があった。彼は森林局のために働いており、その役目は良質の木材を得ることだった。節無しで長く伸びた幹は、材木をとるにはうってつけだ。シゴ流に鍛えた樹木は、あたかも彫刻のようで、何ひとつ突発事が起こらなかった場合でなければ自然には生み出されないような――要するに、現世ではとうていありえない姿をしていた。傷ついた木のとる三つの対策のうち、シゴは特に最初のひとつを好んで強調し、木そのものが、残された枝で失われた枝を補うに任せた。わたしたちはカラーの上で切るか、少なくとも再生力のある小枝で止めるしかない。木に、休眠芽を目覚めさせるか、まったく新しい新芽を生やさせるケースはほとんどない。

芽吹き出したばかりの新芽はあまり見よいものではない。むしろ起き抜けのひどく寝癖がついた髪さながらにごしゃごしゃしている。そのうえ、しまいには節になって、板としては価値が下がる。ごつごつと節だらけのパイン材と、滑らかなパイン材を思い浮かべてみればいい。育樹家たちは口癖のように言うものだ――「休眠芽（epicormic sprout）はもちが悪く、ほとんどは結局枯れてしまう」と。

シゴ本人は明らかに、新芽の重要性を理解していた。枝を払うときに、次にくる芽の位置をわかっていたし、優れた萌芽樹を高く評価していた。後継者たちが、そうではなかったのだ。実践において、名人シゴは、どのように切るかを決して教えなかった。脳みそに刻みこまれた深い皺のどこかで、わたしもまた、プラタナスの刈り込みを作るのに新芽があてにできると思ってはいなかった。新芽が何になるというのか、出てきたとしたってもしゃもしゃのとるに足りない小枝ではないか、と。

新芽がなければ生きられない

もっとはるかに時をさかのぼり、目のつけどころも変えねばならないようだ。誰もが口をそろえて言うことには、台伐りはヨーロッパがベストだという。手始めにわたしは図書館に赴いた。資料室のわたしはやり手だ。図書館の資料室はわたしにとって、人間の心と頭、そして手の秘密を抽出してくれる場所であり、あらゆる真実を解き明かすきっかけをくれるところだ。

そこで見つけた事実は衝撃だった。わたしを力づけてくれると同時に、打ちのめしもした。意図的に新芽を出させる更新のやり方は最終氷期の頃にまでさかのぼり、ヨーロッパにとどまらず世界中で行われていた。だが不運にも、現代社会はそうした更新を悪いものとみなして、止めにかかろうとしている。

シゴ流はそうした潮流のごく一部にすぎず、また、彼流の管理にはどこにも間違いはない。すっくりと美しく伸びた、滑らかな樹形を生み出せる。だが、意図したわけでないとはいえ、「自然にゆだねる」シゴの手法は、一万年にわたって人と木が重ねてきた親密なやり取りのきずなを断ち切る一助になってきた。

わたしが発見したのは、台伐りには新芽が「大切だ」ということだけではなかった。そもそも新芽があるからこそ木があり、茂みがあるのであり、新芽があるからこそ、人間が存続してきたのだ。人間の歴史上、樹木の管理とは、一番最近の二世紀を除いてずっと、新芽を生やすことだった。剪定の講座でわたしが教えている傷ついた木の自衛法第二条と第三条を励起すること——なんとなれば、新芽は育って、やがて薪になり、炭になり、木材になり、舟材になり、柵の支柱になり、結び目を作る細い鞭になり、生け垣になり、飼い葉になり、繊維になり、縄になり、籠になる。そのおかげでわたしたちは暖かくしていられるし、食べられるし、生きられるし、旅をすることもできる。新芽がなければ、人は新石器時代から抜け出せなかっただろう。

さらにわたしは、人が、刈られてもなお芽吹く樹木に、不滅を見てきたことも知った。イザヤは来るべき王国では子どもは死なず、年寄りの生涯はつきず、誰もが木の生命を得ると謡った。ヨブもまた、明白な言いようで木の不滅を語っている。ヨブ記の一四章で、ヨブは神に、なぜ自分を傷つけるのか、死ねば人は終わってしまう、自分は植物だったらよかったのに、と訴えている。「木には希望がある。たとえ刈り倒されても、木は再び芽吹き、柔らかな新芽は絶えることなく伸び続ける。根は地中で古び、切り株は塵と化しても、ほんの一滴の水がしたたれば再び目を覚まし、若々しく枝を伸ばす」。人間と違って木は、死んだように見えても盛り返すことができるのだ。

わたしが発見した――この本で徐々に明らかにしていく――のは、西アフリカの人々が萌芽更新という手法のおかげで農業を時間軸に沿って行う仕組みを組み立て、それに従って板や穀物、野菜を収穫し、森を再生することができたということだ。またイベリア半島の人々は、萌芽更新によって木材や木炭、ブドウの木、コルク、インク、甘味料、そして肥えた豚を手に入れた。萌芽更新によって、日本の人々は、米や木材、陶器や文学、そのうえ火まで備わった豊かな生活様式を培った。

萌芽更新のおかげで、スウェーデンとノルウェーの人々は、青銅器時代から羊やヤギや牛に与える飼い葉をこしらえ、自分たちを温めるストーブの薪を育てることができた。萌芽更新のおかげで、バスク地方の人々は鉄を鍛えるための炭や、家を建て、それを温めるための木材を得られたばかりでなく、木を活用して舟の材を切り出した。

南北アメリカの先住民は、森を焼くことで耕作地を広げ、家を建てるのにふさわしいまっすぐな柱を手に入れ、罠や簗《やな》を考案し、果樹や木の実の成長を促した。カリフォルニア先住民の女性たちは細い枝を手に入れて籠を編み、食料や保存したいものを入れたり、荷物を運んだり、篩《ふるい》をこしらえたり、料理用の焚きつけに使ったりした。

サマセット・レヴェルズでは、萌芽更新のおかげで新石器時代、そして青銅器時代の人々が、橋の支柱になるまっすぐな材を手に入れ、また、生け垣や壁芯になるヤナギの細枝を収穫した。萌芽更新のおかげで、ヨーロッパの人たちは、石灰岩を焼成するための小さな薪を手に入れることができ、肥料や防腐剤、そして塗料にする生石灰を作ることができた。ダグラスファーをたわめて、メサ・ヴェルデの人々は、切り立った崖にしつらえた住居を支える支柱を手に入れた。森を焼くことで、アマゾン流域の人々は、熱帯雨林の土壌に腐りにくい木炭を加えて土地を肥やし、移動耕作を編み出した。

どういうことだ。わたしは戸惑った。森を焼くなんて、風景から木々を絶やし、森をなぎ倒し、生物多様性を損ない、大々的に自然を破壊することになるのでは。

そうではない。地中の根は生きたまま残すので、完全な破壊は免れるのだ。風景から木々が絶やされることはない。なぜなら、木々は再び芽吹くからだ。あらゆる生命は、森の再生のリズムに溶けこみ、伐採され、更新された森の新たな植民者となる。そうしてできた森の多様性は、以前よりさらに豊かだ——乏しくなるのではなく。日本の古典文学の詩では雅にも、季節や風物を象徴するのに定められた生き物たちがいるが、そのうち秋を表す六種までが、里山を切り崩す不動産開発のために生存を脅かされているし、イングランドでは、甲虫や地衣類そのほか、かつては原生林に生息していた生き物たちで、今では古い萌芽林にしか生き残っていないものもあるくらいだ。

とはいえ、木は切られれば早晩姿を消すのでは？　わたしは頭をひねる。

そうではない。伐採され、あるいは枝切りされた木々は、人の手が入らない木よりも長く生きる。村々や定住地の周辺にあり、人の手の入っている森は、決して波風立たない安楽の王土であったわけではない。異端者は焼かれた。競合者たちは戦った。富める者たちは、周りのすべてに寄生して生き延びた。干ばつが、洪水が、疫病が、生きられるものと生きられないものとを選別した。気の利いた政治屋ならば、主《あるじ》が何者であれ——先祖伝来の王侯であれ、戦争の成り上がりであれ、地主であれ、はたまた自治体の長であれ——富める者にとって有利なシステムを作り上げてしまえた。ただし人々は、現在のわれわれがめったにしない暮らし方で生きていた。「調和」は、それを表すのに最適の表現ではない。より的確には、「創造的協定」だろう。古《いにしえ》の人々がそのように暮らしていたのは、そうせざるを得ないと知っていたから、そもそも生きるためにそうするしかなかったからだ。そしてその暮らし方は、人間にとっても植物にとっても、両者にとっていいものだった。煎じ詰めれば彼らは、木々に語りかけるすべを身につけていったのだ。

萌芽更新においては、人も木も、どちらも順繰りに活動的になる。どちらかが行動を起こすと、相手がそれに応える。両者が耳を傾け、応えると、その結果は双方にとって新たな可能性となって生まれる。一方が自分のために収穫を得ると、他方はより長く生きて、半恒久的にその地に根づく。この関係は、両者にたいへんな努力を強いる。一〇〇本もの木を切るのは、どんなに研ぎ澄まされた鋼鉄の刃を使えたとしても、重労働だ。木のほうはといえば、数年おきに葉を一部あるいは全部むしられる。葉は飾りではない。木が栄養を得る唯一無二の道具なのだ。むしられた葉を取り戻すには膨大なエネルギーが必要だが、それをしなければ木は死んでしまう。

踏みはずした木との関係

この関係が道を誤ることもある。木に再生する余裕を充分与えず、手っ取り早く収穫しようとしたり、土地を広げようとして時期尚早に切り倒したら、木は再生できずに死んでしまう可能性だってある。だが暮らしの活計《たずき》がほかにほとんど、あるいはまったくない場合には、木の再生の失敗は、行きすぎを素早く食い止めるブレーキになった。一九世紀、人口が増えすぎて支えきれなくなったとき、ノルウェーなどから人口がアメリカ合衆国に大量に流出することになったのは、森の更新の仕組みが崩壊したためだった。

石炭の大量採掘が可能になり、斧で木を切り倒すより安価な燃料を供給できるようになって——おおよそ一八世紀後半から一九世紀の初めにかけて——初めて、数千年にわたって続いてきた森との関係がしぼみ始めた。村々を取り囲む森——かつて記憶にないほどの昔から繰り返し刈られ、繰り返し芽吹いてきた（中世を通じて、森林を伐採したり利用したりすることを正当化する口実に、この言いまわしが用いられていた）

森が、突如として、自分たちを守ってくれる木々から歳をとりすぎて倒れる危険のある、恐ろしい存在に成り代わってしまった。

近代林業の父、ジョン・イーヴリンは一六六四年に、台伐りされたために「さもなくばよい木材になったであろう木々が、やせてひねこびてしまう」と書いた。彼は台伐りする者を「能のない山番、いたずらな刈り込み屋」と呼び、そうした輩は木を「節だらけ、腫物だらけ、あばただらけの醜い枝の塊にせしめ、破滅に導く」と言っている。多くの作家や林業家がこれに唱和した。イーヴリンから一世紀余り後、イングランドの文筆家ウィリアム・コベットの言葉がその言い分を要約している。曰く、台伐りされた「木は斬首されたも同じで……自然においてこれ以上に醜いものはあり得ない」。

イングランドでは、囲いこみのために平民は共有地《コモン》を奪われたが、コモンの一部は定期的な収穫のために育成された森林だった。富裕なる地主たちは庭園を造り始める。目の届く限り続く風景庭園では、枝を払われたこともない堂々たる樹齢の木々が称揚された。「バサースト卿への書簡」でアレグザンダー・ポープは、なるべくして有名になった格言を記している。「その地で唯一の優れた天才に意見を求めよ」と。彼は領主たちに、風景を理想の自然に作り替えるよう進言した。木々の位置を変え、丘を作り、谷をうがち、想像上の手つかずの自然を模した眺望を塑像するようにと（実際の森は、もちろん植林された森よりずっとごちゃごちゃしている）。さらには境界線に溝を掘り、目立たないようにした隠れ垣＝ハハーを考案し、近づくと目障りになりかねない羊や牛を牧歌的な距離に遠ざけ、完璧な風景を保った。

村の周縁部にあるコモンの木々はたいてい刈り込まれていて、すさまじくみっともないもの、了見が狭くて愚かな田舎者の時代遅れを象徴しているものとみなされた。一番いいのは、燃やすか切り倒して売ってしまうかだ。「更新された樹は、衰え、切り詰められているために、一八年か二〇年という時を経て、現在の姿におけるものに匹敵する価値を保ちうるとは限らない」と、当時最先端の農業家であったウィリアム・マーシャルが一七八五年に書いている。「……がために、切り倒されるべきである。というのも、金銭にした場合の元利は、それだけの期間を経たのちであれば更新された樹が持ちうる利益よりも価値あるものになるだろうからである。かくも見苦しい厄介ものをお払い箱にできるのが好ましいのは言うまでもない」。ジョン・ロックも、『統治二論』で、森を切り開いた土地を囲いこんだ人間を称賛している。土地を純然たる農地に変え「コモンで無駄に放置されている」のを食い止めたからである。

サイレンセスター公園のバサースト卿の領地は現在もほどほどに手入れが行き届いており、切られたことのない木々が縁どる風景は、目の保養だ。その風景は、人間と手つかずの自然との和解の象徴ですらあるかのようだが、現実には、人の心の周りに、見えない隔てを、ハハーを築いている。古い森では、人と木は自然の中で対等の品位と力を持ち、共に働く共演者だった。互いを尊重するのはもちろん、無視するわけにはいかなかった。新興の、絵画のような風景においては、人は、自分自身が作り上げた自然という概念、実際には存在しなかった自然の原型のイメージを見守る立場になった。例えばもし最終氷期の終わり頃にタイムスリップしたとしたら、自然林はマンモスやマストドン、オーロックスといった巨大な草食動物に食い荒らされていて、われわれが考える手つかずの自然よりも、管理された森林に近いはずだ。

木との対話を始める

アリソンとわたしは、メトロポリタン美術館の前で、白く雪化粧したプラタナスを見ていた。ボスケを設計したのはアリソンとその同僚たちで、ヨーロッパの先例に倣っている。わたしは彼女たちの仕事を高く買っているし、われわれがその設計を実現できると信頼してくれていることもありがたく思っていた。とはいえ、自分が間違いをしでかしたのではないかという迷いは消えなかった。わたしは背中に妙な圧迫感を覚えていた。まるで朝六時の五番街にちょうどわたしたちの背後から突如として木々の上を通る形の迂回路ができて、苛立った車とバスが溢れ、やたらにクラクションを鳴らしながら迫ってきているかのようだった。イーヴリンは林業の父であり、ポープはわたしの好きな、庭園を愛する詩人のひとりだし、コベットはコモンをよく擁護し、シゴは師である。その人々に加え、何百人という園芸家たちがわたしたちの肩越しに覗いて、うめき声を上げていた。

わたしに何ができようか。これは仕事だ。冬の盛りで、木々を、ヴァールナを、剪定する時機だった。わたしは自分の備忘録を読み返し、気に入っている台伐り萌芽樹の写真を見返し、それが生きていることを思い起こし、そうして大きく深呼吸をしてから、枝を払った。ルールの第一カ条は「ほどほど」だ。多めに枝を残し、もし失敗しても取り返せるようにした。分岐していない枝を一部残し、また二股に分かれている枝も一部残した。成熟した形に成長するであろう手がかりを残しておきたかったのだ。どの木も存分に陽を浴びられるよう、細心の注意を払った。自分にもまたスタッフにも、これは一回限りの打ち上げ花火ではなく、一〇年がかりの養生計画の始まりなのだと言い聞かせた。台伐り萌芽樹は、切ったばかりの時は完成形には見えない。木との対話を始めなければならないのだ。

学ぼうとすればするほど、教えを乞える相手がいないのを意識させられた。イングランドがまだ新石器時代だった頃の湿地の住人が、あるいは日本の中世の農民がそばにいてくれたら、と何度願ったことか。彼らならば、ここの木々のどこをどう断ち落とせば最もいい結果を出せるのか、きっと教えられただろう。だが今のところ、季節外れの三月の雪の下で、わたしはほとんどこの木々の死を、死を、死を確信しておびえていた。

アリソンは木々をぐっとにらみつけ、やおら口元をほころばせて歌うように訊いてきた。

「ともかく、終わったわね！　次はどうするの？」

わたしは彼女を見てから目を白く突っ立った木々に移した。

「静かに祈ろう」

萌芽の地

木の行動に学ぶ

数週間というもの、わたしはわざとらしく美術館前の広場を避けて通った。最悪の事態を恐れたのだ。滅びの時はできるだけ先延ばしにしたかった。五番街の北寄りに植えた木々を点検しているとき、五番街六〇丁目の顧客から電話が入った。このお客さんは、立派なカツラの木のことをいつも気に病んでいるのだ。転げるように車を走らせていたわたしは、美術館前の樹を植えた広場を通りかかっていることにハッとした。見ると一番手近な二本の、ごつごつした枝の端に、明るい緑色の影が差しているではないか。

慌ててブレーキをかけ、縁石沿いに車を止めた。そんなことがほんとうにあるだろうか。美術館の前には駐車スペースがない。駐車じゃない、わたしは自分に言い訳した。「荷下ろしをするだけだ」と。実際、心から莫大な荷物を下ろせそうになっていたわけだ。わたしは精一杯無関心を装い、輪郭のぼんやりしたプラタナスに近づいた。もっとも人さまからしたら、目をつぶって突進しているように見えたかもしれない。

あった、そう、葉だ。しかも、一枚だけじゃない。ほら、何枚もの葉が顔を出している！　そうだ、どの枝からも――ほとんどの枝からも――葉が出ているじゃないか！　「アーメンと言ってくれ！　誰か！」わたしは大きく息をついた。古くからの友人で上司でもあり、当時はセント・ジョン・ザ・ディヴァイン大聖堂の聖堂参事会長をしていた人物が乗り移ったかのようだった。マンハッタンの街中で駐車できる場所を見つけると、彼は思わず腕を振り上げて喜びの叫びを漏らすのだ、「神様はたしかにいらっしゃった！」と。

葉に触れられるかと思うと胸が高鳴った。ソローも、自分が焼いたナラ林から一斉に緑の新芽が出ているのを初めて見たとき、きっとこんな思いだったのではないだろうか。先人の先住民同様、ソローの時代も焼却で林地を耕す人々はいた。森を焼き、再び芽生えさせる。「崖から見渡す芽吹く土地の、なんと美しいことだろう！」と、ソローは書いた。「若い木々が、これほど広大な地面いっぱいに伸びている眺めほど、気持ちを盛り立て、元気づけてくれるものはない。見下ろすと、カエデの淡い緑がブナの濃い緑へと溶けこんでいて、そこここにカエデの春紅葉が紅くひらめく」

わたしはプラタナスを燃やしたわけではないが、ほとんど丸裸にしたのは確かだ。若い芽の生命力に、ソローが感じ取ったのと同じ、内側から湧いてくる再生の感覚を、わたしも感じ取った。「だとすれば、人も絶望する必要などあろうか」ソローは続けて書いている。「人もまた、幾たびとなく枯れ、しおれはしても、そこに新たに芽吹く大地ではないのか」。であるのは間違いない。駐車違反切符をべたべた貼りまくられる前に慌てて車に戻りながら、わたしの足取りは新芽のように弾んでいた。

わたしは芽吹きの力に、次第に信頼を寄せるようになっていた。そして学びを深めるにつれ、木がわたしたちよりずっと知覚に優れ、賢く、寛容で、我慢強いことを得心するようになっていった。わたしたちは木の知識から、木の行動から学ぶことができる。ソローはそのことを、ほかの誰よりもはっきりとわかっていた。「何度か焼かれ、伐採された森の跡を調べてみると、ナラやクリ、ヒッコリー、カバ、サクラなどなどの根がどれほど長命であるかを見せつけられて驚くことだろう。まるで一年目の若い枝と見まごうばかりの小さな木が、古い根やはたまた水平に伸びた枝、切り株などから飛びだしているのもよく見かけられる」。たしかに、よく見かける。葉のよく茂った木の新芽に関する文献を調査したアーノルド植物園の植物学者ピーター・デル・トレディチは、広葉樹林の樹木の八〇パーセントが、新しく生えた木ではなく、すでにある木の枝から伸びた新芽であると推計している。

森は、新芽の土地だ。土をかき分け、ソローは若い木々を見つめた。樹齢四年のレッドオークは、二・五センチほど積もった松葉に埋もれたドングリから出て、三〇センチほどまで伸びていた。これは一度は枯れたが、再び芽を出したものだ。同じくらいの樹齢の黒っぽいナラは、一五センチほどしかないが葉がたくさん生い茂っていて、こちらは少なくとも一度、ウサギにかじられていた。枝は太さ一センチもなかったが、土の中に埋まっている根はその三倍も太かった。木は伸びて意欲と食料を蓄え、それを糧に成長し、あるいは再度新芽を出す。もう少し背の高い白っぽいナラの枝は、おそらく樹齢七年ほどだが、こちらも一度ウサギにかじられたあと、再度伸びたものだ。「生まれたての小さなナラの木々は、太く元気な紡錘状の根を張り、ある日突然芽吹きの大地に運命をゆだねなければならなくなったとき、木々はいつでもその根に頼ることができるのだ」

木々の中には、根からほぼ半永久的に生えなおすことができるものもある。針葉樹のほとんどは、生えなおしは若木の時にしかできないが、育った後に枝が地面につくと、そこから根を出すことができる。広葉樹は、少なくとも一五年か二〇年の間は基底部から芽を出すことができるし、半世紀以上も芽を出し続けるもの、生きている限り芽を出せるものまである。アメリカヤマナラシやタスマニアのロマティアといったクローン林を作れる種は、理論上は永久に芽を出し続けられる（331頁参照）。

根のところに、休眠している芽を生涯にわたって生かし続けるための器官、リグノチューバを持つ樹種もある。そうした木々はいつ芽を出してくるか予測ができないので、園芸家には頭が痛い。木が枯れてしまったわけではなく、まだ命を保っていることを説明して、顧客に納得してもらわなければならないからだ。アメリカの北東部の森で何本もの枝を出しているシナノキを見つけたら、前の世代の木が死んだとき、リグノチューバから盛んに枝を伸ばそうと芽吹いた結果と考えられる。いわば自然が伐採を行ったようなものだ。木の根元で広がっている部分は、新芽の集団で、いつでも新たな枝を任につかせてやろうと待っている。新兵を補充する、とか任につかせるという意味の「recruit」がそもそもフランス語起源で、木が刈られたあとに、「再び伸びる」力を指している。リクルートは軍隊用語なわけだが、軍隊を、新兵を無限に補充できる場所と呼ぶのは、なんとも皮肉な言いようだ。

植物、海から陸へ

枝を出す、再び出す、というのは木にとって離れ業《わざ》ではないし、氷河期その他の気候変動に対応するために身につけたものでもない。四億年以上の時間をかけて、少しずつ完成させてきた生活様式だ。古生代シルル紀の初め、植物が陸上に姿を現す以前、海藻類が成長につれて分枝することを覚えた。一本の枝が、娘枝を二本生やす。娘枝もそれぞれ同じことをする。そのまた娘がさらに同じことを……はてしなく繰り返す。このようにして、一本の植物が広く海面を覆うように広がることができ、緑色の表面をできる限り広く太陽に晒して、光合成によって能《あた》う限り最大量の栄養を作り出すようになった。

この時の枝には葉はなかった。枝の組織はすべて緑色で、クロロフィルに満ちており、全部が全部、太陽光と水、そして二酸化炭素から栄養を作り出した（現代でも、例えばサッサフラス、トネリコバノカエデ、ヒメタイサンボクなどは、最も若い枝は緑色で光合成をする）。海面は、海藻の世界の天井だった。天井に抑えられているため、上に伸びるという選択肢がなかった代わり、横に広がるのがきわめて有効な策だった。

ガラスに覆われた特別巨大な温室の中に、植物の世界が育っているようなものだった。枝はそれぞれ増殖し、おのれの世界の天辺を感じ取った――あたかも手でガラスの天井を探るように。ただしその手は食べ物を作り出すことができ、だから手をどんどん増やすことができた。

海藻は折に触れ、根づいている場所から切り離されて岸に打ち上げられた。陸に上がると乾燥してしまうが、たいていはその前に、ごく初期の陸生生物、中でも菌に襲われた。菌糸が海藻の細胞を出入りして、組織を消化してしまう。このようにして最初の塵が生まれた。砕けた岩や泥、そして遺骸の残した無機物から作られた新たな創造物だ。何度も何度も、何千回となく繰り返しても、菌類は取りこみが遅かった。藻類の細胞から窒素を取りこむと同時に、相変わらず塵の中の有機物にも依存していた。土から吸収する水とミネラルは、菌がとりついた藻類の細胞に浸みだしていく。すると藻類が生きながらえることがある。かつては海が与えてくれていたものを、いまや寄生者が提供してくれるからだ。菌類は食べ物を手に入れた。一時的にではなく、自分がとりついた藻類、つまり植物が、生きている限り手に入り続けるのだ。両者には共通の利害関係ができた。そうやって根が生まれた。

この原始植物が、ひたすら陸地に這い広がっていったのかもしれない。現に、一部はそうなった。この植物は見た目は腸に似て、細長い球茎が浅瀬や岩の上に横たわっていた。菌の作る根は、生存に必要な水分を供給した。それぞれの植物の中心には、厚膜組織といかにもそれらしい名前をつけてもらった組織があり、緑色の光合成をする細胞に水を送ると同時に、茎の支えになった。

ある年、ある植物が立ち上がった。その子孫たち、すなわちあらゆる木々と灌木が、喝采をもって見守るかもしれない場面だ。植物たちはその手を空に向かって伸ばしたのだ。それから何年も、何十年も、何世紀も、実質永遠に、木質の植物は起立し、繰り返し再生する葉をつけた枝を広げられるようになった。

ゲーテは植物の根源を葉に帰している。彼は、根も、茎も、小枝も、花も、果実も、すべては葉が形を変えて発生してきたと考えた。小さなシダから巨大なセコイアに至るまで、たったひとつのやり方が、工夫を凝らされ、改良され、枝分かれし、繰り返されてきたのだと。温室の屋根がいったん取り除かれてしまうと、上向きの成長を規制するのは、大気の高さと直立する木が支えられる重さの限界だけになる。

こんなふうに植物の成長と形成を理解するのは楽しい。細胞やら亜細胞といった極小の神秘から紐解くのではなく、生きた植物全体の観察から類推しているからだ。近年の形態学、つまり生命の歴史を考えるきっかけとして形に着目する科学に携わる人々は、最初にあったのは葉ではなく茎だと考えているものの、ゲーテの発想自体は尊重している。ドイツの詩人にして科学者のゲーテは、自らの偉大な著作を『植物の変態(The Metamorphosis of Plants)』と呼んだ。テローム理論では、植物学者のヴァルター・ツィマーマンとその同僚たちが、樹木と灌木の、ひいてはすべての植物の誕生を促すに至ったとみられる四つの変態を区別している。四つとは、オーバートッピング（主軸の形成）、フラッテニング（平面化）、ウェビング（癒合）、そしてリダクション（退化縮小）だ。

植物の誕生を促したもの

彼らの語る物語は、いかにして枝になり、葉になり、花になり、果実になるかを学んでいく物語だ。まず新芽がある。新芽は陸地に立ち上がる。新芽は喜んでいる。というのも、てっぺんのごく一部だけでなく、地上に出ている表面のすべてを、いまや太陽に晒すことができるからだ。新芽は太陽に向かって伸びをする。水の中で生まれたいとこたちがかつてやっていたように、一本の枝から双子の娘枝が分かれる。ただし、今度は海面という天井のつかえがない。娘枝はどちらも空に向かって伸びていく。片方がもう片方より少しばかりたくさんの陽を浴びる。よく陽を浴びたほうはもう一方より少しばかり速く成長し、少しばかりのっぽ

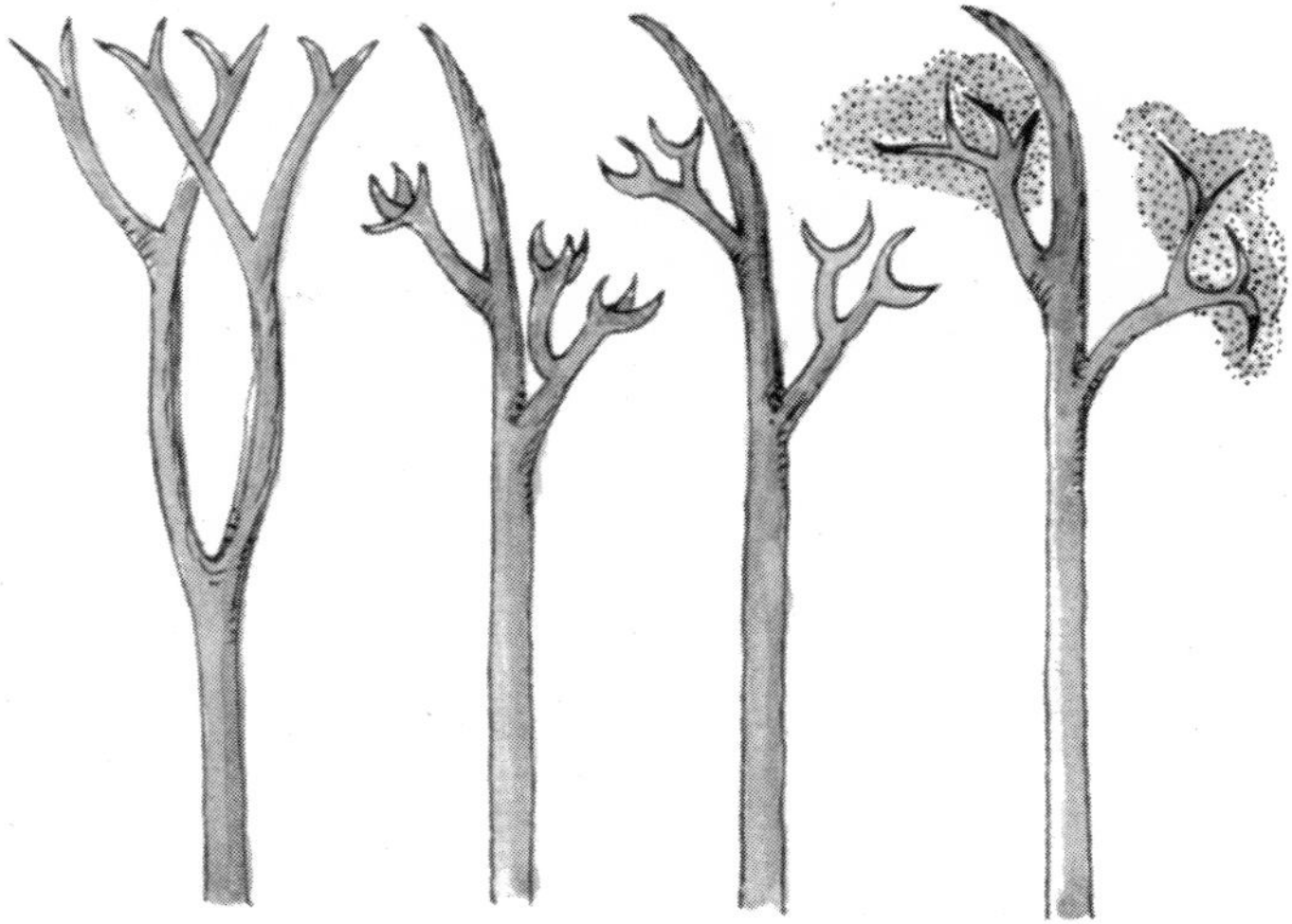

テローム理論によると、木質植物はもともとは二分枝で、それぞれの枝が同質の娘枝２本に枝分かれした。間もなく１本の枝が他方の枝に被さり、横枝のある主枝になる（オーバートッピング）。やがて横枝が同一平面上に広がって水平になっていく（フラッテニング）。ウェビングでは平面上になった小枝の間を埋めて、葉の芽吹きを促す

になる。そして妹にオーバートップする。そこで妹は、横のほうに伸びていくことにする。自分もちゃんと陽を浴びられるように。ここで、側枝と、上へ向かって伸びていく主枝の道が分かれる。いったん休憩だ。

再び成長が始まると、娘枝たちはそれぞれがふたつに分かれ、孫娘枝ができる。またしても、孫娘の一方が他方より上にいく。一番のっぽの枝にある孫娘枝の一本がさらに上へ向かって伸びていく。ここでも少しばかりひ弱な妹が、横のほうへ活路を見出す。もとの娘たちのうちの弱いほうの枝でも、孫娘の一方は上昇志向で上へ向かう主枝と競おうとするかもしれないし、姉妹ともども広く分かれて横に広がることで太陽に近づこうとするかもしれない。それでも一方のほうがもう一方より少し

は育ちが早くなるので、横に伸びた枝にも角度がつく。季節がめぐるたび、こんな具合に成長が進み、主枝は曲がりくねりながらも空に向かい、側枝は横へ伸びたり上へ伸びたり、拍手喝采を送るような格好で、木の背が伸びるほど、数が増えていく。現代でも、セイヨウカジカエデやエノキ、シナノキ、カバといった樹種の小枝は、こんなふうにジグザグに成長する。

こういう形で成長すると、太陽の光をたくさんとらえることができるので、たくさん栄養分を作れる。植物は次第に大胆になっていく。ジグザグにでなく、ただまっすぐに伸びたらだめなのか。新芽の季節になるたびに、娘枝の一本が上に向かう主枝として生涯を始め、それ以外の二本か三本は側枝になる。トウヒやストローブマツのてっぺんを見てみるといい。主枝は矢のごとくまっすぐに天に向かい、その下で側枝が周りに広がっている。枝が生まれ、そして再生していけば、植物は新たな娘たちもまた、太陽の分け前にあずかっているのを実感できるだろう。芽は、胚芽の中で硬くなった小葉に守られ、発達して枝になる。年ごとに、季節が来るたびに、一番若い枝の先端にある新芽が解放され、成長の図式を繰り返すのだ。

もうひとつの変態では、生命はもっと確実になる。大きな枝から小さな枝のひとまとまりが、同じ平面に広がる形だ。もちろん、ある木のすべての枝のまとまりがそんなふうに広がってしまったら、円周の三四〇度を無駄にすることになる。だが近しい側枝同士がひとつの平面にまとまると、それ以外が光に近づく方向へと伸びる余地が生まれる。ヴァルター・ツィマーマンはこれを平面化と呼んだ。すなわち、娘枝やその子孫から出る小枝のフラッテニングだ。

平面になった小枝には面白い現象が起こることがある。小枝同士の間隔が近いと、刃状の薄くて細い緑色の組織を出し始めるのだ。この刃同士はぶつかり合い、中心の小枝とその周辺の横枝の合間を縫うように編まれていく。緑色の組織はすべて光を使って栄養分を作り出せる。これが葉のでき始めだ。

この物語では、葉はゲーテが主張したすべての始まりではなく、産物ということになる。とはいえ、ゲーテがなぜ葉の形を愛したかは理解できる。なぜなら葉ができたことで植物が成長する力は、何倍にも増したからだ。葉を通じて、水を取りこむ仕組みも生まれた。現在、葉のおかげで、植物全体では毎年五六〇億メートルトンの二酸化炭素を吸収していて、そこからできる酸素でほかのあらゆる生き物が生存できている。新芽がただ単純に分枝するだけだとしたら、先端が分かれるのは生殖のためで、雄の器官と雌の器官がそこで出会う。茎の一部がほかより大きくなり、編みこまれ、融合すると、大きくなった部分は慎み深く性器を包みこみ、そうやって種を入れる容器である心皮となり、シダ類の胞子となり、花の雄蕊《おしべ》となる。それらはみんな、本来なら成長を続けてもいい先端部分が種子のための容器を作り、生殖器官を包んで守っているのである。

だから木全体は、新芽が成長し、変態しながら編み上げたものだ。木は森にある。けれどもそれぞれの木の中にもまた、森がある。新たな枝はみんな、最初の枝が塵から芽生えたのと寸分変わらぬやり方で親枝から芽生えてくる。古びた木の幹をよく見ると、最も太い枝が指のようになった組織で幹にとりついているのがわかるかもしれない。その部分は、親元の木の根にとてもよく似ている。フランスの偉大な植物学者フランシス・アレは若い枝を寄生枝《エピパラサイト》と呼んだ。枝は若い時分には以前からある枝に栄養を依存し、その枝も、かつてはその前の枝に依存してきたからだ。自分の枝に葉が充分茂って初めて自分自身を養うことができ、余った養分を木のほかの部分に回すこともできるようになる。

いったんそうなると、娘が大人になるように、枝も自活しなければならない。陰になったり、折れたり、虫に食われたりすると、枝は死んでしまうこともある。木のほかの部分は、個々の枝を助けにきてはくれない。しかし枝は、休眠芽という、火急の時にしか目覚めるのを許されていない胎芽によって救われたり、立てなおしをはかれたりする場合もある。ここが、灌木や樹木の生活様式における最大の技術革新だった。木々は、スペア部品を、いざという時のためのとっておきを、「補充兵」を、根っこのところだけでなく、幹や枝にも蓄えておくことを学んだのだ。それらは害を被ったり病気になったりしたときに呼び起され、枝として伸び始める。

予備の芽

針葉樹は、樹木の世界の開闢《かいびゃく》当初、樹木界に君臨していた。彼らの作戦は、緑のピラミッド状に生涯を積み上げていくことだった。足元のほうが、頭より地面に占める面積が広い。底の部分が広いのはてっぺんにゆとりをもたせるためで、おかげでほっそりした頭は、たとえ森がほかの針葉樹でこみ合っていても、たっぷり陽を浴びることができる。予備の胎芽は枝の付け根ではなく先端で必要とされ、もし枝が折れでもして地面に垂れ下がったら、そこから根を出し、同族の新メンバーを世に送り出す。一方広葉樹は、針葉樹に支配された世界で、場所と光を勝ち取る競争から入った。こざかしく、素早くなければ生きていけなかった。枝の先から付け根まで補充兵をいきわたらせ、光が当たった場所からすぐ新しい枝を出せるようになった。

木を扱う人々は、この予備の胎芽にさまざまな名前を付している。休眠していると言う人もいれば、抑制されている、予備という言い方をする者もいる。呼び名がまちまちなのは、芽そのものの違いではなく、自然に対する人間側の心構えの多様さの反映だ。自然を友とするルソー派は眠っていると見るし、こわもてのホッブス派は力ずくで抑えこまれているとみなし、経済観念の発達したアダム・スミス流に見ると、都合のいい取り換え要員だ。そして胎芽にはそのすべての要素がある。木々は、わたしたちより、自分自身の本性に忠実なのだ。枝にはそうした性質を備えた休眠芽がいくつもあって、必要とあらばいつでも伸びてやろうと時を待っている。

木の構造の進化には目を見張るものがある。だが何にもまして素晴らしいのは、この予備の芽だ。この際名前は何でもいい。休眠でも抑制でも予備でも。彼らあってこそ、植物は落とした葉の取り換えがきくのだし、養分を作り出して生き続けることができるのだ。雪混じりの嵐や大風、寄生虫や病害、あるいはわたしのような園芸家に枝を薙《な》ぎ払われたとして、失われた枝の代わりに新たな枝を生やせなかったとしたら、飢えてしまう。休眠芽の一つひとつには、その木の設計図が含まれていて、いざとなったらいつでも動き出す。

このことを学んで、わたしはメトロポリタン美術館の芽を出し始めたプラタナスの行く末にかなり自信が持てるようになった。春が盛りになるにつれ、ちょん切られた先端から顔を出した小枝は、どれも九〇センチかそれ以上に伸び、まるで不格好な鬘《かつら》を一〇〇個ばかりも並べたような面白い景色になったし、プラタナス特有の大きな葉は、樹下に並べたテーブルや椅子に美しく影を落とした。新たに伸びた枝が木にとってかけがえがないことをわたしは感じ取った。目にも美しいし、木陰に腰を下ろしても心地よい。プラタナスと人間との新しい関係の輝きに、喜んでおぼれたかった。ただ、今度の冬が終わる頃にはまた、プラタナスを切り戻さなければならない。その時にはきっと、枯らしてしまうのではないかという恐怖と戦うことになるだろうというのは自覚していた。

即興演奏する樹木たち

倒れた樹木に宿る生命

器(chops)を知り、譜面を学べ。それから両方放り出せ。
——若きサックス奏者への教え

　木がいかにして成長するか学べば学ぶほど、彼らが屈しないだけでなく、発想力に富んでいることにも舌を巻くばかりだ。生きた木は決してあきらめない。何度倒しても、再び立ち上がってくるが、新芽を出すときも決して行き当たりばったりに、ただ指を突き立ててくるだけではない。茎の先端にある成長部分——植物学では分裂組織と呼ばれる——が、生来の複雑なパターン、音律を思わせるパターンに従って芽を出してくる。ブルックリンのプラタナスは、どうしたことか先端が折れてしまった。この木はその時点ですでに一二メートルあった。木は、矢のごとく上を向いた新芽は出さなかった。折れた場所から顔を出した芽は、八本のミニチュア版プラタナスで、一本一本が二〇年前の親木にそっくりで、幹の上に載せた花束さながらに見えた。

スペイン、カスティーリャ地方の村の近くにある、古いセイヨウネズの木立に、幹が裂けて地面と平行になるほどに折れ曲がった木がある。幹の長さいっぱいに、セイヨウネズの若木が新しく線状に生え並んでいて、どれもが祖先と同じ形を受け継いでいる。

ヤナギから小枝が折れて、小川に落ちた。流れの緩やかになった下流で中州にたどり着くと、小枝はそこに根を張り、芽を出し、新しく一本の木になった。その姿はもとの木と寸分たがわなかった。

冒頭の言葉をある若いサックス奏者に送ったのはチャーリー・パーカーだと言われている。まずは自分の器について学ばなければならない。次に、旋律を奏でられるようにならなければならない。そうすればもう自由にインプロヴィゼーションでジャズを吹ける。ジョン・コルトレーンの「マイ・フェイヴァリット・シングス」〔ミュージカル「サウンド・オブ・ミュージック」の中で歌われる一曲で、ジャズのスタンダードナンバーとしても有名〕は、その教えをまさに地で行く、素晴らしい演奏だ。最初は完璧に折り目正しくメロディを提示し、それ自体が豊かでとても美しい音程を奏で、堅苦しいまでに音符を再現していくので、まるで家でも建てられそうな律義さだ。三分ほどのうちに、音は完全に思いもよらない変容を遂げ始め、形も大きさも変わり、上がり、下がり、滑らかに駆け下ったかと思うと立ち止まり、また始まり、囁《ささや》きから叫びへ、けれどももとの音の糸を、決して見失うことはない。木は誰もがジャズ奏者だ。ただし、コルトレーンの演奏が長くても一五分なのに対し、木々の演奏は五〇〇年も、あるいはそれ以上も続くかもしれない。

植物たちの旋律——六つの選択

熱帯植物学者のフランシス・アレとレロフ・オルドマンは、植物はすべて、まずはある形を満たすために——つまりその旋律を奏でるために——成長するものだという考えを最初に提唱した人たちだ。壁際の雑草であろうと巨大なセコイアであろうと、熱帯のシクンシであろうと、極北のカバであろうと、いずれもだ。ふたりは、P・B・トムリンソンとともに、一九七八年に発表した著書『熱帯の樹木と森（Tropical Trees and Forests）』で、背の高くなる種類の植物は、二三のパターンのうちのどれかひとつの形になると書いている（その後パターンはひとつ増えた）。実際には、あるひとつのパターンから別のパターンに形を変えられる種もあるし、さらに多くは、パターンの組み合わせの形をとりうるけれども、どれもが、祖先の形を継承しているというのである。

木にとっての「器」は生まれつきで、遺伝として継承している。親たちがどういう具合に成長していったか、知っているのだ。種子がその知識を内包している。「譜面」を学ぶため、植物はこの形についての知識を詳細になぞって一番最初の形を実現していく。旋律の第一変奏を提示するのに、雑草であれば二週間ほど、ナラであれば二〇年くらい、モミならば人間の一生涯ほどの年月を要するかもしれないが、生理学的にはそれは同じ段階なのだ。茎と枝と花と果実と、すべて祖先から手渡された形を満たそうとする。

木々の音符は、音階は、シャープは、フラットは、拍子記号は何だろう。先にあげた三人の植物学者によれば、植物はみな、六段階の選択を経ているという。

ひとつ目、枝を出すか出さないか。例えばヤシは枝を出さない。だが群生ヤシの一部は、次にあげる二番目の選択をする。

ふたつ目、枝を出すとして、根っこのほうだけ出すのか、幹の下から上までずっと出すのか。竹は、純然たる茎の集まりで、藪に見えるのもひとつの個体だ。アメリカヤマナラシも同じように見えるが、こちらは新芽のすべてがそれぞれに枝を出す。灌木も一般には根方から繰り返し芽を出す生き方を好む。

三つ目、枝や幹は休みなく伸び続けるのか、休眠期があるのか。温帯の植物のほとんどは後者を選ぶ。トウヒやモミなど、明確な休眠期のある樹種は、成長の仕方もじつにメリハリがある。

四つ目、枝はどれも上に向かって伸びたがるのか、外に広がりたがるのか、一部は上、一部は横に伸びたがるのか。ハナミズキはおおむね上に伸びたがる。ウルシ科のルスティフィナは横向きだ。上に向かいたがる直立性の茎では、葉や小枝は茎の周囲を取り巻くように、左右対称な対になることが多い。外向きに伸びたがる斜行性の茎では、葉や小枝は、水平になった枝の縁に沿って生え、鳥の翼のようになる。

五つ目、花は主枝の先端につけるか、側枝につけるか。ウルシ科をもう一度持ち出すと、これは先端に花をつけるため、毎年新しく伸びる枝は、先端の下の休眠していた側枝になる。それで枝が雄シカの角のように見えるため、「staghorn sumac（シカヅノウルシ）」なる俗名がついた（中には、新芽に若いシカの角袋に似た産毛の生える種もある）。側枝に花をつける、カエデやトネリコなど温帯のほとんどの木は、枝が外向きに伸びていく一方で、幹はおおむねまっすぐに伸び続けることができる。それを阻むことが起きると、別の成長点が代わりに伸び始める。

六つ目、枝は横向きの成長と上向きの成長を行ったり来たりするか。これは、当の植物が上部や周囲の空間を活用できるようにするための、柔軟なやり方だ。上向きに成長する先端枝が頻繁に変われば、日光がどちら側から当たっていてもふんだんに取りこむことが可能だ。代表的なのがツガで、二〇メートル以上の高さになる力がありながら、トップは成長の主役を気楽に譲る柔軟さを併せ持つのが、見ていて壮観だ。成長の主役は、平均して一〇年に七回交代する。ツガの先端はジャグラーだ。

植物たちは、この六段階からそれぞれの選択肢を選んでプレイする。そうして組み合わされたフレーズが、何百万年もの間、その種類を特徴づけてきた。種子がどこで芽吹こうとも、固有の旋律を奏でようと頑張るのだ。二三プラスアルファの旋律のうち多くは、熱帯でしか奏でられない。熱帯では水が豊富で寒いということがほとんどなく、植物は奔放に想像をほとばしらせることができるからだ。温帯は冬は冬らしく寒くなり、干ばつや洪水もあるため、旋律の選択肢は限られ、融通が利くものになる。

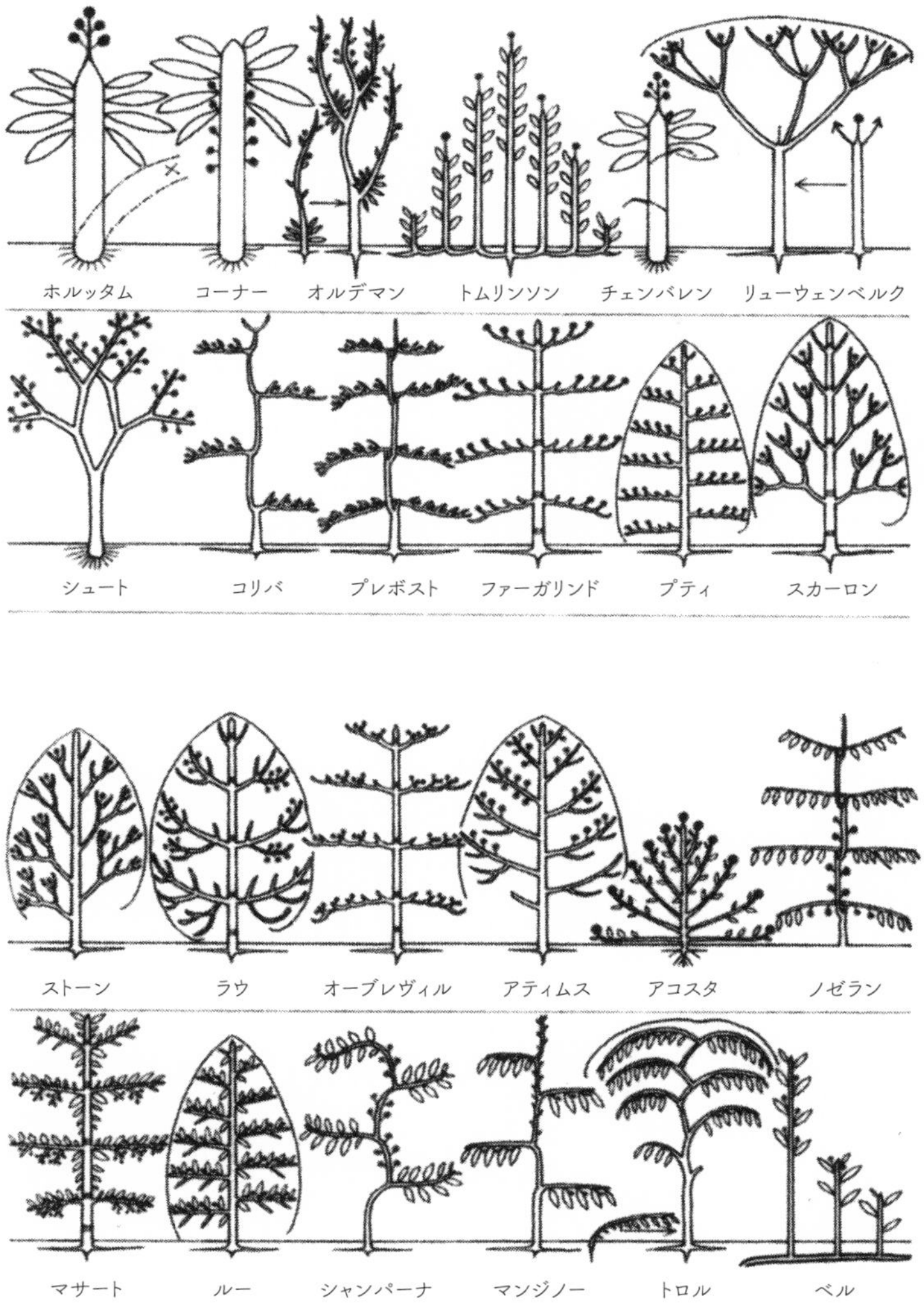
ホルッタム
コーナー
オルデマン
トムリンソン
チェンバレン
リューウェンベルク
シュート
コリバ
プレボスト
ファーガリンド
プティ
スカーロン
ストーン
ラウ
オーブレヴィル
アティムス
アコスタ
ノゼラン
マサート
ルー
シャンパーナ
マンジノー
トロル
ベル

木の構造モデル24

三人の植物学者は、構造モデルのすべてに、植物学者の名前を冠した。その形を代表する樹種をよく研究した学者だ。ラウのモデルは温帯の樹木で最もよく見られる形だ。このモデルでは幹と枝が機能的には同等で、必要とあらば前者と後者が入れ替わる。先端ではなく側枝に花をつけるので、成長のために分枝する必要がない。トロルのモデルはその次によく見られる。このモデルも花は側枝で、休眠する時期がある。この形の植物は単なる一本幹ではなく、幹の寄せ集めでもない。枝は方向が定まらない。成長を始めた段階では上ではなく横向きに伸びるが、一年の終わり、その先端は上を向く。この旋律は一年中横に伸びた後に最後に音階が駆け上がるが、ラウと同様、それは植物が横にも上にも広がれる機会をもたらす。温帯で三番目によく見られる形がマサートだ。ただ、これは、古い世界から残されたものである。トウヒ、モミなど、針葉樹の多くがこの旋律を奏でる。幹はまっすぐ上を向くが、枝は横にしか伸びたがらない。この形は冬には休眠するので、いたって規則正しく、一定の成長リズムで上へも横にも伸びる傾向がある。彼らはまるで渦を巻くように、上へ横へと伸びていく。

針葉樹が君臨していた頃、氷河期前の温暖だった時代には、即興演奏の必要はほとんどなかった。マサート型の針葉樹モデルは、光を受けるのに都合よく、また、隣人たちとはちょうど腕を伸ばしたくらいの距離を保てていた。山頂の森林限界であっても、バルサムモミは先端こそ風に持っていかれたが、斜行性の枝が長く伸び、カーペットのように地面を覆った。

広葉樹はそれほど運よくはなかった。彼らが地に広まりだしたのは大地が動き始めた時代で、気候は厳しいほうへと向かっていた。一億五〇〇〇万年ほど前だ。それだけではない。いまいましい針葉樹のやつらが、住むに適した環境のほとんどをすでに占拠していた。今日主力の顕花植物は、当時は少数派で、川べりや岩だななど、なんとか陽は差しこんでくるけれども針葉樹が入ってこないところでコソコソと生き延びていた。最初から、特化しないことに特化していった。特定の形に成長しない、ということにとどまらず、とりうる形ならどんな形にもなって、その形を生涯繰り返した。ややこしいことに、広葉樹は競合する枝をまず生やし、空へと伸びるのを競わせる。そうすれば一本がだめになってももう一本が高みに遠くに届くかもしれないからだ。

周囲の世界に呼応する

わたしたち——一般の人々だけでなく、樹木の手入れをするような人間でも——のほとんどが、木の成長の仕方はどうやらいくつかあるらしい、と何となくは気づいている。たしかに、ナラやトネリコ、カエデは、キササゲやアイランサス、トチノキ、アメリカサイカチやブナ、あるいはニレとは根本的に違って見える。だが、違いが正確にどのようなものか、となるともうわからない。ところがご先祖たちはおそらく、違いが何なのか、きわめて明快に答えられたと思われる。ご先祖たちは常に木々の中で生きていて、その暮らしは木々の成長に頼るところ大だったからだ。

とはいえ、特徴的な種類もいくつかはある。シカヅノウルシの異名のあるルスティフィナは広葉樹の祖先が白亜紀の初期から中期にかけてそうだったように、崩落した土地など荒れ地の際を這い上る。高速道路の高架を支えるコンクリートの塊が大好きだ。クローン的に、つまり地下に旺盛に広がる根茎の網の目を通じて広がり、盛り土などの露出面を次第に覆っていく。しばしば、アメリカヤマナラシなど、同様に根茎で広がる植物と競合する。ニューヨーク州オニオンタの近く、州間高速道路88に、ルスティフィナとヤマナラシが競い合って急速に成長し、アメリカンフットボールのゲームでバックスのために突破口を開こうとしてぶつかり合うラインマンもかくや、と思える場所がある。なんといっても、最初に陣地をとったほうに分があるのと、高速道路わきの斜面は、成長に必要な日光がふんだんにあたる場所なのだ。

この組み合わせはさながら小柄なローレルとぽっちゃりハーディの極楽コンビだ。アメリカヤマナラシはどれもまっすぐで、細くて白茶けている。パーティの出席者が詰めかけてぎゅうぎゅうになった部屋みたいに、所狭しと立っている。ルスティフィナのほうはずんぐりむっくり。あからさまに太って、寸詰まりである。花は常に、新しい枝の先端につき、その枝はそのあとは成長しない。花より付け根寄りにあるふたつの膨みが芽を出し、タッチダウンして広げた両手のように、ふたつの芽が両方向に伸びていく。次の年には、このふたつの枝に花がつき、同じことがもう一度そっくり繰り返される。こちらは空に向かって伸びるよりは、できるだけ版図を広げて、空中不動産を確保できる限り確保しようとする。二本が二本ずつになり、さらに二本ずつになり、もう一度二本ずつになり、と、もとの枝はやがて恐ろしく入り組んだ枝つき燭台になっていく。

モデルのほとんどは、高くなろうとするのと広くなろうとするのの混合だ。温帯の森林に生えている樹木――ナラやトネリコ、カエデやマツなど――の多くは、まっすぐ上に伸び、横に伸びた枝も上に向かう。らせん状か互い違いに枝がつき、葉を茂らせ、花をつける。形はいたって融通が利く。先端がだめになっても、次に高い枝が上に向かってリーダーの位置につく。どの枝も、ほかの枝の代わりになれる。もし、うっそうとした森で生き延びようとするならば、これが理想の生き方なのだ。

もっと大きくなる、ニレやカバ、アメリカサイカチなどは、横に広がる枝だけを伸ばす。この種の樹木が高くなるのは、横に向かう新しい枝が以前の枝の上に芽を出すからで、そのようにして、時には三〇メートル以上の高さにまでなる。加えて上向きの力を少しばかり受け取ることもある。というのは、最初の年の休眠期に、新しい柔らかな枝がやや直立することがあるからだ。

温帯森林の全樹木の四分の一は、このような成長の仕方をとる。直行モデルよりはかなり柔軟だ。横向きの枝は、よりたくさんの光を求めてどんな向きにでも伸びることができるからだ。光が乏しければ短くとどまり、森の樹冠に隙間があれば、一〇メートル以上も枝を伸ばす。そのため、このタイプの樹木は、環境の変化で上にも横にも伸びられる。樹冠が立派な壺型になるのがこのタイプだ。だからニレが道路の両脇に植わっていると——それを言うならアメリカサイカチであっても——空は閉ざされてしまうのだ。

ほかの木々もまた、毎年三つ組みかそれ以上の数の新たな枝の旋律を送り出す。枝同士、光を求めて競争する。アイランサスがこのタイプだし、キササゲやトチノキもこの仲間だ。三本かそれ以上の上向きの新枝のうち、一本が主になり、ほかは横へそれていく。このタイプは美しい花をつけるものが多いので、最盛期には花火が広がったかのように見える。葉も花もそれぞれの高さではじけ、それはあたかも、小さかった頃のその木が再現されているかのようだ。この型は、絡み合いながら繁茂するようだ。

もしあらゆる樹木がそれぞれのタイプを示すべく成長しているのだとしたら、植物の世界が、同じ形だけが寄り集まった大集団になってしまわないのはなぜなのか。森が、スーパーマーケットでメーカーごとに並んだ飲料水の棚みたいな態をなしていないのはどういうわけだろう。

それは、絶えず起こる不慮の出来事のせい。

それは、世界が不確実な場所だから。

それは、熱波と寒波のせい。嵐や大風のせい、病虫害のせい。

それはすぐそばに根を張っている隣人や、二本肢、四本肢、六本肢、八本肢の隣人たちのせい。

それは、適宜空間が開けて、日光を浴びられるせい。

そして木が、即興演奏をするから。

オルドマンは、木が周囲の世界に呼応する能力に、「反復（reiteration）」といううってつけの用語を冠した。木は、変化の大きさを問わず、かなり異なる状況になっても、全部または一部が、もともと持っている旋律を繰り返し奏でようとする。まさにジャズだ。主題を拾い、引き延ばし、刻み、断片を組み合わせ、高く、低く、時にはひしゃげさせ、あるいは空へとうち放つ。木々は自分のチョップを、自分のチャートを受け取り、そしてそれを手放す。チャートはそっくり暗記しているから、何百年にもわたって一〇〇〇もの変奏を奏でることができる。そうして完成された形へと成長し続け、仲間の木々とともに生き、やがては地面へと倒れ伏す。形態発生の陰と陽だ。木々は上への成長と、下への成長を反復する。

旋律が奏でられ始めると同時に起こる最初の反復は、最初に伸びる主枝だ。広葉樹は成長する際、植木屋が骨格枝と呼ぶものを出す。骨格枝は、五本から八本くらいの非常に太い枝で、木のパーツのほとんどがこの上にぶら下がる。つまり、細い枝や幾万枚もの葉が。園芸家のリバティ・ハイド・ベイリーは早くも一九〇八年には、「木というものは個々の部品の寄せ集め、あるいは群生であり……枝は、器官というより、それ自体が個体として競合している」と看破していた。有機体としての木の能力は、コルトレーンの即興演奏さながらで、さまざまな変奏をも、たゆみない主題に収斂させることができる。

こうした、大きく、太く弧を描く骨格枝のてっぺんに、それよりやや小さな規模でハナミズキやサクラの木でもこしらえていくように反復されていくのが、成熟した木の中ほどにあたる部分になる。その次の反復は灌木程度の規模で、生命の源である太陽を見出すことのできる方面へと、葉をいっぱいにつけた枝を伸ばしていくことだ。最後に、ほぼ完成形の大きさにまでなったら、今度の反復は草のサイズで行われる。新芽を含む組織は、親枝からわずか三〇センチから六〇センチ程度しか伸びない。新しい小枝はどれも、太さは永遠に細いままだ。熱帯植物学者は、この最後の層を「サルの芝生」と呼ぶ。

年ふりた樹木の持つ力

木の生涯の最初の三分の一は、上向きの形態発生だ。つまり「積み上げていく」ことである。この時期はおよそ一〇〇年にわたる。その後、一世紀か二世紀の間、木は完成形を保ち、とりたてて高くも幅広くもならないが、サルの芝生や灌木の層が失われれば、毎年のように新たなものに更新していく。最後に、木は終末期に入り、形態の変化は内向きに、「下へ下へと」進む。昔からナラのことを「三〇〇年育ち、三〇〇年生き、三〇〇年かけて朽ちる」と言うが、言い得て妙だ。

下向きといっても、ただ朽ちていくわけではない。積み上げと同じくらい能動的で発展的な過程だ。根は損なわれるか、死んでいる。枝は大風でちぎられる。幹には洞ができ、サルの腰かけなるぴったりの名前をもらったキノコの類に棲みつかれる。木の堅牢な循環系は、単なるばらばらな通路となり、一部はまだ命があるものの、一部は死んでいる。骨格枝がかつては独立した複数の木であったことが、再びはっきりとわかるようになり、根が生きているものは命脈を保ち、そうでないものは失われていく。高いほうの枝の先端は死に向かい始める。若い頃のように、新たな代替小枝を下に蓄えていくことはなくなり、いまや死滅した先端部分と幹との間に、自分の種独特の形をしたミニチュア樹を生成するようになる。それは主題の忠実な再現で、まだ生きている枝の上では、一〇回余りも行われることだ。

さて今わたしたちは、樹木がその生涯の三分の一までをこのような下方成長の営みに費やせることを知ったわけで、植木屋としては、樹木が老齢期に入った兆候がうかがえたからといって、すぐにその木を抜いてしまおうとは思わなくなる。植物の下方成長の過程を学び、寄り添うことで、かつて考えられていたよりもずっと長く、その木を安全で美しい状態に保ってやるように剪定することができるのだ。人間には確固たる寿命がある。樹木はそうではない。幹や枝が年をとって朽ち始めても、この生物はそれにとって代わる真新しい枝の赤ちゃんをさらに送り出す。だから年ふりた木には、新生児と、長寿の象徴たるメトセラとが入りまじっているのだ。古い枝の更新を助けてやることで、わたしたちは木をいっそう長持ちさせてやれる。

少しずつ、木は樹冠部を失っていく。手始めは細い枝、次に太い枝。根が腐る。葉へと水を上げていた循環系が壊れ始める。枝から葉がすべてなくなると、もう栄養をとれなくなる。木は朽ち、地面に倒れる。だが木はあきらめない。一度は三〇メートル近くもあった巨木がたった六メートルほどにまで縮んだとしても、地面に近い幹や広がった根など、根と枝との関係が生きている場所ならどこからでも、小型の自分自身を生えさせる。わたしは以前サマセット・レヴェルズで、幹の地面すれすれのところから小枝が一本突き出しているる以外はすっかり丸裸になっているトネリコを見たことがある。そこ以外は、幹は朽ちていて、その木はまるでバレリーナがプリエで立っているような形をしていた。こうした最後のたった一本の枝から、再び三〇メートル近い大木ができるのもないことではない。もしもその枝が、しっかりと根を張ることができさえすればだが。そうした再生過程を、フェニックス再生《リジェネレーション》と呼んでいる。ある意味、樹木はどれもが不死だと言える。

英国の素晴らしい育樹家であるネヴィル・フェイが、このリジェネレーションを七通り説明してくれた。幹底部の代替枝のひとつは、独自の根と新しい幹を作ることができるのだ。ちょうど、わたしがサマセット・レヴェルズで見たトネリコのように。古い骨格枝も同様だ。また、根っこのところからまったく新しく芽吹いて、地面からもう一度、一から生え伸びることもある。あるいはまた、最も低いところの枝が地面につき、そこで根が出て新しい木になる場合もある。はたまた、朽ちかけている古い幹のただなかに細い幹が形成され、新たなスタートを切ることもある。さらにはまた、木の底の洞に新しい根が出て、地面に触れれば、そこから新しい幹ができて樹冠部が作られていくこともある。おしまいに、木が倒れ、側枝がそのまま新しい木になっていく場合もある。

わたしには、東海岸のメリーランド州にお得意さんがいた。お得意さんの家は、森と化した庭の中にあった。森には三〇メートルはあるナラやペカンの巨木、美しいクリの木、成熟期を迎えたタイサンボク、二列に並んだ巨大なヒマラヤスギなどがあったが、中でもとりわけ見事だったのが、倒れたオーセージオレンジ

イングランド南西部の泥炭地、サマセット・レヴェルズのトネリコ。フェニックス再生の一例

だった。どうひいき目に言っても、オーセージオレンジはことさら価値の高い樹種ではない。公園や庭木の手引書として手頃な「景観になじむ樹木の手引き（Manual of Woody Landscape Plants）」を著したマイクル・ディールによると、「住宅地の景観にお勧めするほどではない」。この木は大砲が吐き出したしわくちゃの弾みたいな緑色の果実を落とし、木質は相当に硬くて、朽ちた幹をのこぎりで挽くのさえ、大の大人がふたりがかりで精も根もつきはてるほどだ。そんなわけで、この木をわたしに見せたとき、お得意さんがいささか恥ずかし気だったのもうなずける。遠くに見える立派なヌマガシワを愛でながら家屋の角を曲がった前庭で、この倒木に出会った。

わたしは足を止めた。きっと大口を開けていたに違いない。

「この木、どう思われます？」奥さんのほうが眉をひそめながら尋ねてきた。わたしが言い出すであろうことにそなえて、内心で歯をくいしばっているのが見てとれた。

「素晴らしい！」わたしは答えた。

お得意さんご夫婦は表情をやわらげた。奥さんの顔に笑みが広がったが、それでも言質《げんち》を取ろうとした。

「気に入られました？」

「こんなのどこにもありませんよ」わたしは請け合った。「お宅の木で一番だ」

「ああ、よかった」奥さんは息を吐きだした。「この木はどけたほうがいいって言われたんです」

わたしはとうてい信じがたいという思いを身ぶりで表した。多分両手を天に突き上げ、髪をかきむしる真似くらいしたはずだ。

わたしたちの足元に横たわっていたのは、長さ一二メートルほど、周囲が九〇センチはあろうかという幹だった。倒れてから長い歳月が経っているので、シダやコケ、小さな草本植物がかつて根だったほうの側に群生していた。根方の差し渡しは、長身の男性よりも高くそびえている。だがさすがに朽ちにくいことでは折り紙つきのオーセージオレンジだけあって、それ以外の部分はほとんどもとの姿をとどめていた。驚嘆させられたのが反対側の先端だ。

それはかつては幹から生えた枝だった。しかし幹が倒れた時点で枝は指向を改めた。もともとの樹冠は枯れはてた。枝もほぼ落ちたのだが、二本だけが空に向かってまっすぐに伸びることにしたようだ。あたかも真新しいオーセージオレンジの木であるかのように。当然そうする権利があるとでも言いたげに。何十年も経て、どちらも一二メートルの大木になった。一本は、もとの木の根の、地面に埋まっている部分を頼りに生きている。もう一本のほうは自分の根も伸ばしていて、これがヘビさながら朽ちた幹に絡みついてから、地面に潜りこんでいた。

まるでひとりの女性が掌を広げて土の上に腕を伸ばしていたら、彼女の血管やらリンパ管やらを当てにして新しい腕が二本にょっきりと生えてきたようなものだ。新しい腕は二本とも筋肉も腱も備え、血流もあり、手も、掌も、指も爪もある。いやもっと正確に言えば、夜、ひとりの人間が寝そべったら、一晩のうちに、上半身から新しくふたり、頭のてっぺんからつま先まで完璧にそろった人間が生えてきたようなものだと言えばいいだろうか。ジョン・コルトレーンはさぞやフェニックス再生が気に入るだろうと思う。なにしろこれは、「マイ・フェイヴァリット・シングス」でソプラノサックスの最高音域までも振りきるかと思えた刹那、主旋律が鳴り出す瞬間にそっくりだからだ。

わたしたちは、属名がわかって、系統樹の中に位置づけられ、光合成や色素の生成といった目に見えないプロセスを説明できれば、その木についてわかった気になる。だがもしも、こうした抽象的なやり方が、木々がまさにどんな形で育ち、生き、死んでいくかを見て木を知ることよりも無益だとしたらどうだろう。

新石器時代には、あるいは中世まで下ってきたとしても、人々が得意としていたのは前者のやり方より後者の見方だった。そのような時代には、人々は木々と非常に生き生きした関係を結んでいて、燃料として、暖を取るために、建築資材として、木に頼っていた（現在、わたしたちは木への依存を卒業して石油に傾斜していると信じているが、それとても、古代の樹木のエネルギーをかすめ取っているのだ）。当時の人間は、友人について知るように木のことを知っていた——好きなもの、嫌いなもの、こちらが仕掛けたことにどう反応するか、どんな場合でも試してみたほうがいいのは何か、など。それはお互いについて言えることだ。そのために利他主義者である必要などない。単に昔の人々のほうが、今のわたしたちより木にとって何がいいことかをよく知っていたという話であろう。

枝分かれ（branching）

ネットワークの中で生きる

言うがいい、考えなどない、けれども物に――
空虚に見える家々の顔と
円筒のような木々しかなくとも
偏見や偶然の危難で、ゆがめられ、二股に分かれた枝
裂け、くぼみ、しわが寄り、まだらになり、シミのできた
秘密を、光の源へ！

――ウィリアム・カーロス・ウィリアムズ「パターソン」第一巻

ウォルト・ホイットマンがその詩「このコンポスト（This Compost）」で、セルマン・ワクスマンが発見することになる結核の治療法を予見したように、ウィリアム・カーロス・ウィリアムズは、「パターソン」の第一巻（一九四六年）で、三〇年後にフランシス・アレとレロフ・オルドマン、P・B・トムリンソンが

『熱帯の樹木と森』で明らかにする事柄（59頁参照）を予見していた。どんな木でもみんな、原型があり反復することで、つまり枝が分かれていくパターンによって、光の源へと育っていく。

それは植物に限らない。世界には枝分かれが満ち溢れている。

あらゆる場所に。

あらゆる規模で。

もし枝のすべてが生きているならば、世界は何ひとつ死んでいない。

モンモリロン石の粘土の薄片は、電子顕微鏡下で、伸びたり曲がったり分かれたり広がったりする。くっついてはまた離れていく。病気に侵されたナラの樹皮をはがして見ると、ナラタケの黒い根状菌糸束がいくつも平行な列をなし、あらゆる方向に枝分かれしているのがわかる。菌糸束はナラの細胞の中をも、同様に縦横無尽に駆けめぐっている。菌糸体は細胞壁にぶつかると、溶かして突破してしまう。それから手分けして次の細胞に入りこみ、植物自体が菌の侵攻に干渉してくるまで止まらない。菌根菌はほとんどの樹木の生命を支えていて、根の細胞の中で分枝し、周辺の土に入りこんで、植物が水とリンを吸収するのを助けている。

地球上の川はすべて下方を目指し、抵抗にあえば身をよじってすり抜けたり、身を分かって新たな流れを作り、進み続ける。平坦部には迷路ができる。流れがより合わさり、分かれていた経路が出会い、再び分かれる。ヘンリー・デイヴィッド・ソローは、新しく敷設された鉄道線路沿いの土手で、そこを駆け下る水が氷結と融解を繰り返して枝分かれし、腸を思わせる模様を描いているのを見つけて感嘆した。

泥に浸みこんでいくと、水は、水路の体系を作り上げて地下の水面へと流れつく。これが土壌の構造になる。枝分かれに見られる粘り強さで貫通していく力は、この世にふたつとないほどだ。地面の下であっても、泥は浸透していく水によって作られた水路という枝のネットワークで、これが、ミネラルや有機物の塊の間に、通り道を見出していくのだ。「水は最強の存在である」と道教に言う。「なぜならば、水は恐れることなく最も低きへと向かうからである」。水は岩をうがち、鉄を地の奥底へ運び、シリカやアルミニウムの結晶を土の粒子に変え、有機物を分配し、植物が成長するのに必要なあれこれを解放してばらまく。

植物の根はどれもが、このネットワークの中で生きていて、枝分かれしながら流れている水の様相を地上に映し出すかのようだ。根は、こうした水路から水を汲み上げると、上方の樹冠部へと渡していく。地面の上の枝々は、地面の下にある枝々に呼応しているのだ。頻繁に刈り込まれそのたびに新たな枝を伸ばしているような木の根は、往々にして繊維状に細くなっている。地面の上は地面の下に呼応する。

Anastomosisはじつにもって素晴らしい言葉だ。アー、ナス、トゥ、モウ、シスと口にすれば、その語の表す過程を目に浮かべることができる。アーナスでわたしたちは分かれ、トゥモウと合流し、シスで再び分かれる。肺を流れる気道は川のように枝分かれし、その肺胞道から酸素を取りこむべく、血液が流れている。道が蛇行すれば血流はゆっくりになって、血液に酸素を目いっぱい満たすことができる。腸も同じ理屈で、曲がりくねることで消化された食物の流れを遅くし、体が使える栄養分をたっぷりと取りこめるようにしている。静脈と動脈も分枝し、合流しているのである。植物の葉にはどれも、葉脈が張りめぐらされ、葉緑体に水を運び、光合成の産物を回収している。変形菌もしかり。高速道路もしかり。

道管のネットワークを内包する木部が、木を上昇している。その細胞は細長く、互いに接合しながら根から幹へ、枝へ、そして最も細い芽吹いたばかりの小枝の先にまで届き、土壌から葉まで、水と養分を運び上げる。木の成長とともに、絶えず分岐と合流を繰り返す。道管が絡み合っていることで流れがゆるやかになるばかりでなく、道がいくつもに枝分かれすることになり、もし道のひとつがふさがれても別の経路を使うことができる。これはあらゆる樹木の内部で起こっていることで、木々が病害や虫害、嵐などの破壊要因にも持ちこたえ、五〇〇年でも生きられる理由だ。このような道管は、一本の木の中にどのくらいの数あるの

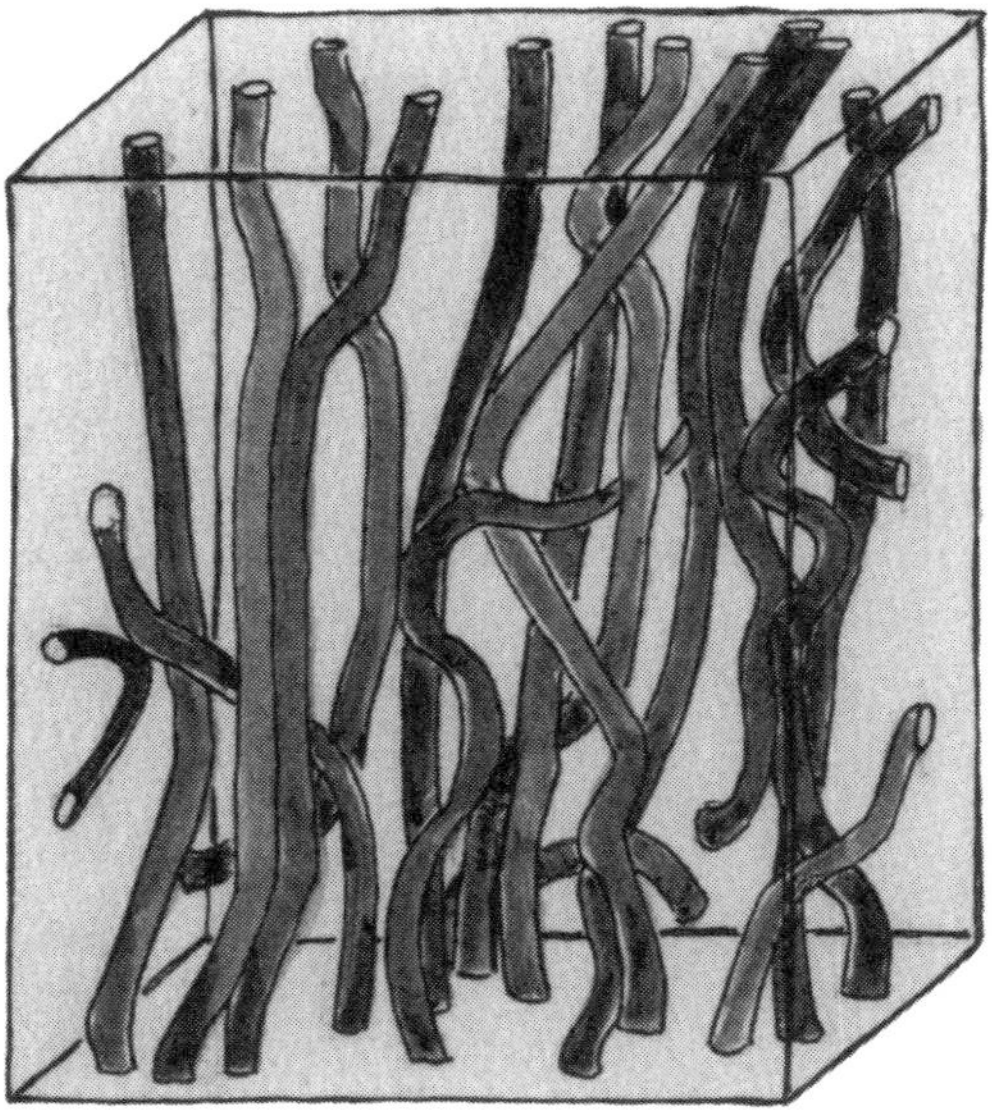

木1cm³の木部の道管の模型。出合ったところで接合し、迷宮を作り上げていく

だろうか。道管が環状になっているレッドオークのような環孔材は、サトウカエデのように道管が不規則な散孔材より、数は少なく、一つひとつが大きい。前者には平均して二億一三〇〇の道管細胞があり、後者にはおよそ一三億ある。一本の木に、である。そして毎年、新しい木が、さらに新たな細胞を作っている。

木部が生まれてから長く持ちこたえるのを見ると、枝分かれというのが、世界を成り立たせている生産の秘訣のひとつであるのは間違いない。この方式があればこそ、毎年新たにおびただしい数の細胞が形成されたことを伝え、同じ種類の細胞を探させ、根元から樹冠までの長い長い道のりをつなげていけるのだ。すると、最後の仕上げとして、数珠つなぎになった細胞群は枯渇して死に絶え、細胞壁だけを残す。枝分かれがあるからこそ、木部は生まれてきた使命を果たせる。つまり水と養分を根から葉へと運べるのだ。葉まで行くと水分は蒸発し、さらなる水が地面から上がってくるのを促す。あるいは葉緑体に入り、光合成の材料になる。もし経路のひとつが菌やチェーンソーに絶たれてもかまわない。別の経路が残っているからだ。

ものがさまよい、投げかけてきた問いに、木が答えた。天から降ってきて土に浸みこんだものが、重力に逆らって木々の中の川を昇っていく。木々の芽も、小枝も、大枝も、絶えず新しく生まれ変わるのは、物資が作られるこの中心的な方式の、ひとつの現れであり記念物だ。この方式にのっとって、わたしたちの世界は創られ、維持されている。

高架下の雑木林（スパゲッティの森）

創造力のある生き物

　木々は、わたしたちよりも神に近い。そして神秘的な意味で、より賢い。彼らには、自分たちの存在と行動との間にもったいをつける灰色の物質などない。必要を感じたら満たす。このような意味で、彼らはわたしたちより神に近いのだ。神はその思いと行動が不可分と言われているからだ。わたしはこれを、スパゲッティの木から学んだ。木は、およそ育つはずもない環境にも場所を見出すものだ。

　メトロポリタン美術館のプラタナスを品よく剪定した後に手がけるには、悪夢にも思える仕事が舞いこんだ。ニューヨークのペンシルバニア駅を発着するボストン行きのアムトラックがランドールズ島を越える高架下の、雑木林を検分するよう依頼されたのだ。雑木林がしがみついているのは、とうてい森にふさわしい環境ではなかった。六メートルほど東に行ったところでは、ニューヨーク市がフェンスを補修していた。上にらせん状の有刺鉄線を張りめぐらせたフェンスが周囲を取り囲んでいる（こんなところに誰が入りたがるのかわたしは不思議だったが、ひょっとしたら犬に糞をさせたやつが出てこられないようにするためか）。

橋脚はいずれも高さ三〇メートルはあり、コンクリートには茶色いシミが浮いている。四本の軌道が曲線を描いてその上を走っていた。基礎の部分は十文字型でおよそ一六平方メートルほどだ。この高架が完成したのは第一次世界大戦中で、ロマネスク様式の弧が信じがたいほど高く伸びている。一二世紀、異端審問の拷問で引き延ばされた被疑者もかくやだ。高架橋を設計した御仁はパリの高等美術学校で学んだ。本来趣味のいいはずの古典様式を全体主義でゆがめた悪夢で、ムッソリーニのローマ時代への耽溺を思い出させる。

それにしてもどうしてここまで高いのか。鉄道の乗客に、ニューヨーク最大の汚水処理場の悪臭を嗅がせないためだろうか。そんなはずはない。一九一七年当時、ここには処理場はなく、都市生活が隠しておきたい有象無象が打ち捨てられていただけだからだ。あの頃ここにあったのは、感染症患者と法を犯した精神障碍者の病院だった。いみじくも地獄の門橋と名づけられたこの橋がこんなに高いのは、じつのところ下のイースト川の船舶を通すためだ。ばかばかしいほどの高いアーチは、単なる余禄だ。

それはそうとして、ここで何が育つのだろう。

風にであれ、鳥の糞にであれ、ここに運ばれてきた種子ならなんでも、だ。

さて、ニューヨーク市公園余暇局は高架下に人と自転車のための舗道を作りたくなった。風が北か西寄りで、処理場の悪臭が吹き散らされるときには大変結構だが、東か南寄りの風が吹くと、舗道は悪臭の直撃を受ける。わたしが初めて現場を訪れたのは運のよくない日だった。ちょうど風向きが変わり、悪臭はわたしの鼻孔を通ってわたしの口へとつながっている粘膜へへばりついた。そこから滴り落ちる悪臭は、金属と魚の腐った味がした。鼻腔は塩素漬けになったくその臭いでつんつんした。

いったいどうしてこんな仕事を引き受けたんだっけ?

四の五の言うな。引き受けたからにはやり遂げねばならない。

わたしの仕事は、ここの木がそれぞれどこに生えているかを確定し、種《しゅ》を同定し、計測し、状態を評価することだ。よし。ワイヤフェンス沿いには大きなヒロハハコヤナギが三本。その親とみられるヒロハハコヤナギの巨木は、フェンスにもたれかかるように転がっている。そこから何千もの種子が飛んだ中で、三つがこの若木になったのだろう。

処理場――じつはこちらのほうが日当たりがいい――に向かい合った橋脚の横には、十文字型の礎石の角にノルウェーカエデの種子が吹き寄せられたらしく、芽を出していた。木々は光を求めて伸びあがり、高架の下の縁にまで手を伸ばしている(天井は鉄道なので雨は隙間を落ちてくるが、光は多くは当たらない)。ノルウェーカエデの向こう、十文字型の長辺の脇には、カタルパ・マスタシオが二本、深々と根づいている。彼らは、自分たちが橋脚の落とす影に入っているばかりか、成長が早く、ひときわ濃い影を作るノルウェーカエデの日陰に芽吹いてしまったと知って、さぞやびっくりしたことだろう。この難問にカタルパたちは、ヨットのジブブームさながら頭を低くして橋脚の南側まで伸び、カエデの葉を迂回して東からの光を浴びる、という解決を選んだ。

次の空間に行くと、アイランサスが礎石に寄りかかっていた。何かの事故か、草刈り機の刃にかかったのか、アイランサスは刈り倒されていたが、もとの根から新芽が五本伸びてきていて、株立ちになっていた。状況が異なれば、新芽の一本が一歩抜きんでて成長し、女王と取り巻きのようになっていたかもしれない。だが橋脚の下では、朝日と夕日を浴びられるように低く構えていたほうが都合がいいので、アイランサスは喜んで身をすくめ、横に広がっているのだった。新芽の社会に民主主義の勃興だ。

こうやって、木々が健気にも身をよじらせ、はじけては伸びていく姿を次々と見せつけられているうちに、嫌気がさしていた気分はどこへやら、いつの間にか、これまで楽しんで取り組んだ多くの創意工夫に負けないほどわくわくさせられていた。南側のふたつほどの礎石は、まるで世界の誕生に立ち会っている気分にさせてくれた。新芽の無限の可能性を示していたのだ。

こぶの一つひとつに棘々した托葉《たくよう》を抱えるニセアカシアを見つけた。カタルパやアイランサス同様、このニセアカシアも根づくには不運な場所に降り立ってしまった。線路の真下だ。雨もあまり当たらず、陽もほとんど差さない。「どうしたもんだか」ニセアカシアは考えた。そして即座に答えを見つけた。アイランサスの低木戦略を真似、根冠から新芽を出してすっくとした高木になるのではなく、幾本にも枝分かれした低木になることを選んだのだ。さらに、長い根を地表近く、あらゆる方向に伸ばした。これはわたしの見たところ、単に水を求めてのことではなく、一種の保険だ。根のうちの二本はほかより陽がよく当たっていて、そこからひこばえが出ていた。新しい若木が、根から直接伸びだしてきていたのだ。二本の根にそんな若木が合わせて九本生えていて、根は日光を求めてさらに身を伸ばしていた。なんて賢い木だろう、それも全部で一〇本も。

ニセアカシアはこういうひらめきに長《た》けていて、多くの州の森林局から非難囂々《ごうごう》だ。「ニセアカシアは成長が早くてクローン増殖するため手に負えない」と嘆くのはミズーリ州の環境保護局だ。「刈り込んでも、焼き払っても、効果は長続きしない。いたって旺盛な成長力で広がってしまうためだ」。入念な調査などするまでもなく、この大陸に昔から住む先住民の誰かに訊いたらそんなことは一発で教えてもらえたはずだ。なんといっても彼らは木に新芽を生やさせるため、一万年も前から林を焼いてきたのだから。ニセアカシアが増殖に長けているのは、幹や枝からばかりでなく、根と幹の境目の膨らんだ部分からでも根からでも、ほいほいと芽を出せるからだ。実際に、ニセアカシアは徒長枝によって伸びるため、木立の中では最も年老いた木が中心にあり、際に行くほど若くなる。現在ではこうした性質は疎まれるが、過去には珍重されたものだ。ニセアカシアは垣根の支柱や敷居、先住民が平原に立てるテント、ティーピーの柱にうってつけだったからだ。というのも、土に触れても腐らないのだ。

このスパゲッティの森は、礎石79の西側にあった。ほかの支柱では、西側にはあまり木は生えていない。

良好に陽が当たるのは東側なのだ。西側は高く乾いていて、しかもトライボロー橋の陰になっている。だがここが気に入ったのかどうかはわからないが、アイランサスが一本、背を伸ばしていた（ところでアイランサスには、面白いといえば面白いがやや馬鹿にしたようなあだ名が、クジ引きヤシだの臭い木だのあまたある）。アイランサスは、十文字型の礎石の北西の角の内側の、やけに暗い場所から突き出していた。生き延びる好機はほとんどない。だがアイランサスはしたたかだ。根からも、茎との狭間からも、幹や枝からも芽を出すことができる。野生状態では、九〇パーセント以上のアイランサスが種子からではなく、木のどこかしらから出た新芽で成長する。

このアイランサスは、一度、あるいは二度枯れたようだ。そして新芽が根の際から出てきた。そこから二本の根が北へ伸び、さらにほかの根も、礎石の内壁に沿って絡み合い、まるでバレーボールのレシーブをするためにぴったりと合わせた腕のようになっている。その絡まった根からも芽が伸びていた。そんなこんなで、この木にはすでにひこばえが六本あった。一本は最も暗い影に閉じこめられているので、まず大きくはならないだろう。二本は北を目指して這い上っており、西側と東側、両方から日光を受けられる。三本は、地の利を生かして西日をできるだけ浴びようと背を伸ばしている。

わたしの見たところ、北へ向かっている根からの枝が――あたかも、改造自動車のテールから突き出した、透明な排気筒が二本並んでいるかのようだ――今しも礎石の陰から抜け出して、水と空気に触れられる場所に到達しようとしていた。木が自らこしらえたこの巨大なブーケは、見る気のある人間の目にはちゃんと見えてくる。あたかも先史時代の生き物の骨が、自分の王国を変えようと決心して、自らを想像を絶する植物に組み立てていったかのようだ。それはスパゲッティの木――たわみ、垂れ下がり、宙に浮かんでいる木――かつては単純な形の連続だったものが、変幻自在に積み上がり、一種独特の形になったのだ。種子から芽が出て、幹が形作られた。それが枯れて地面に戻る。

両端からさらに二本目が伸びる。根は南へ向かった。そこからも二本の芽が出てきた。芽は礎石の縁にぶつかり、西へと折れ曲がる。そこからも二本の芽が出た。別の根がこちらは西へ向かう。ふたつの根が出会った。そこからさらに芽が出て……。

わたしはこの仕事を厭《いと》う気をなくしていて、悪臭を嗅ぎ取ることさえ、ほとんど忘れている。こんなことになるとは、誰に予想できただろう。マジシャンのフーディニですら、絶体絶命の状況からこれ以上うまく脱出できなかったのでは。この偉業を成し遂げたのはナニモノか。わずか数本の雑木だ。頭脳もない。神経もない。血液も流れていない。本能すらない。もちろん、たくらみもない。ほんの数本の雑木なのだ。おわかりいただけただろうか。

ここまで巧みに悪環境を抜け出せるのは、見た目のパッとしない、侵襲植物のニセアカシアやアイランサスばかりではない。世界中の樹木のほとんどが、多かれ少なかれやってのけることだ。海辺に立つ樹齢四〇〇年のセコイアを切り倒すと、セコイアが八本か九本も生えてくる。切り倒された木の幹には若木が一列に並んで木立を作る（269頁参照）。孤島ガラパゴスで、九メートルもある固有の大サボテンが倒れたときのこと、水かき板のような茎の結節部から、一〇余りも新たなサボテンが生えてきた。カナダトウヒの根は地面の下で手を組む。切り株を生かす代わりに、切り株の根が林の中のほかの木々にも栄養を届ける助けをするのだ。ツガの落とす濃い影の下で、ブナの実生と思われる新芽が顔を出す。実際には二〇〇メートルも離れた親木の根から出た芽だ。親木は若木を助け、ツガが枯れるか風で引き倒されるかするのを辛抱強く待っている。そうすれば、若木も日光に向かって伸びることができるからだ。

茎のどこかが傷ついた場合、新芽がとりうる手段は少なくとも二〇はある。半分は新しく根を生やし、半分は新しく茎を生やす。根は樹冠部の高いところにもできる。葉の中心部や茎の継ぎ目にたまった水を吸い取れるようにだ。また根は、生えてから地面に届くまで垂れ下がることもある。逆向きに伸びる蔓植物のようなものだ。あるいはまた、腐敗の始まっているところから根を出して、自らを堆肥代わりにするものもある。さらにまた、幹の傷口で角質化した細胞から根を出すこともある。その場合は空洞になった幹の中を通って、地面に到達する。新たな萌芽から出る根、幹の下のほうから地面に伸びて支柱になる根、枯れた根から出る根、吸枝から出る根、地下茎から出る根もある。

休眠芽から新しい枝が出ることもある。樹冠部の形成層からじかに茎が生えてくる場合もある。枝や幹の傷口から生えてくることもあれば、傷ついた枝の根元から先まで、どこからでも生えてくる。頸領から出てちょっとした藪になったり、古くなった根やはぐれた根から生えてきて、若い木立の新たな芽になることもある。地下茎から出る新芽や、ひこばえ、あるいは、枝先が地面に潜ったとき、そこから新たな芽が生えだすこともある。木はどこをとっても再生産の源になりうると誰かが言っていた通りだ。

樹木はこの地上で最も創造力のある生き物のひとつだ。わたしたちが言葉を使ってすること——限られた構造と限られた部品から無尽蔵の組み合わせを生み出すこと——を、木々は自らの体から生やした枝を使って成し遂げる。木の創造は内から湧き出る。わたしたちの創造は外から与えられる。

石器時代の湿地の木道（レヴェルズにて）

萌芽枝の利用

最初のシーズンがほぼ半分過ぎたのに、枝を切った木の手入れについて助言してくれる人を、いまだ見つけられずにいた。見たところ順調そうだ。木々は少しずつ木陰を落とすようになってきて、その下で何百という人々が腰を下ろして涼んでいる。だがどうしたらわたしの眼鏡にかなう、美しい樹形に持っていけるだろうか。友人がネヴィル・フェイを推薦してくれた。彼はその道の専門なのだそうだ。わたしはフェイに電子メールを送った。いいよ、喜んで、と返事が来た。イングランドはブリストルの自宅周辺をドライブし、古い台伐り萌芽樹を一緒に見てまわろう。一緒にサマセット・レヴェルズに足を延ばそう。海岸に近い沖積層の低地で、水から借りている土地なんだ。

二〇一四年の二月初め、水がレヴェルズの占有権を主張しようとしていた。一万七〇〇〇エーカー以上、六九平方キロ余りが冠水したのだ。ある村はまるごと避難し、別の村は完全に孤立した。これでも一六〇七年の水害には及ばなかったらしい。その時はおそらくは津波が原因で、二〇〇〇人が犠牲になり、一帯が水浸しになった。何しろそこは、海抜が平均三メートル余りという低地なのだ。とはいえ、ひどい大水であったことは間違いない。

わたしたちは車で出かけた。水が前日ようやく引いたばかりで、舗装道路は黒々と光っていた。深い霧に放りこまれたわたしたちはまるで、脱脂綿のベッドに寝かされた生物標本だった。しばらくの間、あたりに存在する生物標本はどうやらわたしたちだけだった。黒々とした水を満々とたたえた溝があり、なぎ倒されて茶色く枯れた草があり、道路や運河の脇に、野生のチャイブの葉先が緑の差し色になっていた。

異形の木々

異形のものたちが現れ始めたのはそこからだった。霧のクッションに鎮座したものたちが、ひとつ、またひとつと列をなして現れては去っていく。最初はトネリコだった。霧を穿つように出現した、灰色に枯れた生け垣の始まるところ、そのちょうど後ろに見えてきて、すぐにまた見えなくなった。そのトネリコは、首も腕もない胴像を思わせ、主幹はほんの三メートルほどの高さしかなかったが、太さたるや男性の胴回りの八倍はありそうだった。そこから一〇本余りの枝がメデューサの髪よろしく四方八方に伸びている。メデューサの髪と違うのは、あれほど密ではなく、一本一本もずっと太いところだ。枝はどれも直径が二、三〇センチはあり、根元、つまりこの木が最初に台伐りされた場所である主幹のてっぺんから、最低でも三メートル半、長いもので七メートル半くらい伸びている。一本だけで伸びているものもあれば、ほかの枝と絡み合っているものもある。

生け垣の先に、また別のトネリコが見えてきた。こちらは枝がもじゃもじゃとたくさん生えている。一部は丸っこいこぶのところから生え、一部は幹のもっと低いところから生えていて、扇のようだ。またひとつ霧を穿ってきたのは三本目のトネリコで、農場の暗灰色の鉄門の脇にそびえ、高さも太さも前の二本と同じくらいだったが、枝はクルーカットに刈り込まれていた。この三本を見ただけでも、J・R・R・トールキンが『指輪物語』に登場させた木の巨人エントを、まったくの無から創造したのではなかったことがわかる。彼は実際に見たのだ。

生け垣は続いたが、トネリコはもう出てこなかった。霧は、科学的に正確な表現かどうかはともかく、低く落ち着いて、煙が吹き払われるように徐々に路面を流れ去っていった。すると反対側に、道路に並行する用水路が現れた。黒々した水が光を照り返している。用水路の脇には幹がわずか一メートル半ほどしかないヤナギが並んでいるのが見えてきた。どの木にも、こぶだらけの枝が何十本も、上へ上へ向かうように生えている。もっと大きなトネリコのためにあつらえた箒のようだ。

やがてまた霧が立ちこめてきた。そのあと、今度はヤナギが六本。どれも前のヤナギと同じ高さに切りそろえられているが、こちらのほうが枝は若く、みずみずしく、そして数も多くて、馬車用の鞭を取りそろえたみたいだった。ある幹からは幅の広い朽ちた枝が伸びていて、そこから淡い小さな木片が地面に零《こぼ》れ落ちていた。霧がヤナギの列に迫っていく。

次の異形は唐突に現れた。空洞になった幹がいくつも、怪獣の頭のように水面に覆いかぶさっている。小麦色の明るいわっかが怪獣の頭を取り巻いていた。枝が刈り取られた部分で、刈り取られたのはほんの数時間前か、せいぜい前日のことだろう。園芸家たちはこういう明るい色の環を「クッキー」と呼んで、よくできたクッキーをほめそやす。枝の喉元に、残す茎に裂け目や切れ目を入れずにできたクッキーがいいクッキーだ。誰か、今でもこのヤナギから収穫している人がいるわけだ。この土地で初めてヤナギが台伐りされてから、一万年も経った今でも。

その誰かは、遠くまで探しにいくまでもなかった。用水路の対岸に農場が現れた。半ばツタに覆われた納

サマセット・レヴェルズの、比較的最近台伐りされたヤナギの頭

屋は灰色の石積みだが、片側が赤茶色のモダンな空洞レンガで仕上げてある。農地は柵で囲まれていた。柵というのも、すべて、細いヤナギの枝で編みこんだものだ。太めの枝を支柱にしたものが経糸《たていと》で、そこに細めの枝を絡めてある。サマセット・レヴェルズには今もって、刈り取ったヤナギを材料にフェンスや編み垣、籠、箒などを編み、販売している会社があるのだ。

用水路の向かい側の土手には、ヤナギの長い列ができていた。どれも一五〇〜一八〇センチの高さまでは枝がなくてまっすぐに伸び、てっぺんにはそろって細い枝が上に向かって広がっているさまは、昔ふうの髭剃りブラシを思わせる。ヤナギの列は、足元の水面に静かにその全身を晒していた。まっすぐに立ち並ぶ規則性と、荒々しいほどの豊穣さが、ここでは充分に調和し合っている。これまで、装飾的に剪定された庭木を数々見てきたけれども、そのどれにも

農家の母屋と納屋のそばに立ち並ぶ、台伐りされて新たな枝を生やしたヤナギ

遜色ないほど美しかった。フェイによれば、この木立は単に見てくれの美しさでなく、用途があって作られたのだという。だが作り手の思いははっきりと見て取れた。自分の住まいの近くであればこそ、単に役に立つだけでなく、美しくあれと願いをこめて切ったのだろう。

　わたしの頭を悩ませていたことへのヒントがここにあった。大きさも姿かたちも異なるヤナギを見れば、この木を刈った人物が木々を信じ、その声にしっかり耳を傾けていることは明らかだ。その人は熱意をもって切っている。そして、木々が返してくれるものに沿って、さらに木々に応えていく。太い支柱が欲しければてっぺんを梳《す》き、ある年には一部を切り払い、次の年にはまた切り払いして、用途によって太さを決めていく。細い柱が必要ならば、新しく芽吹いた枝を、育ちの悪いもの以外はすべて残し、細いまま枝分かれさせずに必要な長さまで伸びるのを待つ。カリフォルニアで見た台伐り萌芽樹は多かれ少なかれ、最初から最終的にこうあれ、という形に合わせて切られていたように思われる。だが実際には、残したい枝を見きわめて時機を選べば、深く切り詰めてもいいのだ。それはいわば、人と木との共同制作だ。

わたしは、期待していたよりはるかにたくさんのことを学べているのに気づいた。自分としては、指南書を求めていたのだが、想像も及ばないほど昔へとさかのぼる歴史を垣間見つつあったのだ。海への橋頭堡となって水をかぶり、霧の立ちこめているこの土地が、萌芽樹が、美観のためでなくまさしく生きるために生まれてきた遠い過去へとわたしをいざなってくれている。実用のために伐採されているヤナギたちはもちろん、そのように使われる木の最初の例などではない。

四〇〇〇年、いや、五〇〇〇か、六〇〇〇か、七〇〇〇、あるいは九〇〇〇年の昔、木を実用にするための伐採は始まった。この土地ばかりでなく、世界中で。切れば芽吹く木がある場所ならどこであれ。だがここサマセット・レヴェルズは、綾なすように入り組んだ湿地によって、地面を覆いつくす湿地、葦原、沼地、そして至るところを縫って流れる小川によって、六五〇平方キロにも及ぶピートの地となり、そのおかげでとっくに姿を消していてもおかしくなかった萌芽更新の習慣が守られた。わたしにとっては大いに都合がよかった。今わたしは、遠い過去に木々がどのように切られていたかを知りたくなっていたからだ。

萌芽枝で作られた石器時代の木道

乾いた土地では、考古学者はかつて住居を支えたらしい穴くらいしか見つけることができない。運がよくてもせいぜい柱や壁板の遺構が土に埋もれているだけだ。だが湿地を掘ると、湿ったピートに完全な形で埋もれていることがある。考古学では大昔を石器時代と呼ぶが、それは単に石が長持ちするからであって、その時代の社会の主要な器物が全部石だったわけではない。サマセット・レヴェルズを見ると、木器時代と呼ぶほうがふさわしい気がしてくる。現に、燃料を得るためにピートを掘っていたら、柱だの分厚い板だの、杭だの床だの柵だの編み垣だの屋根ふき材だの、アマやシナノキの繊維でこしらえた衣類だの縄だの、ひしゃくだの斧の柄だの、猫や人間の人形だの、木でこしらえたおもちゃの斧だの衣類かけだのがぞろぞろと出てきて作業員たちは大いに困惑し、そこからここでの考古学調査が緒に就いたのだ。

一九七五年、エクリプス・ピート・ワークスの作業員たちが、巨大なローダーを携えて嬉々として掘削にかかった(その何年か前、この会社では可動式の軌道を備えた鉄道をレヴェルズ周辺に敷設し、ピートの塊を積みこんだり積み下ろしたりすることができるようにしていた。掘削されたピートはウェストミンスター寺院よりも巨大な倉庫に貯蔵された)。彼らは、木の枝を編みこんだ柵のようなものを掘り当てた。「考古学者に連絡したほうがよさそうだ」。考古学者というのは、活動を始めて二年ほどになるサマセット・レヴェルズ・プロジェクトのことだ。作業員たちは、遺物を発見した際の手順はわかっていたが、今回掘り当てたものがそれにあたるのかどうかは半信半疑だった。何しろ、そのあたりの農場の柵が壊れて埋まったとしか見えなかったからだ。

だが考古学者たちはただちにその正体を見抜いた。とはいえ彼らも、これほど状態がいい遺物にぶつかるのは初めてだった。縦横三メートル×一・二メートルのパネルを組み合わせた幅広いフェンスのようにしか見えないものだったが、地面に立てられたり、うちつけられたりしていた痕跡はなかった。数週間のうちに、近くで似たような発見があった。今度は柵ではなく道の踏み板と古代の橋だった。どちらも、ミーア・アイランドから高台のポールデン・ヒルズを結んでいる。道や橋は、湿った土地を越え、人々や羊を集落から集落へと運んだのだ。

道も橋も、伐採された木で作られていた。高台で伐採され、熟練の編み手によって組み上げられ、湿地に運ばれてきたのだろう。パネルの一部はただ地面に置かれただけだったようだが、ほとんどはパネルの両端を杭で留めてあった。パネルは見事な技術で細心の注意を傾けて編みこまれていたため、人間の足や橇《そり》だけでなく、羊の細い蹄でさえ、編み目と編み目の隙間に埋まることなく通行できた。注意すれば、ふたり並んで通ることもできた。実験してみたところ、こうした踏み板がない場合、人間の足は一歩ごとに一〇数センチ埋まってしまった。

それ以来、ヨーロッパ全域にある低地の泥炭地で、木道やその一部が、何百となく見つかっているが、サマセット・レヴェルズだけでも三〇を超える。細めの幹をそのまま使ったものもあれば、編み垣のパネルを組んだもの、厚板でできたものといろいろだが、ほとんどが萌芽枝で作られていた。新石器時代から青銅器時代、鉄器時代にかけて、こうした手作りの木道は、都会の舗道並みに普及していたのだ。

スコットランドの伝統ゲームに、木道のない湿地での暮らしがどうなるかをよく教えてくれるボグ（沼地）・レースなるものがある。拷問まがいの遊びを考案し、何着でゴールできるか、そもそもゴール自体できるのか頭を悩ませるのはスコットランドの人に任せておくとしよう。青銅器時代の人間が、うつぶせになった状態でボグの編み垣の下から見つかった例がある。だから実際に、死刑がボグ・レースの事始めだったのかもしれない。

わたしも、そういうレースに参加したことがある。距離は一万フィート（三〇〇〇メートル）に設定され、場所はカリフォルニアのシエラ・ネヴァダ山脈の中、ゴールデン・トラウト・クリークの曲がりくねった細流の近くで、仕切ったのはスコットランド出身のピーター・リード先生だった。コースそのものは単純だった。どういう手を使ったのか、レースの実行委員会はボグの真ん中に杭を打ちこんでいた。哀れなる出走者たちは、ボグの端から徒歩で杭を目指し、また戻ってこなければならない。身をもってわかったことだが、行って帰ってこられた者は多くはなかった。

スタート時点では、一五センチほどしか沈まなかった。だから内心、よし、苦労しそうだけど、できないわけじゃないぞ、と思う。ところが間もなく、ふくらはぎまで泥に浸かり、膝まで沈んでいく。流砂の悪夢だ。なるたけ体を平らに、幅をとったほうが沈みにくいのは明らかだが、そうなると寝そべらなければならない。だがその前にコンクリートの溜まりにつかまったような両足を必死になって引っ張り出さねばならないのだ。足が埋まったまま前に倒れ、後ろに倒れる。とうとう、やっとの思いで沼地の表面に体を伸ばすと、沈みこむのは数センチばかりになるが、空気の通わないボグの中の、すえたような臭いをまともに吸いこむことになる。この段階になると、レースはねばねばしたぬかるみの中での競泳になる。じたばたと平泳ぎらしきもので進んでいくさまは、赤ちゃんのハイハイか爬虫類の爬行そのものだ。唐突に深みにきて、ほんとうに泳ぐ場面もあるが、すぐにまたなんとか体を持ち上げて、頼りない地面に上がらねばならない。杭まで半分のあたりでわたしは音《ね》をあげた。その日のレースを完走したのはふたりだけだった。勝者たちよ。

ふたつの木道に使われた一万四〇〇〇本の枝

木道を作るには、綿密な計画と熟練の技がいる。だが一番最初の木道を作ったのはおそらく人間ではなく、ビーバーだっただろう。中石器時代、人類がビーバーのダムを伝って湿地を通っていただけでなく、ビーバーが刈り倒した木を借用していた痕跡がある。ヨークシャーでは、人の手で切って裂いた木と、ビーバーがこしらえた柱を拝借したものとを使って作られた九〇〇〇年前の湖岸の桟橋が見つかっている。ごく初期の木道は、おそらく束ねた粗朶《そだ》か丸太をただ並べただけのものであったろう。編み垣をこしらえて並べるには、発想の転換とそれなりの技術が必要だ。

サマセット・レヴェルズのウォルトン・ヒースでは、編み垣の完成形は驚くほど規格が均一だ。支柱には主にハシバミが使われた。同じ時期に収穫して集められたものだ。レヴェルズには工房があった。編みこみをする季節というのも決まっていたのだろう。男たちは編み垣をこしらえ、女たちはアマや毛を織る。新石器時代には編みこみはただの片手間仕事ではなく、価値ある工芸だった。最も熟練し、信任の篤い者だけが手がける技だった。偉大なる自然がもたらす恩恵を、人間世界で使える形にする一手段だったわけだ。

ウォルトン・ヒースの木道の編み垣一片は、おおよそ三メートル×一・二メートルの大きさだ。経糸《たていと》になる棒が六本、いずれも直径二・五センチくらいの細いハシバミが使われている。それぞれの上と下に計六四本の、厚みがいずれも半インチから四分の三インチ（一・二～一・九センチ）ほどある細くて長いハシバミが横に渡してある。仕上げは完璧だ。片面に三二本、反対の面に三二本の細木をしっかりと組み合わせることで、沼地の泥はにじみ出てこられない。これがコートなら、するりと滑るように着られるだろう。編み目を固定しているのは、水に浸して裂いたヤナギの小枝で、合わせ目に結んだり継いだりして経糸と緯糸《よこいと》とをつないでいる。継ぎ目がまだちゃんと見て取れる編み垣もある。左が右の上に、右が左の上にくるように、四四〇〇年も前に継がれた四角い継ぎ目だ。

サマセット・レヴェルズ・プロジェクトを率いる考古学者のジョン・コールズは、工房の親方と弟子総がかりで、一日に一〇枚ほどの編み垣を産していただろうと試算している。ウォルトン・ヒースの木道には四〇〇枚の編み垣が必要だった。ところどころ深い場所では、二重三重にしなければならない部分もあっただろう。編み垣をこしらえるのに四日、並べるのにさらに数日はかかったことだろう。

ほぼ同時期、同じ森のハシバミとカバを使って、別の工房がアシュコット・ヒースに八〇メートルの木道を敷くための編み垣パネルを作った。こちらのパネルは、ご近所であるウォルトン・ヒースの編み垣ほど頑丈に編み上げられてはいないが、結び方に素晴らしい着想があった。折れやすい小枝ではなく、細くてしなやかな茎を使ったのだ。茎を折り曲げ、支柱に結びつけて、編みこみを安定させたのだ。

ウォルトンとアシュコットの材料になった木は同じ時期に刈られ、まだ言うことを聞く青いうちに編まれた。このふたつの木道だけで一万四〇〇〇本以上の枝が使われているが、これはレヴェルズを縦横無尽に走る何十という木道のほんの一部にすぎない。この時代の人々は、材木をどこから手に入れていたのだろう。

すべて萌芽更新した枝だ。ポールデン・ヒルズのナラの森の下生えは、枝のこみ合ったハシバミに覆われていた。この枝を四年から一〇年の周期で刈り取ると、株元から直接、まっすぐに伸びる枝が何十本も得られる。新しい枝はえてして、少なくとも生え始めから六年は、平行枝が出ることもなくまっすぐに伸びるものだ。そして一〇年が経っても、先端は根元よりほんのわずか細いだけだ。まっすぐな棒を作り出す自然の工場なのだ。

新石器時代、斧がこの産物を刈り取っていた。主幹、つまり全部の根とつながっている株元を損なわないために、太古の杣人《そまびと》はまずひこばえを一本とり、樹皮を剥いて内側にできているこぶをむき出しにした(96頁図参照)。そして内から外へ向けて斧を振るい、株元を傷つけることなく棒を切り離す。すると細くて長いベロが残る。そうなると今度は、切断部を木の下方に押しつけて横向きに斧を振るうことで、ベロを取り除くことができる。木道を調査した考古学者たちは、使われた枝が、側枝のないまっすぐなものだけでなく、枝が株元につながっていたところをそいだ痕や、切断部そのものが見られる場合もあるため、前回伐採後に伸びた枝だけでなく、前回取り残した枝も使われたものと判断している。いずれにせよ、使われている棒の最初の年輪はとても太く、切り出されたばかりの株元から生えた新芽の特徴を示している。

萌芽枝の使い道はこれ以外にもあった。この営みは、飼料や焼き物をも可能にした。夏場に枝の先端を切り取り、よく葉の茂った枝を家畜の餌にした。また、木道を作ったり繕ったりするのに使った枝を、次の年には炭にして窯の燃料にしたかもしれない。

ご先祖たちにとっては、湿原も沼地も、富裕な郊外の街スカースデール、ゲームソフトの街サンラファエ

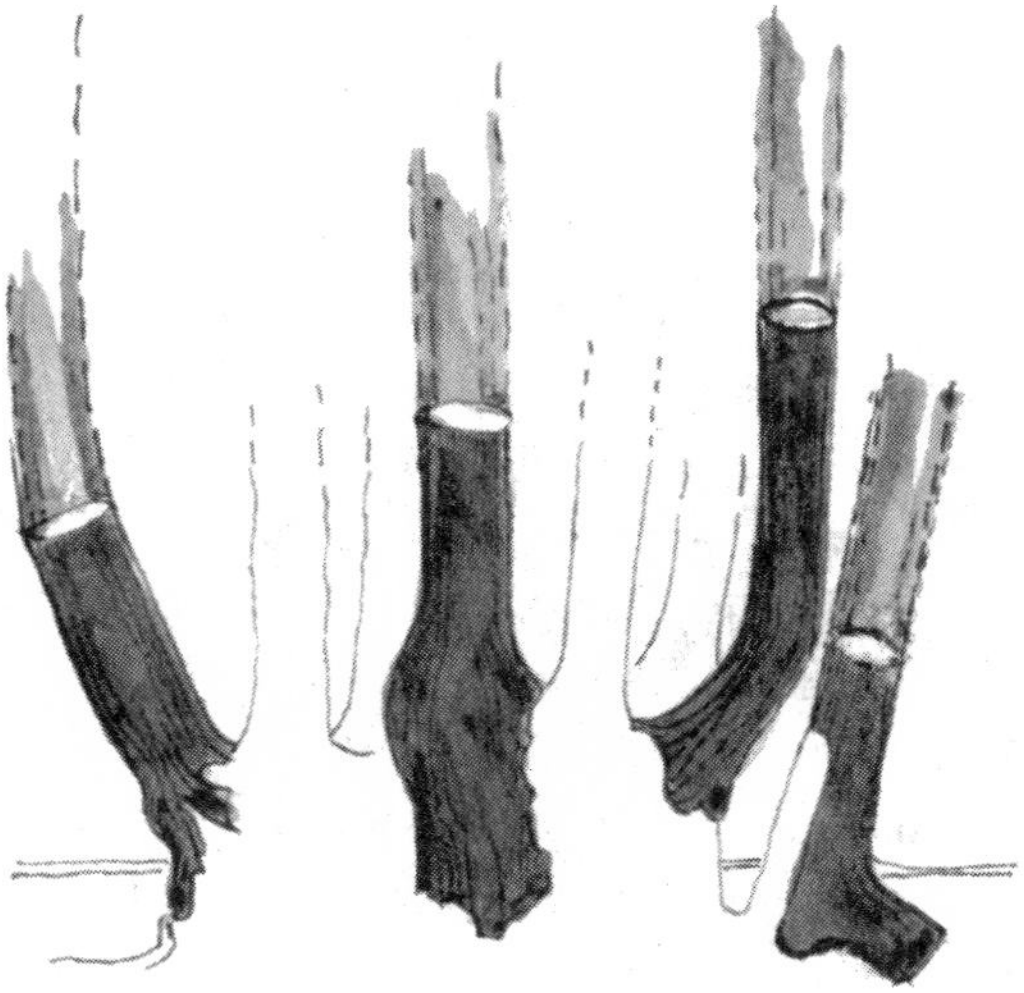

新石器時代の株元。サマセット・レヴェルズの木道に使われた枝を収穫したハシバミの株元想像図

ルや、ニューヨークのハイソな街ブルックリン・ハイツ以上に、住みやすい場所だった。生産手段も、食料も薬も容易に手に入ったからだが、ただし木道がなければ不便なことこの上なかっただろう。交通の便の悪い郊外の街よりももっと不便、ブルックリン・ハイツの高級アパートに住みながら、橋がなくてマンハッタンまで毎日泳いで仕事に行かなくてはならないようなものだったろう。いや、サマセット・レヴェルズは風雨や、頻繁な気候変動のために水位がしばしば上がったり下がったりするのだから、単に交通の便が悪い以上の不都合があったに違いない。道路がぬかるみの表面に敷かれたものだとしたら、水位が上がれば道は浮かんで流れ去ってしまうかもしれないし、実際に流れ去ったことも一度や二度ではなかった。

四五〇〇年前の湿原の住民たちにとって、萌芽枝の活用は目新しいものではなかった。

それより一〇〇〇年以上前、イングランドの新石器時代が幕を開けた紀元前五九〇〇年頃には、素晴らしいスウィート・トラックなる地橋が作られていた。これはミーア・アイランドからシャプウィック・バートルという砂州を通ってポールデン・ヒルズまでを結ぶ木の橋だ。距離は数百フィートではきかず、一マイル(一・六キロ)以上に及ぶ。前著『ドングリと文明』でわたしは、ナラの丸太を木の楔ではつって得られた厚板でスウィート・トラックを舗装したであろうと考察したが、木道を支えたのは萌芽枝だったのだ。ヨークシャーの湖岸で発見されたスター・カー桟橋から、およそ一万年前の中石器時代の人々がすでに、下見板を切り出すことができたらしいとわかるが、間違いなく萌芽更新するように何千本という単位で枝を伐採することができるようになるには、どうやら新石器時代を待たねばならなかったようだ。

木道を作るために、スウィート・トラックの作り手たちはハシバミやトネリコ、ナラを一〇年から一二年の周期で伐採した。これでいっそう太い柱が手に入る。彼らはまず、伐採した長い材を葦原に横たえ、道筋をつける。深みには二本を重ねた。次に、太くて頑丈な材を数十本とり、おなじ長さに切りそろえて、一方の先端を尖らせる。二本一組で尖らせた先端を湿地の底に打ちこみ、長い材で敷いた線の上に交差するように、およそ一メートルおきにX字型を作っていく。X字型の支柱にナラの厚板を乗せれば、三方向から支えられた構造が出来上がる。下に敷いた材は木道が沈みこむのと、X字が流れだすのを防ぐ。X字型の支柱は踏み板を安定させ、板のほうはX字がたわんだり倒れたりするのを防いでいる。二重の安全装置として、作り手たちはナラの厚板の一部に穴を穿ち、先端を尖らせた細い間引き材を通し、沼地の底に突き立てて補強した。

ニューヨークでもボストンでもバルセロナでも、近代の橋はもっと丈夫な材料を使って、はるかに重い構造を支えている。しかしその基本的な仕組みは、スウィート・トラックで用いられたX字型の橋げたと同じだ。固定された基礎の上に乗った互い違いの上部構造が、水の上に長い通路を架けることを可能にしているのだ。

知性という点で、わたしたちはご先祖からそれほど大きく変わっていない。だがわたしたちは、ご先祖が深く知り抜いていたあることを忘れてしまっている——感謝を捧げるという気持ちだ。スウィート・トラックやそのほかの木道の脇からは、沼地へ投げこまれた供物の遺物が発見されている。例えばハシバミの実を詰めこんだ壺だ。スウィート・トラックのそばからは、おもちゃの木斧も見つかっている。だがなんといっても素晴らしいのは、緑色のヒスイでこしらえた斧の刃だ。おもちゃなどではない。はるばる現在のフランス・アルプスから運ばれてきた本物の斧だ。この刃は一切使われた痕跡がない。感謝の捧げものなのだった。

街路の発明

同じ森を利用する

氾濫は、土地を開墾する一手段だ。ビーバーがやり方を教えてくれる。ビーバーのダムは浅い池を作る。池は、平らな窪地に水を溢れさせ、そこに生えている木々を枯らす。木々が枯れると平らな窪地には以前よりも日光が降り注ぐようになり、陽の光を好み、実をつける種類の植物が増え、果実や木の実の木々が増え、捕食される草食動物が増える。もっと手早く、うまくやる方法、しかも低地だけでなく高台でもできるのが、野焼きだ。紀元前八〇〇〇年には、ヨーロッパ人は森の一部をわざと焼き払うことを覚えた。焼け跡にはブラックベリーやバラやスグリ、グズベリーにハシバミが生えた。人々はもちろん、シカも、オーロックスも、そのほかの草食動物も、開けた土地に引きつけられて、そうした実を食べた。ハシバミが育つと、中石器時代のなまくらな斧でも枝を刈り取って建材にしたり薪にしたりすることができた。焼く時期をずらすことで、林地の成長度合いをパッチワークのようにずらして組み合わせることができ、食料や薬、燃料、建材を最大限に収穫できるようになった。斧の性能が上がると、焼く代わりに伐採するようになる。

更新世の氷床は、現在のハンガリーやブルガリアといった東ヨーロッパ南部や南ヨーロッパにまでは至らなかった。ナラやシデ、ブナ、そしてハシバミといった広葉樹は、氷期の間は南の山岳地帯に避寒した。そうした土地が、木々を刈り込んで更新する営みでは、ヨーロッパでも先陣を切っていくようになる。

ハンガリー北東部のマートラ山脈やブルク山脈では、一万年も前から、森林を管理する集落が出現した。森はシデが豊富で、シデは放っておくととても濃い木陰を作る。にもかかわらず、ハシバミのような日光を多く必要とする種が何千年もの間よく繁殖していたのは、森が頻繁に切り開かれていたからだと考えられる。シデも、冬の間のヤギや牛の飼料として伐採されただろうし、さらにシデは燃焼温度が高く、燃料としても優秀だ。ハシバミ（114頁参照）はとりわけ使い出があった。家畜の飼料になり、木の実は人間が食べる。囲いにもなり、ものをくくる縄にもなり、垣根にもなった。ナラはほかより長い周期で切られ、支柱など建材となり、その小枝は刈り取られて家畜の飼い葉になった。

ブルガリアやギリシャでは、八〇〇〇年以上前から、冬期間の食料として、薪として、柱や梁にするために、編み細工や土壁の土台にするために、萌芽更新が行われていた。中でもナラが盛んに使われ、高地では、主に扱いやすいミズキ類が編み細工や壁芯に用いられた。考古学では古代の土の層の花粉を数えて、当時の森を構成していた樹種を探る。バラやセイヨウニワトコ、ブラックベリー、ラズベリーやハナミズキのような灌木が突出するのは、おそらくその地の人々が生け垣というものを考案したからだろう。それはいわば日当たりを好む樹種や低木類を密に生やした森で、飼い葉を捻出できるだけでなく、家畜がさまよい出ていくのを防いでもくれた。

中石器時代のヨーロッパでは、森の人々は木々とともに生き、働くことを覚え、人口が増えて暮らしは豊かになり、手仕事の技術も向上した。親戚が増え、森の仕事仲間が増え、交易相手が増えた。シナノキの内皮で縄をなうのが得意な家族もあれば、木道を編むのに長けた友人がいる。繊維を上手に布にする一家があれば、ヤナギの扱いでは右に出る者がなく、手頃なフェンスをこしらえたり、頭痛をやわらげる薬を煎じてくれる一族がある。そうした人たちはどんなふうに共同生活を営んでいたのだろうか。

ことさらに不老不死や、後世に名を遺すことを望んでいたわけではないだろう。彼らの望みは、隣人のもとへ出かけ、顔を合わせ、おしゃべりし、物々交換し、一緒に歌うことだっただろう。そのために彼らは道を編み出した。伐採を繰り返している彼らの森には手頃な材があり、ほとんど思いのままにまだ見ぬ村まで自分たちを連れて行ってくれる道路を敷き、直し、さらに敷いていくことができるようになった。現在のフランスやスイス、ドイツといった山岳地方の山麓の丘では、湖のほとりや沼地の際に次々に集落ができていった。いまや新石器時代の集落跡が一〇〇〇以上もみつかって発掘調査されている。それでもほんの一部なのだ。六五〇〇年から五〇〇〇年くらい前、集落の建設が最も盛んだったと思われる時代には、その近辺にははるかに多くの村があったはずだと考えられている。

家屋を建てる材木は、主にナラが使われた。初めて集落ができるときには、それまで手つかずだった森から材を切り出してきたであろう。その後は、一〇年から二〇年周期で萌芽枝が柱や梁になる。使われた材は、それほど太いものではなかった。屋根を支えていた支柱でも、直径は七・五センチからせいぜい一五センチほどだった。ナラかトネリコ、あるいは萌芽更新によるものではないモミが多かった。構造材としては小さな木は、壁の板になり、壁芯には、ヤナギやカエデ、サクラ、ハンノキ、ポプラ、カバ、リンゴなど、ありとあらゆる広葉樹が使われた。

そうして建てられた家は長持ちはしなかったし、持たせる意図もなかった。木の家づくりは、木々の活用法を論じ合ったり確かめ合ったり、共同作業をするための機会だった。二年も経つと、木の家は大がかりな修復が必要になった。一五年、二〇年と持つ建物はほとんどなかった。家々にはたいてい、一筋か二筋、支柱の列が作られ、松脂を塗った屋根が葺かれていた。部屋はひとつないしふたつで、最低でも一方の部屋には炉か竈が備わり、屋根を差しかけた入り口があった。壁は厚板か網代に漆喰を塗ったものだった。床は突き固めた土で、樹皮やコケを敷き詰めてあることが多い。

ダニエラ・ホフマンが同僚たちとまとめた素晴らしい論文「家の暮らしと時代（The Life and Times of the House）」によると、家屋の構造は「完成形」として建てられたものではなかったようだ。修繕や改良が絶え間なく加えられた。技術が伴わなかったからではない。あえてそうしたものだ。ヨーロッパには建材は有り余るほどで、家を建て、建てなおす作業によって、彼らは隣人たちと共同作業をする機会を得られたし、あるいはまた、友人関係や手を組むべき相手が変わったり、その場所では用が足りなくなったりした場合、必要に応じて移住し、別の場所に腰を落ち着けることもしやすかった。

ある土地で最も古い家はたいてい間に合わせに作られたものだった。まず一軒か二軒の家が隣り合わせて建てられる。住むのによい場所とわかれば、次の年くらいにさらに数軒が仲間に加わる。五、六年のうちに建築ブームがやってきて、一〇軒から二〇軒余り家が増える。火事など災害に見舞われると、みんなが一からやりなおす。往々にして、家々は二〇年余りのうちに打ち捨てられていき、やがて最後のひと家族までいなくなる。住民たちはそろって別の居住地を見つけたのかもしれないし、ばらばらになってそれぞれがほかの居住地に合流したのかもしれない。子や孫の世代になると、新しい土地を求めたのだろう。一説には、資源の枯渇の結果、頻繁な移動が起こったのだとも言われる。主に、家屋修繕に伐採と更新が追いつかなくなったのだ。それもたしかに、周期を生み出す一要因だっただろう。居住地を変えればその近辺の森は何十年か手つかずとなり回復する。だがそれよりも大きな要因は社会生活に由来するものだったのではないか。人々は活動の場面を変えたり、交友関係に変化を持たせたりしたかったのかもしれない。

集落のうちでも古いものは、どこにあっても、おおむね、そこまで通じる道があるか、そばに道が通っていた。充分な間隔をとって、向かい合わせに建物が建てられた。ややあって、家々は次第に並びを意識して建てられるようになっていく。その間をみんなの使う道が通っていた。バターをちょっと貸してほしい、などという時には通りの向こうに声をかければ無理なく聞こえる範囲だ。湖畔の集落が成熟する時代になると、住居の建て方も密になり、家々の裏にもまた家が建てられた。目抜き通りができ、路地ができた。こうなると、バターを貸して、と怒鳴るのはもとより、聞きたくなくてもお隣の夫婦喧嘩が聞こえてしまう。

森の手入れをすることで、友人や親戚だけでなく、隣人という人間関係も生じた。街路が発展すると、玄関先が重要な社交の場になった。住居は玄関ポーチが道路側を向くように建てられた。隣人とおしゃべりがしたければポーチに腰かければいい。現代でも、アイオワ州のダヴェンポートやルイジアナ州のココドリー、カリフォルニア州のサンノゼといった古くからの街では、そんなご近所づきあいが残っている。共通の関心事がある者、あるいは同じ手仕事に携わる人々がご近所になった。銅細工師は互いに軒を並べた。機織《はたお》りたちもかたまって住んだ。同じ牧草地を共同使用する人々や、同じ森の更新材を利用する人々も同様に、同じ道沿いのごく近くに居を構えていたのかもしれない。そんなふうならば、あるものが必要になったとき、道筋のどこに行けばそれが手に入るのか、すぐにわかる。

同じ道筋に住む住人は全員、力を合わせて道路や街路の手入れをし、竈を直し、屋根を葺きなおし、沈んだ床をもと通りにし、壁の板や漆喰塗りをやりなおしただろう。時には寄合いをしたり、歌を歌ったり、うわさ話に興じたり、議論したりしただろうし、友達を作り、別れてはまた別の友達を作ったりもした。集会場は寺院でもメソポタミアの聖なる塔ジッグラトでもなく、道だった。それが身近に住む人々との暮らしを可能にしたのだった。

バネ

人の手が促す森の遷移

地際で伐られた木ははねる。地面近くで伐られると、木は空へと伸びあがって戻ろうとする。バネ仕掛けの罠ほどに素早い動きとは言えないが、確実さは同じくらいだ。冬に伐られた木は、花期には発情したかのようにぐいぐいと出てくる。若芽はいずれも一年で一八〇センチくらいまで到達するし、種によっては三・六メートルを越えてくるものもある。五月、英語を話す人々がバネの季節（spring）と呼ぶ春が、まさに体を表している。伐られた木がバネ仕掛けのように芽吹く季節だ。

シェイクスピアは季節の言葉を好んで駄洒落にした。『恋の骨折り損』では、役者たちが「spring」を歌う。この歌には花咲く草原や刈り込まれた森が、かつてはヨーロッパじゅうに広く分布していた渡り鳥、カッコウと一緒に登場する。カッコウは毀誉褒貶《きよほうへん》のある鳥だ。カッコウが啼けば春が来たという意味だけれども、この鳥はほかの鳥の巣に卵を産みつける。よく狙われるのが、伐採された木に巣を作るヨーロッパヨシキリやニワムシクイ、タヒバリ、コマドリ、それにヨーロッパカヤクグリなどだ。宿主の鳥は、自分の巣に卵を産まれたことを、よそ者のひなが成長するまで気づかない。寝取られ男という意味のCuckoldという言葉には、よそ者のひなを育てる鳥、という意味もある。カッコウの歌は、「つがいになっている鳥の耳には恐怖の歌」で、発情の途方もない力をほのめかすのだ。

萌芽の森を保つ技

森で、何千となく木々が伐採され、枝切りされても、やがて間違いなくもと通りになってくれる事実は、わたしの耳には楽の音と同じだ。わたしが剪定しなければならないプラタナスはたったの四〇本。わたしはいくらか安堵した。そして自分の目でそのように枝切りされた木々を見たことで、さらに安心した。ピート・フォーダムはイングランド、サセックスのブラッドフィールドの森を一九八〇年代から管理している。この森は、アルカリ質の粘土と酸性の砂とが入りまじった土壌だ。トネリコやハシバミ、バッコヤナギにナラ、コブカエデがよく生えるが、とりわけハンノキの適地だ。英国でも萌芽林は第二次世界大戦頃にはほとんどなくなってしまったが、この森が残ったのは、農機具工場に柄《え》の材料を供給してきたからだ。工場は一九六四年まではなんとか生きながらえていたので、フォーダムらが森の管理に着手したときには、手入れがなされなくなってまだ二〇年しか経っていなかったわけだ。この森にあったすべての種類の木を、フォーダムらは地際から切り倒した。

森の手入れの記憶は、いともたやすく忘れ去られていたものだった！　フォーダムが初めて木を地面近くで切ったとき、近隣の住民から聞かれたという。「いや、いいね。次は何を植えるんだい？」そう聞いてきた住民たちの中には、親がくだんの農機具工場で働いていたという人もいただろう。だが、住民たちがかつて知っていたことは、全部忘れ去られてしまった。「何も植えませんよ」フォーダムは答えた。「木が自分でまた生えてくるんです」
現に一九六四年まで、ブラッドフィールドの森の木々は一二年から一五年の周期で、一二世紀以来ずっと更新されていた。フォーダムがわざわざ蒔く必要がなかったのはもちろんのこと、年ふりた森の木々がずっとためこんできた種子が、伐採によって再び日の目を見ることになった。何百という種類の植物が、開けた土地めがけて突進した。森全体に手を入れるわけではないんです、フォーダムが説明してくれた。段階を踏んで、区画ごとにやるんです。そうすることで、芽吹いたばかりの若い木が、一五年を経た中堅と寄り添う形になる。新たに伸び始めた、まだ丈の低い木々ばかりが生える開けた場所の隣には、地面に届く光を少しばかり遮る程度に成長した木々が並び、さらにそのまた隣の林では、樹冠があまねく木陰を作り、完全に地面を覆っている。

区画ごとに伐採される森というのは、単一のものではなく、環境の仕組みの総体だ。そこでは人間の参与が大きなカギを握る。成長段階が異なる区画の入りまじる森には、手つかずの森よりもはるかに多くの植物や昆虫、鳥その他いろいろな生き物が棲みついている。そして、一定の周期で切り開かれるために、土の中の種子バンクが保たれ、驚くほど多種にわたる動物の生活が保障されて、動物たちは安全に、好きなだけその森で暮らし続けることができる。伐採は継続して行われるべき、ロングラン興業だ。それだけ重要な事業なので、エリザベス女王とその顧問は、フォーダムに大英帝国勲章MBEを授与している。

萌芽の森は、溝と土手を組み合わせて仕切られる。区画の周りの地面を九〇センチかそこら掘り、土を積み上げて高い土手をこしらえる。区画の呼び方はさまざまだ——クープ、サレ、フェル、バロウ、ヘグなど。森の中の区画には、近隣の人も知っている正式な名前もある。ストロベリー・バンク、コテージ・フェル、ハナのクローズ、フォックスハンターのフェル、リンダーズウッド、ハース・ウッド、アルサ・ウッド、アリス・テイルズ、ティンドー、チェルシージ、ロッジ・コピス、ベガーシャル・コピス、スピトルモア・コピス、オールド・ウーマンズ・ウィーバー、シックス・ウォンツ・ウェイなどなど。区画の区切りは、ひとつには牛や豚、羊といった家畜が若い林に侵入するのを防ぐ目的がある。区切りの上に生け垣が設けられる場合もある。主に、どの区画をいつ伐採すればいいかの目印になっている。

萌芽の森を保つ技は芸術の域だ。杣人《そまびと》の目的は、伐り取りつつ森を育てる、一種裏腹だ。管理しなければならないのは樹木だけではない。花も、漿果《しょうか》も、灌木も、鳥も、ヤマネも、蝶も、シカも、森を訪れる人々も、守らなければならない。まずは伐採。木によって好ましいやり方がある。ハシバミやハンノキは地面ギリギリまで切る。樹齢のあるトネリコやヤナギ、カエデ、カバ、シナノキ、プラタナス、ニレなどを扱うとき、フォーダムのような手練れは地面から一五センチ程度のあたりを斜めに切る。そうやって切られた幹は、種類や育った場所の太陽の当たり方、材の使い道などによって、電柱ほどの太さだったり、人の腕くらいだったり、豆の支柱程度だったりする。杣人に求められる技量は、まずヘグの中の木を見きわめ、切るとそれぞれが、どう応えてくるかを知ることだ。土、樹種、太陽、そして水がそれぞれに役割を果たす。環境全体に対応できなければならない。

伐り取られたあとに咲く花々

ひとつのフェルは半エーカーから五エーカー（二〇〇〇〜二万平方メートル）くらいの広さだ。初めて伐り取られたあとは、切り株だけが散らばった死の荒野さながらだ。四枚葉で日陰を好むツクバネソウは葉先を焦がす。やがてスゲが恐る恐る頭をもたげる。近場で木々が豊かに茂ったヘグを目の当たりにすると、特に新人の杣人などはやりすぎて木々をみんな死なせてしまったのではないかと心配するかもしれない。のっぺりした切り株から最初の芽が出たときには、わたしが自分の剪定したプラタナスに新芽を見つけたときと

同じように、さぞかしうれしいことだろう。だがわたしが扱った環境は念入りに計算されたものだったのに対し、杣人たちの森は花爆弾だ。

伐り取ってからの三年間は、日差しをふんだんに浴びた土は花盛りになる。ロンドンのクイーンズ・ウッドでは、二〇〇九年に伐採したとき三九種の植物があったが、三年後には一五六種に増えていた。ほとんどが、二〇〇九年以前に伐採されたとき以来、ずっと息をひそめて時を待っていたのだ。近くの庭園から飛びこんできた植物もあった。

植物のほとんどは一〇年、また一〇年と同じことを繰り返してもう一〇〇〇年以上になる。人間と暮らすうち、植物たちは自分の名前を語り始める。刺激的なにおいから moschatel《モスシャテル》の名のあるレンプクソウは、五つの花が集まって咲くところから、ゴリンバナとか市庁舎の時計とも呼ばれる。聖金曜日草とも呼ばれるのは、キリストの復活祭前後、聖週間の頃に花をつけるからだ。豚の木の実《ビッグナッツ》は聖アントニオの木の実としても知られている。丸々した塊茎《かいけい》――スイセンやグラジオラスにもある貯蔵用の器官――が、豚にはごちそうで、聖アントニオは豚の守護聖人なのである。人間もこの塊茎を食べる。味はクリに似て、食べると欲望を掻き立てられるという説もある。

セント・ジョンズ・ウォートは小さな黄色い花をつけるが、それが聖ヨハネの祝日を祝う夏至祭りの焚火にくべられる。花は抑うつを癒し、感染を防ぎ、太陽の象徴とされる。野生のスイセン、ラッパスイセンからは、園芸種スイセンがあまた生み出されたほか、地面に春を告げるラン科のオルキス・マスクラの祖にもなっていて、日向に密生するが、萌芽林が柱材をとるほどに成長してもなお生き延びる（一九三〇年代には、ロンドンから特別列車「水仙号」が仕立てられ、満開のスイセンを見に行く観光ツアーがあった）。可憐なクワガタソウは、淡いブルーの花弁に濃いブルーの線が入り、消化不良から痛風にまで効く万能薬だ。古代ローマの人々がヨーロッパを侵攻した際に持ち帰り、世界に広がった。「speedwell」とは愛らしい言葉だが、幸運を意味する。

ツクバネソウは伐採したての林によく生えるが、密生した森でも充分育つ。同じ大きさの葉を二枚ずつ二組、四枚つける。昔から、これは恋人結びを表していると考えられた。一本の縄の結び目にもう一方の結び目をつないで、強力な結び目を作るやり方だ。恋人同士で木の枝で恋人結びを作り、次の年に結び目がそのまま成長していれば、愛は永遠だというわれがある（ロッククライマーであれば、たとえがちがちに凍っていても、二本の縄がほどけないのに適した結び方であると知っているだろう）。愛は永遠かもしれないが、黒く熟した実は有毒だ。

妻になる女性との交際中、彼女から、真っ黄色のキンポウゲを顎の下に当てるとその人がバター好きかどうかがわかると教わった。花の黄色が顎に映る（憎からず思い合っている男女に、お互いにそっと触れ合う口実を与えてくれるゲームの一種ではないかとにらんでいる）という。英国では広くcrowflower「カラスの花」と呼ばれているキンポウゲは、乙女の象徴でもあり、不実をほのめかすこともある。

ジョン・クレアは英国田園地帯を歌った素晴らしい詩人で、春先から花を見られる萌芽林を愛した。冬がまだ未練を残し、大地が荒涼としてところどころ残雪を乗せているときでも、刈られたばかりの林では早くも花が目覚め始める。

灰色の根の下、サクラソウが姿を現す
枯れた草の藪、コケのマットの合間から、いま再び
甘やかな菫《スミレ》も、今ひとたびその褥《しとね》を垣間見せ
深く甘き紫の気品を誇り高く見せつける
キンポウゲよ、真新しい緑から這い出て、

汝に差し伸べられた日よけのもとに、浅き春の美を添えよ

萌芽林の連鎖

伐採をしてから四年目、再び伸び始めた枝が地面に影を落とし始める。影の下では、生命の様相が変化する。日差しを好む花をつけるキイチゴとラズベリーは、初めのうちは刺々した小さな指のようで、やがて羽毛に覆われた鋭い小枝を伸ばしてくるが、ある日突然、地面のありとあらゆる隙間を覆いつくしている。年が終わる頃には、草原だった風景は灌木の林に変わっている。花をつけるそれ以外の植物は、隅っこに避難するか、いつか風向きが変わる日に備えて種子を落としておく。この段階では新しい植物はひとつも加わらない。ほんのわずかも露出している地面はない。さらに二年。刈られたあとに伸びた枝は高く広がり、その下では、棘のある灌木がすべてを覆っている。

伐採からおよそ七年。伸びていた枝が初めて樹冠を閉じる。するとたちまち、ラズベリーもキイチゴも日差しを遮られる。二種は、登場したときよりなお早く姿を消す。樹冠の下で地面が再び露出し、日陰を好む種が現れる。例えばツクバネソウやスイセンといったものたちは当初から存在していたけれども、今度はそれにブルーベルや多年生のヤマアイ、ヤブイチゲ、アイヴィーがまじり、時としてキイチゴが粘っていることもある。世界に美しい景色はいくらもあるけれども、ブルーベルのじゅうたんから、グレイに茶色い斑点や、縞模様の入った幹が、あるいは灰褐色の滑らかな樹皮がすっくと伸びている光景もまた、何とも言えず美しい。

樹冠に覆われたブラッドフィールドの森には、七〇種ほどしか植物種がなく、その三分の一は日向に育つ。閉じた樹冠のもとでは、そうした植物は一五年目か二五年目、また樹冠が開くとき再び成長を始めるのだ。

更新の度合いの異なる区画は一つひとつが森の歴史の縮尺版だ。周期ごとにそれが繰り返されていく。だがある森に一五の区画があるとしても、繰り広げられるシーンはひとつだ。肝は、あらゆる段階を取りまぜることで、全体が栄えるようにする技術だ。区画の伐採は、一年ごとにひとつの区画から次の区画へと規則性をもって移っていく。こうしておけば日の浅い区画の日当たりがよくなるばかりではなく、特定の段階を好む生き物は、自分の好みの段階の区画へと移っていけばいい。加えて、伐採したばかりの木々は丸裸で、それより少し前に伐採されて草原の段階にある区画にいる生き物を、効果的に囲いこむ垣根になる。そして次の年には、刈り取られた枝で前の年の生け垣を補修することもできるし、新たに生け垣を作ることもできる。そうやって萌芽林全体へと連鎖が続く。

杣人は、萌芽林の動物も管理していた。数を制御するという意味でも、また増やす意味でも。最初の四年は、シカが新芽をむさぼってだめにしてしまうかもしれない。垣根と狩りはシカを遠ざける役目を果たした(現在、シカの食害は深刻な問題で、フォーダムが腕のいい猟師に頼んで駆除している)。五年目以降の段階になると、そのシカがキイチゴを減らしてくれるので、あえて林に誘導する。哺乳動物の好む暮らしぶりに注意を払う思慮深い杣人なら、目には見えない専用通路を設けることもある。萌芽林にはどこでも、獣道やほかの区画へ通じる通路が交錯している。これは、地面を離れて木から木へ飛び移って移動したいヤマネにとっては通せんぼになる(しっぽがふさふさで雑食のヤマネがいるのは、林の生態が健全な証拠だ)。杣人はトネリコやナラ、ハシバミなどの長い枝を一本か二本、木から木へと渡し、ヤマネに安全な通り道を作ってやる。

植物同様、鳥たちにも各々好みの段階がある。ヨーロッパビンズイ、ノドジロムシクイ、ヨーロッパカヤクグリ、それにキアオジは、伐採して間もない林地がお気に入りだ。匍匐《ほふく》植物に覆われた藪期は、営巣する鳥を数多く引きつける。例えばミソサザイ、ツグミ、ナイチンゲール、クロウタドリ、ウグイスやムシクイといった鳴鳥（特にニワムシクイとキタヤナギムシクイ）、ウソ、チフチャフムシクイなどだ。シジュウカラやツグミは、もう少し成長した支柱期を好む。これがカッコウの托卵の主なカモだ。ナイチンゲールとカッコウは、英国の詩に最も多く謳われる鳥で、萌芽林の愛好者である。木材は燃料や道具の材料になるばかりでなく、想像の糧にもなるというわけだ。

英国には現在およそ二〇万種の昆虫がいる。そのうちの半数が、人間の手の入った環境に頼っている。五分の一ほどは、枯れ木に棲みつく。枯れた木は、台伐りされた樹や古い果樹園、生け垣などにはよくあるが、萌芽林の区画、フェルやヘグにはめったに見られない。ほかの多くの昆虫、とりわけ蝶は、萌芽林が大好きだ。蝶の成虫は、蜜であれば花の種類はさほど気にしないが、幼虫はごく限られた種類の植物でしか生きられず、お目当ての植物がなければ、孵化しない。

セイヨウシジミタテハ、タカネキマダラセセリ（セセリチョウ）、ヒョウモンチョウの仲間――pearl bordered、small pearl bordered、ウラギンヒョウモン、アリタリアコヒョウモンモドキ、そしてミドリヒョウモン――はみんな、萌芽林が失われつつあるため、絶滅に瀕している。例えばヒョウモンチョウをとってみると、ママコナしか食べないウラギンヒョウモン以外は旧世界のスミレ、ヴィオラ・カニナをもっぱら食する。ヴィオラ・カニナもママコナも、獣道やヒースしか生えない荒れ地、草原などにもみられることはみられるのだが、間違いなく生えているのが伐採されてから三、四年経った萌芽林の中だ。この種は広く分散することができないため、一定の間隔で伐採が行われ、好みの生態系が周期的に再生される萌芽林は、生き延びるには必須の環境なのだ。ひとつの区画で下生えが密になりすぎても、近くに新しく適地ができるからだ。

ブラッドフィールドの森では一〇〇〇年にわたって、住民が森から収穫を得ていた。刈りながらも、彼らは森を破壊しなかった。刈ることで森を強く、美しく育てたのだ。それを見て、自分のプラタナスにいっそう感謝したい気持ちになった。わたしのプラタナスはゾンビさながら一列に並んでいる。もっと信頼してよかったのに。わたしも肩の力を抜いて、プラタナスが美しく、長生きできるように、自分のできることをしなくては。

母なるハシバミ

食用・道具・家畜の餌

ハシバミは、スカンジナビアから北アフリカまでの人々に、萌芽更新の方法を示してくれた。氷河期のあと、最初に地面を覆うようになった広葉樹の一種で、避寒していた南の地から、マツを追いかけて北へと広がった。間もなく、ニレやナラ、ハンノキなどと競争になるが、それ以外のほとんどの樹種よりは先行して北上した。カケスやカササギが木の実を北へ運び、そこで発芽はしたものの、花は咲かなかった。北が暖かくなるにつれ、花や実が出現し、ハシバミの森が根づいていく。ハンノキ同様、ハシバミもごく自然に複数の幹を出し、根元から六回でも八回でも一二回でもそれ以上でも新芽を出すが、ハンノキと違うのは、おいしくて栄養価の高い実をつけるところだ。ハシバミは根元から何度でも幹をのばす。もとの根が二〇〇歳になっていても、新しい枝はまだたったの六歳ということもありうる。

一万年前の中石器時代、ハシバミの実すなわちヘーゼルナッツは主食だった。ヨーロッパの遺跡で最も多く見つかっている木の実だ。生でも食べられる。森の区画を焼いたり伐採したりすることで、人々は地面に当たる日差しの量を維持し、枝が早春には黄色い雄花をつけ、小さなえんじ色の雌花を咲かせられるように、そしてドングリの大きさの木の実をつけられるようにした。細い枝をとってヤナギの枝を杭にして地面に固定すると、そこから新しい根が出ること、木が版図を広げられることを学んだ。さらにまた、枝を二、三折れば、もっとたくさんの枝が生えてきて、新しい部分にも花や実がつき、そういう木は、種から芽を出したものより五年も早く実をならせることも知るようになった。焼いた部分から出てきた新芽はほっそりして、籠や魚捕りの罠を作るのにうってつけだった。ハシバミの実、ヘーゼルナッツは水に落ちることもよくあって、川沿いの新しい住処に運ばれる（だがほとんどは沈む。ノルウェーの子どもたちは、食べられるハシバミの実を選り分けるために、わざと水に沈めてみることがある。浮いてくるのは中身が空っぽだ）。

ケルトの神話に登場するフィン・マックールは、有名な知恵の鮭を漁《すなど》ろうとする主《あるじ》に仕えていた。その鮭は、知恵の池の周辺に生えている九本のハシバミから落ちた実を九つ食べていて、あらゆる知恵を授かっていた。この鮭を食べると、自分もその知恵にあやかれる。主はついに鮭をとらえ、金色の髪をしたしもべ、フィンに調理をさせたが、一口たりと食べてはいけないと釘を刺していた。しかしフィンは過《あやま》って調理の際にはねた油でやけどした親指を舐めてしまい、鮭の知恵を獲得した。

新石器時代の鋭くて頑丈な斧を生み出すもとになったのは、ひょっとしたらハシバミを食べた鮭からちょうだいした知恵だったのかもしれない。新石器時代の斧は、大型のハンマーとチェーンソーが別物であるくらい、それ以前の斧からは様変わりした道具だ。この斧のおかげで、ハシバミはこの時代の文化を支える主要な手段になった。ハシバミはいつ切っても、すぐにまた生えてきて、一本の枝から新たに二本、三本と枝ができる。ハシバミの多産ぶりを見た人々は、きっとほかの木でも試してみただろう。ハンノキ、トネリコ、ナラ、カバ、シナノキ、ニシキギ、ナナカマドなど。実際、通常は一本立ちの木であっても、刈り込まれるとハシバミと同じように複数の幹を生やしてくる木は多い。そこで柱製造業が立ち現れる。人間の指くらいの細さのもの、腕よりも太いもの、大きい（そして硬い）ものになると、貯蔵用の壺くらいがっちりしてくる。

家々が、ハシバミを取り囲むように並んだ。ハシバミは、細くて絶妙にしなやかな鞭になる。着火剤にもなり、炭にもなり、裂いて籠を作ることもできるし、漆喰壁の下地にもなり、編み垣にもなる。新石器時代全体を通して、最良の留め具でもあった。ひねったり裂いたりしたもので屋根の葺き材を止めつけ、生け垣の形を整えた。てっぺん近くのけば立った枝を束ねれば、竈の焚きつけができた。花粉をたっぷり含んだ雄花がある早い時期に刈り取ってもいいし、夏が過ぎるのを待って、秋の葉がついている枝を刈り取ってもいい。どちらも羊や牛の餌になった。

ケルトのオガム文字では九番目の文字をコルと読み、ᚉと書く。これはハシバミのことだ。水平の幹に短い枝が四本突き出している記号は、西洋の書字体系に見られるうちでも、最も表意文字らしいものと言えるだろう。地際で伐られたハシバミだ。

だが、オガム文字を待つまでもなく、ハシバミの杖は通信装置だ。魔法の杖はたいていハシバミで作られた。地下の水脈を探すダウジングの棒は、みんなハシバミ製だ。イェーツの謳ったイーンガスはハシバミの枝の樹皮を剥いて釣竿を作り、妖精の少女を釣り上げた。トリスタンとイゾルデのエピソードのひとつに、ハシバミの杖が仲立ちをするものがある。主君の妃でありながら愛するイゾルデが、王に会うためにある道を通ると知ったトリスタンは、ハシバミの林に身を隠す。杖を四つに割り、自分の名前とメッセージを刻みつける。すると目端の利く学者が、そこにハシバミを表すオガム文字を、スイカズラを表すオガム文字「ウイレアンᚗ」と一緒に刻むよう進言する（オリヴァー・ラッカムは、新石器時代の要路の研究で、たしかにハシバミの幹にしばしばスイカズラが巻きついた痕のあったことを記している）。物語では、トリスタンとイゾルデのふたりの関係を、ハシバミの幹に巻きついたスイカズラのように歌っている。つまり、杖に刻まれた伝言はその謂《い》いなのだ。とはいえ、一瞬で読み取るにはいささか難解な伝言であったろうと思われるのだが、ひとめ見てイゾルデは隊列を離れ、林の中で無事恋人と落ち合ったのだった。

生け垣を建てる

生け垣の多様な生態系

生活のために木を切っている者たちは、それが重労働であるとわかっているし、昼過ぎともなると、ほとんど機械仕掛けのようになってくる。農家をやっている友人に、年をとったせいで、木の股から足を引き抜こうとしたら足の裏が筋膜炎になってしまい、治るのに二カ月もかかった、とこぼした。「おれなんかもっとだぞ！」彼は叫ぶなり、ズボンと袖をまくり上げた。両ひざと片方の肘に添え木が当てられていた。

木を切るという行為を美化してもはじまらない。ただ、それは今までも、そして今も、素晴らしくて手ごたえのある仕事だ。体が何かをつかむと脳がキャッチし、脳の想定が広がると体はさらに新しいことに挑戦しようとする。物理学の実践であり、そこに生物学の実践が加わっている。萌芽更新で得られたハシバミ材の最も一般的な使い道のひとつが生け垣だ。良質の生け垣はいきり立った雄牛を食い止めることもできるし、子羊やウサギのような小動物でさえ、下をくぐらせないようにすることができる。そのためには大変強靭で分厚くなければならない。

その技術が、少なくとも紀元前六〇〇〇年にさかのぼることを示す遺物がある。生け垣を表すhedgeという単語も、インド・ヨーロッパ祖語からほとんど変化せずに、一貫してfence（柵）の意味を保ち続けている。生け垣を建てる技術は、紀元前五七年にはすでに完成していて、ユリウス・カエサルは、現在のベルギーにあたる場所で出会った生け垣のことを記録している。

ネルウィ族は、近隣の騎兵が収奪にくるのを容易に防ぐべく、若い木を半分に切り、折り曲げて枝を編みこむ。ここにキイチゴやイバラが這い上ると、壁と同じ障壁になり、突き通ることもできなければ中を見通すこともできない。

軍人の目で見たカエサルは障壁の意味を取り違えたようだ。略奪者を防ぐのではなく、家畜を入れないようにする手立てなのだ。とはいえ、カエサルの報告は、障壁の強度を立証している。金属製のワイヤフェンスが生け垣にとって代わり始めるのは一九世紀も終わり頃からだ。大恐慌時代、手入れをする人もなくなって生け垣は荒れ、一見安上がりなワイヤ製に切り替えるいい口実になった。さらにある時点で、拝金主義の農業実業家が、生け垣は一〇〇エーカーあたり二エーカーも占めていることに気がついた。その分を農地にして利益を上げたらいいじゃないか。というわけで、一九四七年から一九八五年の間に、一五万四〇〇〇キロ以上に及ぶ生け垣が引っこ抜かれて放棄された。

生け垣編みの技術は、一九七〇年代にはもはや失われつつあったが、イングランドをはじめとするいくつかの土地で、キツネ狩りを趣味とする人々には、獲物を追いかける猟犬が飛びこむのに生け垣がなくてはならなかったため、かろうじて生き延びた。例えばレスターシャーなどはキツネ狩りの本場で、最高の作り手で建てる最高の生け垣で有名だ。かの地では生け垣づくりの伝統は決して死に絶えなかった。アーネスト・

ポラードと同僚が名著『生け垣（Hedges）』を書きあげた一九七四年、英国だけで九九万二〇〇〇キロメートルの生け垣が残っていた。その後二〇世紀も終わり近くなって、人の手になるこの生態系が多様性に富んでいるとして脚光を浴び始める。すると、ワイヤフェンスと生け垣の生涯コストを試算して比べようとする者が現れた。生け垣は五〇年もすると編みなおさなければならないが、その間にワイヤを調達し、設置し、設置しなおす経費より、生け垣を維持する経費のほうが少ないことがわかった（一九世紀のあるワイヤ製造業者は自分の墓石をワイヤで飾ったが、今ではさびてしまったそうだ）。ヨーロッパで生け垣が見なおされるようになると、人々が生け垣づくりを習いに赴いたのが、そうした伝統の生き延びた場所だった。

工芸と科学

生け垣づくりは美しく、技巧に富んだ工芸だ。生け垣を「作る」というときの"to lay"は、古英語や古オランダ語、古ドイツ語でも共通して「横たえる」という意味で、柵を作るためには文字通り植物を「寝かせる」。主な道具は枝を払う鉈《なた》だ。現代でも鉈には一〇種類以上あるが、どれも持ち手は短く、刃わたりおよそ三〇センチで、刃先が手前に曲がっているのが特徴だ。一見なまくらで、まるで植物の球根か、男根のように見えるものもあるのだが、実際のところは持ち手から刃先まで、きわめて鋭くできている。中には持ち手の両端に刃がついているものもあり、危なくないのは持ち手の部分だけだ。

生け垣に最もよく使われるのがサンザシで、スピノサスモモ（実のスローは、リキュールのスロー・ジンを作る材料になる）がそれに次ぐが、広葉樹であればほとんどなんでも利用できる。まず丈が一五〇〜一八〇センチの木を生け垣を作る線に沿って植える。鉈の振るい方が、技術であり、科学だ。一本一本の木をプリーチャーと呼ぶ。片手でプリーチャーのてっぺんをおさえ、もう一方の手に道具を持ってかがみこむ（このため、右利きの者は生け垣の左から右へ、左利きの人は右から左へ作業を進めていく場合が多い)。幹に入れる切り込みは、地面から、プリーチャーの直径の三倍くらいの高さのところだが、よほど暇な職人でなければいちいち計ってはいられない。なにしろ倒さなくてはならないサンザシは何百とあるのだ。時間と慣れがものを言うのはもちろんだが、手と目と頭を存分に働かせることでいい仕事ができる。

切り込みは、組織を貫くように深く入れるが、最後は幹の方向に沿って伸ばす。そうすると、生きたまま完全には切り離されていない枝ができ、これを舌と呼ぶ。幹のできるだけ地面に近いところで引っ張り、うっかり裂いてしまわないようにする。舌には、サンザシを地面から三〇~五〇度に傾けても折れてしまわないだけの厚みが必要だ。プリーチャーはその角度で生け垣を支える。同時に、倒したときに樹皮が幹から剝がれて、舌が枯れてしまわない程度には薄くなくてはならない。舌を倒して地面に残る切り株のことをヒール——踵《かかと》と呼ぶ。次の切り込みは、ヒールを短くするためで、舌に最初に入れた切り込みと同じ角度に入れていく。

この一打に、強さ、決断、そして繊細さがこめられる。次に必要なのが、てっぺんあたりの、小さな切り込みと襞《ひだ》だ。幹が簡単に曲がるように、あるいは扱いにくい枝を取り払うために小さく切り込むのである。そうして傾けたサンザシが隣のサンザシに具合よく寄りかかれるようにする。その時、生け垣が開けた側にやや傾くようにしなければならない。そうすることで踵部分にもよく陽が当たるようにするのだ。

次に登場するのがハシバミだ。小枝は二種類必要になる。ひとつは長さ一・五メートルほど、直径がおおよそ四センチから、太いほうでおおよそ六センチくらいのもの。ふたつ目は長さが二・四メートル程度で太さは三・五センチないものだ。ひとつ目の枝が杭になる。上手な生け垣職人は太いほうの端を太ももにのせ、杭を回しながら四面にカットしていく(大事なのは鉈を振るうときに自分の太ももをそいだり、もっとひどいケガを負わないようにすることだ)。杭の反対端は切り落として平らにする。職人は、今でも昔ながらの

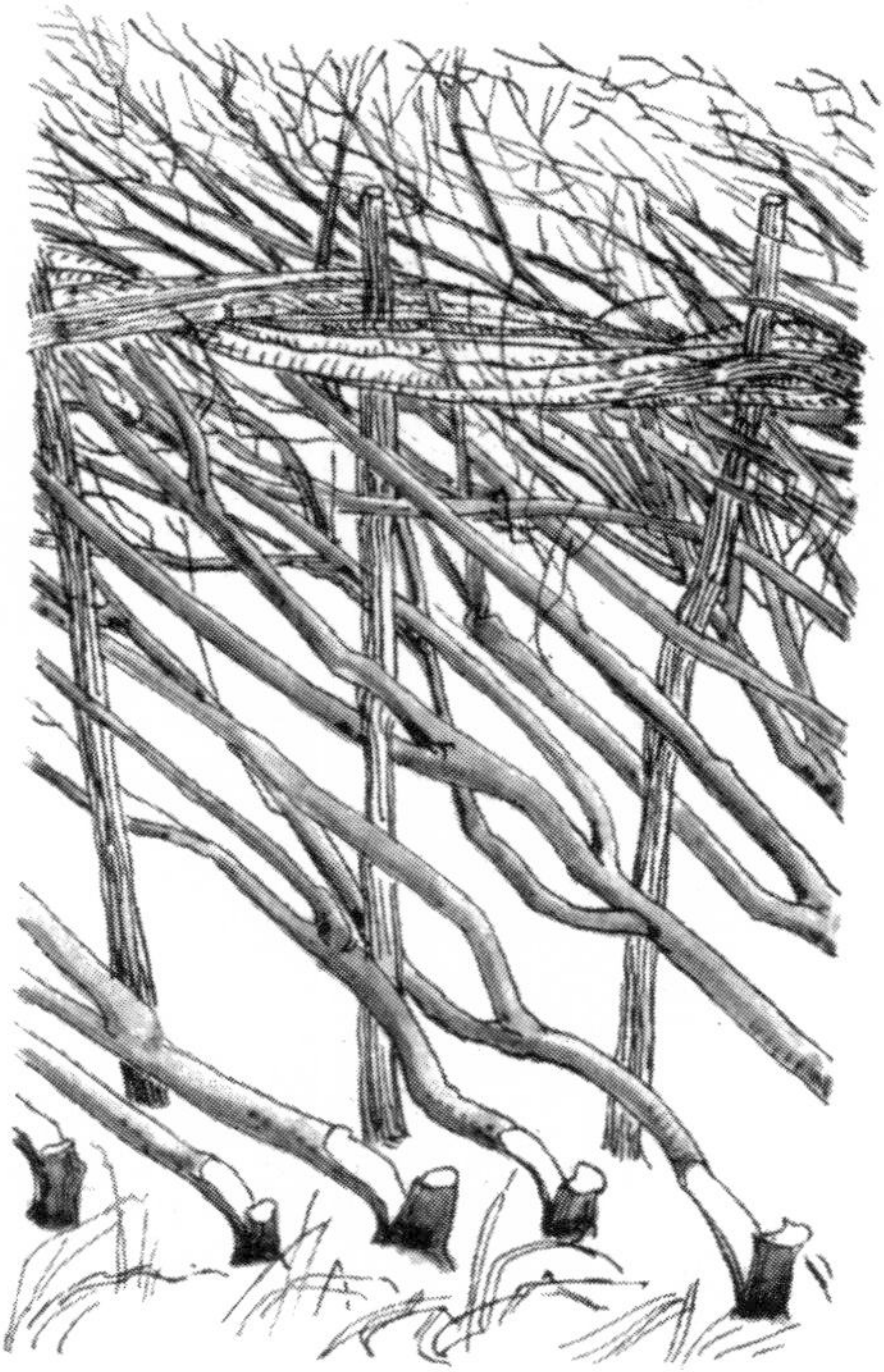

舌ができ、杭と結い紐を絡めたプリーチャー

腕計り——肘から指先までの長さを単位にする計り方——で杭の間隔を決めていき、それぞれの杭をやや傾けて地面に差しこんでいく。

ここでも重要なのが、プリーチャーの根元まで光が入るようにすることだ。長くて細い枝は結い紐になり、プリーチャーを杭に結わえつけて出来立ての生け垣を固定する。二本ずつ組み合わせたハシバミの枝をひねり、一本の杭の表側を通したら、隣の杭の裏側を通していく。次の二本組のうちの一本を前の二本組に絡めて編んでいき、長さ二・四メートルの太い縄ができていく。杭と結い紐のおかげで、生け垣は最初から頑丈この上ない。

どうしてここまで手がこんでいるのか。多くの人が、もっと単純な現代風の生け垣を刈り込んだ経験があるのではないか。現在では単にイボタノキやツゲ、イチイなどを間隔を寄せて列植し、成長してきたところをひとまとまりのものとして刈り込むだけだ。ガソリンエンジンや電気駆動のトリマーを使おうものなら、生け垣の刈り込みなどものの数分で終わる。ただし日本製の刈り込みバサミを使った場合は、シンプルな生け垣でも刈り込みは充分楽しめる。だが遠い昔、どういう発想でこのように七面倒くさい生け垣を思いついたのだろうか。なぜ枝と枝を組み合わせ、より合わせ、織りあげようとしたのか。どうしてサンザシの列にハシバミを這わせて柵にしようと思い立ったのだろう。

家畜のためのもの

食料のほとんどをスーパーで調達しているわれわれ現代人には、羊がいなくなったり、家畜がさまよい出てしまったりすることが、自分や家族の生命に計り知れない打撃を与えたであろう時代の人々の心の内を想像するのは難しい。スープや肉を、革や羊毛を、靴やパンツやセーターを、上っ張りを、肥料を、売り物に

こまめに刈り込みされている生け垣の冬の様子。少なくとも800年は経っている

なる家畜や将来増やせたはずの家畜を、失う羽目になるのだ。迷い出た家畜がよそのお宅の畑を食い荒らし、罰金を科されたり、弁償したりしなければならなくなる場合もある。

生け垣づくりで重要なのは、初日の段階ですでに通り抜け不可能にしておくことだ。生け垣の強度と耐久性は、芽吹きにかかっている。中には、地面の幹から出てくる枝もあるが、ほとんどの枝は切り口から伸びてくる。時間が経つにつれ、新しく伸びた枝に覆われて生け垣は分厚くなるので、現代のわたしたちが行っているように、年に一度の刈り込みで、生け垣を健やかで丈夫に保つには充分だ。新たに組みなおさなければならなくなるのは、おそらく五〇年ばかり先だろう。だが、斜めにかしげさせた幹とハシバミの支柱と結い紐あってこそ生け垣は成長を続け、建てられたその日から、がっしり安定したものになるのである。

新石器時代から一九〇〇年代まで、アイスランドからイベリア半島に至る、大西洋に面したヨーロッパ西部では、多くの土地で家畜を敷地にとどめるために、生け垣が用いられていた。遠くからでも、あるいは上空からでさえ、古い生け垣はそれと見分けがつく。古い生け垣は小川や斜面、谷や踏み分け道に沿って作られ、曲がりくねった変則的な列をなしているからだ。イングランドでは、一一世紀の土地検地台帳（ドゥームズデイ・ブック）に記載されている境界を示す生け垣の一部がいまだに残り、当時と同じ境界線を示している。そうした生け垣は何度も組みなおされ、数えきれないほどの回数ハサミが入れられた。打ち捨てられた生け垣は茂りすぎ、林や灌木の茂みになっている。

囲いこみと生け垣

ポラードとその仲間たちが示したように、生け垣は古くなればなるほど、いろいろな種類の木や灌木が混じるようになる。ごく大雑把に見積もって、一世紀あたり一種類増えるといったところだ。鳥の落とし物に含まれた種から、リスが隠した種から、はたまた風に吹かれてきた種から。古い生け垣には、少なくとも、ハシバミ、ハナミズキ、コブカエデ、ザイフリボク、ニシキギ、スピノサスモモが見られる。加えて、イバラやスグリ、クランベリー、ビルベリー、常緑や落葉性のベリー、イチゴ、ナシ、リンゴ、セイヨウカリン、ガマズミ、ブナ、ナラ、クルミ、バラ、クラブアップル、バッコヤナギ、セイヨウネズ、マツなどが混植することもある。低層には、*Mercurialis perennis* やヤブイチゲがくる。

ロンドンの南東、さほど遠からぬところに、中世期の土地の権利書にも記されているほど古い生け垣がある。とびぬけて優勢な樹種があるわけではなく、ハシバミにサンザシ、ナラ、野生のバラが二種、コブカエデ、ハナミズキ、クラブアップル、ヤナギが二種と、全部で一〇種類の木からなる。ソールズベリー近郊のこれもまた古い生け垣には、一二種類の木がまじる。ポラードの計算では、このふたつの生け垣はそれぞれ、ロンドン近郊のものが一〇〇〇年、ソールズベリーのものがおよそ一二〇〇年を経ているという。Quickset（「生け垣用の」）とは素敵な名前だ。これは生け垣づくりで軸になることの多いサンザシを指す。棘が多くて早く育つ。わたしが教会に通う少年だった頃、信徒たちが毎週「主は足の速い者《クイック》と死者《デッド》を裁くために栄光のうちに再び来られます（主は、生者と死者を裁くために栄光のうちに再び来られます：信徒信条）」と唱えると、わたしには、どんなにすばしこく逃げても神様の手にはがっちりとつかまえられてしまうんだ、と思えたものだった。クイックは生きているという意味だ。つまり垣根がクイックセットというのは単に育ちが早くて長持ちするというだけでなく、そこに編まれたサンザシが、種でもなく切り枝でもなく、生きた植物として植えこまれているという意味なのだ。現在ヨーロッパで生き生きと活躍している種苗家の多くは、まず生け垣用のサンザシを商うところから始まっている。

イングランドで生き残っている生け垣のおよそ半数は、一八世紀以前にさかのぼる。一六世紀イングランドの農民詩人トーマス・タッサー――カトーやウェルギリウスの貴重なる後継者だ――は、代表的な作品「よき農耕のための五〇〇の教え」に、生け垣についての助言をちりばめている。当時生け垣用の樹木は自分で集めてくるか市場で購入するかして手に入れた。

根を抜くのも藪を抜くのも待つがよい、息子よ
汝の生け垣をこしらえる好機となるまで
その時が来たりなば、汝のために最良の材をとり、
ほかは火にくべるために持ち帰るがいい

生け垣は往々にして、役に立つほかの木々と混植された。

サンザシを市場で求めよ、拾いたての小ぶりなものを
灌木かヤナギも求めよ、垣の代わりに
ヤナギを支柱として生やせば
夏には家畜どもに格好の日陰となる

支柱や編み材も、木々を刈り込みながら集められた。

枝を払いながら、編み材や支柱を貯めよ
生け垣づくりや修繕に必要となる日のために

生け垣づくりはあまねく浸透し、とても身近であったために、多くの姓名がそこから生まれた。Hayes 一族もHaysさんも、Hedgeman も Hawes、Haig、Hages、Hagelen、Hageman Haggart Hagers Hagedorn Hagle Hagstrom Haglund Haines Hainer Hakes Haywood Hayworth さんも、みんな生け垣のそばに住んでいたか、生け垣の作り手だったかした人たちだ。（Hay はかつて生け垣を意味していた）。

そうこうするうちに、農地の囲いこみが始まった。領主や富裕農によってブリテン島のコモンの大半が私有化され、柵で囲まれた。生け垣づくりを生業《なりわい》とする者にとっては一大好機だったが、一〇〇〇年にわたって築かれてきた農地共有の文化と、それによって暮らしを立ててきた自立農は瓦解することになる（職人が労働者となったのは、工場ができ始めてからではなく、この時が最初だったわけだ）。アン女王の時代（一

七〇二～一七一四年）には、囲いこまれた土地はわずか一五〇〇エーカーほどだった。女王の跡を継いだジョージ一世（一七一四～一七二七年）の時代になると一万八〇〇〇エーカー近くが囲いこまれるが、これはほんの手始めにすぎなかった。ジョージ二世時代（一七二七～一七六〇年）で三二万エーカー、そしてジョージ三世（アメリカの植民地を失った君主）時代には、囲いこまれた土地は優に三〇〇万エーカーにのぼった。

私有化された土地はどこも新しい生け垣が必要だった。ここから、数と規模がものを言う時代が始まっていく。そのため、囲いこみの生け垣とそれ以前の古い生け垣は、生け垣を構成する樹種の数――新しいもののほうが種類が少ない――ばかりでなく、まっすぐに作られていることと、ハロン（溝の長さ）やチェーンといった測量用の単位で測られていることからも見て取れる。苗木で買い求めたサンザシが主な素材で、そこにスピノサスモモを少しばかり混ぜることもある。ただ、古い生け垣が道や森の縁に作られていた場所では、それが囲いこみの生け垣に取りこまれる場合もあった。囲いこみ時代の生け垣にはよく、スピノサスモモやバラ、トネリコ、エルダーベリーが加わった。どれも、ブリオニアやクレマチス、ヒルガオ、スイカズラといった蔓が、我が物顔で巻きついている。生け垣でよくみられるために、俗名にhedge feather、hedge bell、hedge lily、hedge cherryなどと「生け垣」がついてしまった蔓植物もある。

イングランドの生け垣には一〇〇〇万の鳥のつがいが暮らす

生け垣は細長い森で、高さがおよそ一八〇～二七〇センチ――古い生け垣だと、ところどころに九～一五メートル程度の萌芽樹がまじる――になり、幅は一八〇～二四〇センチほどだ。この線状の森の長さを全部合わせると、一九七四年の英国のものだけで、赤道の周りを六周半することになる。人間の手仕事と想像力と訓練とが、自然とともに作り出した素晴らしい産物だ。この森は深さがないので、とびぬけて多様な昆虫などの無脊椎動物が集まり、そこでまたとびぬけてたくさんの、多様な鳥を惹きつける。

状態のいい生け垣なら、サンザシだけでも二〇九種類、スピノサスモモには一五三種類、クラブアップルで一一八種類、野バラで一〇七種類、ハシバミで一〇六種類、ブナで九八種類、コブカエデで五一種類、スイカズラに四八種類、ニシキギで一九種類もの虫やダニが見られる。こういった、日差しを好む植物たちの実を、クロウタドリやウタツグミ、ヤドリギツグミ、ノハラツグミ、ワキアカツグミといった鳥たちがついばむ（カッコウが春を告げる鳥ならば、ノハラツグミやワキアカツグミは秋の終わりを標す鳥だ）。餌場にするだけでなく、ここで子育てする鳥もいる。代表的なのが、クロウタドリ、ズアオアトリ、ヨーロッパカヤクグリ、ムネアカヒワ、カッコウ、アオカワラヒワ、コマドリ、ミソサザイ、ノドジロムシクイ、キアオジといったあたりだ。ポラードによると、生け垣一〇〇ヤード（九〇メートル）あたりにざっと一つがいがいるとすると、イングランドの生け垣ではおよそ一〇〇〇万のつがいがいる計算になるという。

アメリカ合衆国について見ると、ルイス・ブロムフィールドが、オハイオ郊外で近隣にあった農家のことを書いている。小規模経営のその農家は、一九三〇年代当時ご近所さんの多くがしていたように、トウモロコシ畑を増やすべく生け垣を抜いてしまう、ということをしなかった。その生け垣はイングランドのものに比べるとずっと簡素だったが、それでも生物多様性を高める一助になっていた。ブロムフィールドは、くだんの農家の年老いた主が跪《ひざまず》き、生け垣の下のほうを覗きこんでいるところに出くわした。主はブロムフィールドに気づくと、そっと手招きし、地面に接する小さな巣の中に見え隠れするコリンウズラのひなを見せてくれた。「近所の連中はわしが垣根を生やしたままにしているのを笑ったもんだが、もう笑わせないぞ」。老いたウォルターは言った。「カメムシが来てトウモロコシを食いようとしたら、この子らが始末してくれるでな」

生け垣を暮らしの足しにしてきたのは虫や鳥だけではなかった。人間もだ。大昔、生け垣から伐り取った枝は薪になり、炭になり、柵になり、時には舟を造るのにも使われた。イングランド東部の古い生け垣には、今でも数万本単位で台伐りされた樹が残っている。果実と柱も重要だった。生け垣の際《きわ》のハシバミは、生け垣を伸ばすために伐り取られて支柱や結い紐になった。ヤナギは籠や垣根、洗濯ばさみになる。クラブアップルとローズヒップ、ブラックベリーはジャムやゼリーに、スピノサスモモはスロー・ジンの香りづけ、エルダーベリーはジャムにも果実酒にも向いていた。

生け垣は金網よりも安上がりで長持ちするのか、生け垣に巣くう生き物は畑の作物にいい影響を与えるのか否か、多様性があるのはそれだけでいいことなのかどうか……おそらくこうしたいかにも格好な論点はいずれも的を外しているのだ。生け垣をあつらえ、維持し、そして使うには、注意力と場に応じた対応が必要だ。クライヴ・リークをはじめ、いい生け垣職人は、更新にばかり気をとられるのでなく、目の前の状態をしっかりと見て、生け垣が自力で育つ助けになるように手を貸すという賢明さを備えている。「size up：見きわめる」という熟語はじつのところ生け垣づくりから来ていて、老化した生け垣を仕立てなおすとき、職人の技はどの枝を落とし、どの枝を次世代の柱とし、どこまで低く刈り込むべきかを見きわめることなのだ。

見てくれよりも、行為に集中するほうがよい結果が出るだろう。生け垣があると、風景はより近しく感じられる。細部に注意を払うようになる。こちらが注意を払えば、多くの点で報われる。注意すればそれは、わたしたちの考えにだけでなく、行動にも表れてくる。行動が生み出す利はわずかかもしれないが、注意を傾ければ何層倍にもなる。わたしの父はいつも、植物を撫でて励ましていた。生物力学を信奉する庭師は、ハーブやミネラル、牛の角を使って凝りにこった妙薬を作り出す。決まった数だけ右回りにかきまぜ、次に左回りにかきまぜて出来上がる不老不死の秘薬だ。こういう行為にどれだけの効果があるかはわからない。しかし何をするにしてもまず注意を傾けることが第一で、わたしたちがすることは常に実験的なのだ。注意を払わずに行う実験は、内容はともあれたいていは逆効果なのである。

生きている教材を相手にするのが最も勉強になる。英国の哲学者アルフレッド・ノース・ホワイトヘッドは、わたしたちの知性の状態は、事実上、手を通した反応に依拠すると考えた。「感覚と思考の協調があるように、頭脳の活動と創造行動の間にも相互に影響がある」と彼は書いている。「この反応において、手は突出して重要である。人間は、手が頭脳を作ったのか、あるいは頭脳が手を作ったのか、論ずる余地のある点だ。いずれにせよ、その関係は緊密で双方向的なものである」

わたしたちはものだけの世界に生きているのではなく、隣人に囲まれて生きている。隣人はそれぞれに影響し合う。真に問うべきは、「どうしたらもっと効率をよくして数字をあげられるか」ではなく、「わたしの行動はよき隣人のものと言えるだろうか、悪しき隣人になっていないか」ではないだろうか。

こんなようなことを友人に話したら、「おいおい、一九世紀には戻れないんだよ!」と言われてしまった。「それはそうだ。じゃあ、一二世紀はどうだ?」とわたしは切り返した。わたしたちが自然を征服したと思いこんだがゆえに突き当たった行き止まりから抜け出すには、戻す時間の幅をぐんと広げる必要がありそうだ。

手に負えるの？

頭と心と手を研ぎすます

頭と心と手とを同時に使って取り組む仕事は、真実客観的な知識だけをもたらす。推論する力、弁別し、選び取る能力が駆使される。知りたいという切望によって動かされる。この世界に存在する耐久性のある物質を相手にし、物質から粘り強く抵抗されることで、修正され、調整され、形をなしていく仕事だ。

わたしは、ホセ・ラモン・ファレギが斧を作るのを見ていた。今何をしているところなのか、彼は逐一話してくれる。炉の中の金属のたてる音が、タイミングを教えてくれる。色の変化も同様だ。飛び散る火花の数や種類も重要である。鍛える前の金属の塊――ブランク――を、叩くために炉から取り出すと、古びた黒い金床《かなとこ》の真ん中、すり減って深くえぐれたくぼみに、いい案配に納めた。ブランクは、もちろん炉に入れる前に注意深く採寸したはずだが、この形は計算や計測でできたものではなく、経験に裏打ちされた勘のなせるわざだ。火ばさみと金梃子《かなてこ》の形や大きさから、ホセは曲線を見きわめ、塊の嵩を見て取る。どれほど強く叩かなければならないか、どこを叩かなければならないか、説明しようとするけれど、言葉は、母語のバスク語でさえうまく出てこない。彼の全身が、この知識を身につけたのだ。

そうした知識を、わたしは客観的な真実の知識と言ったのだ。考えることではない。感じることでもない。素材を前にして、知覚を鍛え上げることだ。実態に合わせて何が必要かを考え、調整していく。関係性の世界に参入していく新しい形で、そこから、いい加減な精確さという不可思議なものが立ち現れてくる。

近くの町に、パトクシ・バリオーラという名の羊飼いが住んでいた。彼は一五の歳に初めて羊飼い用の小屋のある丘へ上がっていった。ボルダと呼ばれる羊小屋には、およそ一〇〇頭の羊がいた。それまでは、父親と母親から教えられてきた。寝起きもできるワンルームの小屋はチャボラと呼ばれ、羊飼いは一年のうち八カ月ほどを平たい石屋根を葺いた小屋で過ごす。羊を山の上の放牧地に出すか、囲った牧草地にとどめるか、それともボルダの中で飼料を与えるか、毎日自分で判断しなければならない。

彼は牧草地の周りにトネリコをぐるりと植えている。毎年そのうちの一部を伐採するが、伐採は月が欠けていくときに限っている。刈り取った枝は干して、寒くて雪の降る冬場に、ボルダの中で羊に食べさせるように保存しておく。必要に応じて刈り取った枝を地面に挿し、新しい木を育てる。春になると、冬の間にたまった羊の糞を、囲った牧草地にすきこむ。群れを見張るのは犬の役目だ。羊はみんなベルをつけていて、その音色は彼の群れ特有のものだ（職人が、羊飼いごとに個別の長さと直径でベルを作りわけてくれる）。三月、サン・ホセの日の頃になると、子羊を産ませるために町はずれの納屋に連れていく。そして子羊たちが山登りに耐えられるほど丈夫になる五月、再び丘に上がっていく。

わたしが会ったとき、パトクシは八八歳だった。その前の年に隠居していた。七三年を羊飼いに費やしたことになる。パトクシと奥さんは、大きな薪ストーブとワイドテレビのあるリビングキッチンでくつろいでいた。わたしは彼に、現役時代、同じことの繰り返しに飽きたりはしなかったのかと尋ねた。「繰り返し」という言葉でわたしが何を言いたかったのか、彼には理解できないようだった。「わたしは丘で幸せだった」。

彼は思い出しながら語った。「じつに幸せだった。ラジオもない、テレビもない、何にもない」。彼は口をつぐみ、炎を見つめた。「ほんとうにいい場所だった」と彼は続けた。「いい生き方だった。わたしに合っていた」。彼にとっては繰り返しなどではなかったのだ。彼を絶えず現実と引き合わせてくれる、そういう生き方だったのだ。

わたしたちにもそうした知識はある。どこにも衝突させずに時速一三〇キロで車を運転することもできるし、薬缶に入れた水の重みで量の見当をつけてコーヒーを淹れることもできる。ただそうした知識に、普段はあまり重きをおかない。だが人類史の大半、この世界のほとんどで、そのような知識が人々の日常生活や仕事に、大きな役割を果たしてきたのだ。その価値が称揚されようが、貶められようがお構いなしに。そうしてそれが、何かを生み出す仕事につながる。

最近、妻の連れ子である息子が、ファレギの斧を研ぐ技術を身につけるのに、手を貸してくれた。わたしたちの家には、前の住人から受け継いだ作業台があるのだが、前の住人もおそらくはそのまた前の住人から受け継いだものだろう。わたしはかねがね、台の前面の端に、ほかではあまり見ない木製のクランプがついているのは何のためなのだろう、天板から九センチほど下、前面の端から六〇センチほどのところに小さな取っ手のようなものが突き出しているのはどうしてなんだろう、と首をひねっていた。息子とふたりで斧を作業台に載せ、刃の部分をクランプに納めてみて疑問は氷解した。斧の柄の端がちょうど取っ手のようなものに乗っかり、三日月型の斧の刃は、クランプにしっかり固定されたのだ。

研ぎの道具はホッケーのパックほどの大きさの円盤で、掌にぴったり収まる。粗目研ぎの面と仕上げ研ぎの面があって、粗目のほうがだいたい一二〇番、仕上げ用が六〇〇番。息子のジェイクが、刃に当てる適切な角度を探した。「黒い線が見えなくなるまで研ぎ具を傾けるんだ」と彼は言った（線は、刃と研ぎ具の間に隙間があるしるしだ）。それから、ごく軽く円を描くように、指先を研ぎ具に添え、粗目側を動かし始めた。「研ぎ具自体の重さよりほんの少しだけ力を入れるんだ」。彼は修理業のクラスで習ってきたことを実践していた。わたしも真似をした。ひと渡り磨いたところで親指をそっと刃先に当ててみた。鈍くてもこもこしている。研ぎ具が削った金属のバリだ。わたしたちは刃の反対面に移って、円運動を繰り返した。バリが反対側に移っていく。わたしの手元には、妻にクリスマスプレゼントでもらったスマホ用マクロレンズがあった。それを使って写真を撮ってみた。バリがばっちり写っている。やった！　わたしたちはほとんど同時に叫んだ。

さらに何度かこすってバリを削ると、今度は仕上げ研ぎの面に替えた。もこもこした手触りが薄れていく。同じように円を描きながら上へ下へ研いでいく。滑らかに、均等に、そして正しい角度で動かしていくのは難しい。薬缶の重みでコーヒーの水の量が測れるようになるのと同じで、これも練習あるのみだ。最後の仕上げに、わたしが剪定ばさみを研ぐのに使っている、日本製の砥石を繰り出した。ジェイクが斧の刃にそっと腕を撫でさせる。腕の毛がきれいに剃れた。再びマクロレンズの出番だ。写真に写った刃先は、赤ちゃんの肌みたいに滑らかだった。

この作業でわたしたちが使ったハイテク工具はカメラだけ。カメラも、作業そのものには必要なかった。研ぎの具合を調べたければ、薪を割ってみればいい。たまたま、トネリコの倒木を裁断した丸太が一〇個ばかりあった。そのひとつを薪割台に載せた。バスク製の斧は柄が短めで、慣れるのに手間取ったが、慣れてしまえば仕上がりは歴然だった。ひと振りで丸太はパカンと割れた。次のひと振りで、半分がさらに半分に。まるでバターの塊を切っているようなものだった。

よく、「Can you handle it?（手に負えるか?）」というセリフを耳にする。「手を出したことを成し遂げられるのか」というような意味だ。この言い方の由来は斧だそうだ。第二次世界大戦前までは、斧は柄のついた完成形では売っていなかった。刃を買った人間が柄をつけるのだ。そこで、動詞「handle（柄をつける）」

が、木を切って、形を整え、合わせて、刃に取りつけるという意味を帯びる。つまり丁寧に言えば、「均整の取れた斧の柄を作ってしっかりと刃に取りつける技術があるのか」というわけだ。大変だが、典雅な作業だ。博士号などなくても、何百万ドルという研究助成金などなくても、この世界の素材を扱いこなす技術と知性を得ることは可能だ。客観的知識のほんの一例、頭と心と手とを同時に使う手作業である。

侵入する植物たち

不屈のオウシュウニレ

メトロポリタン美術館のプラタナスの若木の管理法を学ぶほうはろくな進展がなかったものの、新石器時代や萌芽更新の古い古い歴史に首を突っこんだわたしは、自分の無知がさして気にならなくなっていた。一〇〇世代もの人々が木と対話しながら学ぶしかなかったのだ。わたしも喜んでその末席に連なろう。嗜みを忘れず、木の返事を待つことができれば、木々はちゃんと相談に応じてくれて、きっとうまくいく。

プラタナスとシナノキの手入れをしている時期、わたしはよくひと息入れにセントラル・パークに行った。美術館は三方をこの公園に囲まれているのだ。一見いかにも自然に見えるが、公園は隅から隅まで、わたしが手入れする木々に負けず劣らず計算しつくされている。シナノキにニレ、レッドオークやセイヨウカジカエデといった巨木の間を散策するのも好きだが、メトロポリタン美術館の正面入り口から南へわずかの場所で、わたしは侵略者の群生に出くわした。無頓着に、それでいて頑迷に群れを成すその植物の様子に、芽吹きの力に寄せるわたしの信頼は、なおいっそう高まったのだった。

侵入植物というやつには、それが固有種であれ外来種であれ、感心するほかはない。やつらは障害を好み、そこへ群れていく。やせた土や条件の悪い場所を与えると、まるで洗うのを忘れた皿めがけてたかるハエみたいに生き生きする。とはいえ、細部にまで気を配って設計され、手がけられ、維持されているニューヨークのセントラル・パークで、想定外の侵入植物が店開きできるなどと、誰が予想しただろう。

わたし自身、子どもたちの集団がいなければその群落に気づかなかったかもしれない。平日の昼間、一〇人ばかりの少年少女が、美術館の南側、ニレやブナやカエデ、マツやサービスベリーやシナノキの根方で、やや窪地になった芝の上で遊んでいた。子どもたちは幾人かのグループになったかと思うと別れ、また別の子たちとくっつき、という具合に、子どもだけでほうっておかれたときによくあるように、くっついたり離れたりしながら、靴下の色だの、どの子が大きな声を張り上げただのといった、重大問題を論じ合っていた。子どもたちは重力に引かれるように木々の間を抜けて芝生の窪地へと下りていく。そこは狭い木立になっていて、子どもたちの足元が、落ちた木の葉でかさかさと鳴った。二組になった子どもたちが木の皮やコケ、魔女の指みたいに曲がった小枝、丸まった茶色い葉っぱなどを集めていく。木々の根元で、子どもらは集めた宝物を小屋や洞にしまっていく。これは計らずも、妖精のおうちに出くわしたかな。

がたいのいい老人が教え子たちに近づこうとしているのを見て取り、若そうな教師がわたしの横に並びかけてきた。言葉に中央ヨーロッパの訛りがある。教師は丁寧な口調で、何をなさろうとしているんでしょうか、と尋ねてきた。わたしは自分が植物の愛好者で木の手入れを生業《なりわい》としていること、あそこの木立で子どもたちがどうやって遊ぶのか興味があることを説明した。学校のある日に、子どもたちは森で何をしているのか、教師に聞いてみた。

「森の時間なんです」教師は生真面目に答えた。

「休み時間ということですか?」

「そういうわけではありません」。彼女はどうも、これがカリキュラムに定められた既定の授業であると認めるのに気後れしているようだった。単に、森で遊んでいるようにしか見えないのだから、それも致し方ないのかもしれない。

突然ひらめくものがあった。「あれは妖精の家〔シュタイナー教育で思春期前の子どもたちに推奨される活動のひとつ〕ですよね」

「はい」教師は答えて、初めてほほを緩めた。

「ウォルドルフ・スクールのお子さんですか?」

笑みが広がった。「そうです。七九丁目の通りを渡ったところにあるんです。シュタイナー教育の学校です」

わたしたちは一緒に声を上げて笑った。妖精がわだかまりを溶かしてくれた。姑も、妻も、継息子もウォルドルフ高校の出身だ。みんな、シュタイナー教育をする小学校から上がって来た級友に、文法や計算を覚えるのに、しょっちゅう小人や妖精に助けてもらったという話を散々聞かされていた。妖精の中でも有名なのが「位取りの妖精」で、一の位から一〇の位、一〇〇の位に数字を動かすのを助けてくれるのだそうだ。だが八年生を終えると、生徒たちは「小人なんてもういない!」と意気揚々唱えるのだという。その年になったら、小人だの妖精だのは卒業ということだ。

だがここにいる六歳、七歳、八歳の子どもらは卒業には早い。この子たちは嬉々として妖精のおうちで遊び、森で過ごす時間が通常の授業であることを歓迎している。わたしもだ。木をもっとよく観察するのを口実に、わたしは木立に分け入った。今ではごく気弱な数人を除いて、ほとんどの子が思い思いに散らばっている。教師も控えめにあとをついてきた。

妖精の庭のニレ

　夢中になっている子どもに他愛のない質問をしようとしたところで、おかしなことに気がついた。ここには立派なニレが何本かある。トラクターのタイヤほどもある太いものだ。樹皮のまだらが近くのアメリカニレほどくっきりとでなく、淡く入っているところからして、オウシュウニレだろう。落ち葉の間に、刻み目の入った大きな実を見つけた。間違いない、オウシュウニレだ。オオヤマザクラの古木や下草のヒイラギ、サービスベリーに枯れかけたテツボク。それに酸っぱいリンゴが数本。どれもセントラル・パークの標準的な植栽だ。だがそこここで、枝の落ちた後に別の木が生えてきている。全部で一二本あり、どれも細いが、太い年かさの木々の中で精一杯空を目指している。信号機くらいの高さのものもあれば、褐色砂岩の四階建てビルより高くなっているものもあった。間を通れないほどくっつき合うように生えているものもある。ノルウェーカエデやニセアカシア、アイランサスならわかるが、誇り高きニレがこんな厚かましい生え方をするものだったろうか。

　若い侵入植物の枝を観察し、正体を確信した。どれも小さくて尖った芽をつけている。先端の芽は、まるでマリリン・モンローが手招きしているかのように、誘いかける指先みたいな角度に曲線を描いていた。もはや疑問の余地はない。この若木はニレだ。アメリカニレじゃないよな！　もちろん違う。アメリカニレのこんな振る舞いは見たことがない。だがオウシュウニレということなどあるだろうか。オウシュウニレはニューヨークではそこらじゅうの公園で植えられている。しかしわたしは、オウシュウニレはアメリカニレよりさらにつつましくて上品だと思いこんでいた。大間違いだった。

　少女がふたり、わたしのそばにやってきた。「何を見てるの?」ひとりに訊かれた。「そうだよ、何見てるの？」もうひとりが真似をした。わたしは屈みこんで、若いニレの根の広がりを目で追っていたのだ。

「この小さな木たちはね」わたしは若い木に三本、四本と手を触れていった。そして木立の向こうを指さした。「どうやらみんな、あの大きな木の子どものようだよ」

わたしには意外なことだったのだが、少女たちにはそうでもなかったらしい。「とうぜん！」ものおじしないほうが答えた。「知ってたよ」友達もうなずいた。

「そうか、おじさんはね、これは素晴らしいことだと思うんだ。ニレの木が自分たちのおうちを作ったんだからね」

「あたしたちも」友達も、思いきり首を縦に振った。顎をおでこのあったあたりまで上げてから、胸にくっつきそうなほどうなずかせる。どきどきする時間を切り上げ、少女たちはまた妖精の家づくりに戻っていった。

わたしは歩きながら観察を続け、すっかりここの木にほれこんでしまった。もちろん、この木々が、奇麗好きな公園管理者をてこずらせるだろうと思ったからではない。アイランサスを引っこ抜くのは造作ない。だがオウシュウニレの若木を引っこ抜けるか。それには慎重な計画と議論を要する。いやもしかしたら、管理者たちは若木の存在に気づいていないのかもしれない。子どもたちに目を向けなければ、わたしだって気づかなかった。

クローンで生き延びる

オウシュウニレは甚だしく変異の起こりやすい樹種だ。あまりにも変装が得意なので、固有の名前を保っていられないほどなのである。公園管理局の手引きを見ると、たいていは *Ulmus procera* と記されている。

だが出身地のイングランドでは、この種は *Ulmus minor* に含まれる。いうは易しだが、この種には千単位とは言わないが、数百の亜種が含まれていて、そもそもその全部を種という名前でくくっていいのかさえ疑問に思われるほどだ。R・H・リッチェンスはブリテン島のニレ研究の大家だが、エセックスだけで二七の亜種を見つけた。オリヴァー・ラッカムはエセックスで、わずか四〇エーカー（〇・〇一六平方キロ）の土地の中に二九種もの異なるクローンが存在することを突き止めた。葉がけば立っているもの、滑らかなもの、縁のギザギザの細かいもの、大きなもの、まったくないもの、葉柄《ようへい》が長いもの、短いもの、ほとんどないに等しいもの、ほっそりと高く伸びているもの、横に広がるもの、低いところに枝が集まるもの、高いところに集まるもの、樹皮に日本の書さながらの斑《ふ》が入っているもの、基盤を印刷したみたいになっているもの。

オウシュウニレは、根から新芽を出す王様だ。ひこばえを思うさま茂らせる。事実、ラッカムの記しているように、オウシュウニレはほとんど受精を放棄していて、進んでクローンをこしらえては広げている。遺伝的に単一の個体は、母樹から半径八〇〇メートル前後あたりに広がる。わたしのパイプオルガン用に植えているニレの若木はどれも根から出たものだ。秋、枯れ葉の中にオウシュウニレの実がたくさん埋まっているのには驚かされる。というのも、この木が結実するのは春だからだ。だが発芽する実はほとんどなく、ましてそこから木が生えてくる心配はまずない。実から育つ木には典型的に見られる根の広がりも見つけることはできなかった。その代わり、新たな幹が伸びてきている場所をたどることで、親木の根の成長方向に見当をつけることはできる。

とはいえ、時には受精によって発芽した、遺伝子の異なる若木が生き延びる場合もある。これが順調に育てば、新たに広がっていくクローン系統のもとになるかもしれない。こうして時折生き延びる実生育ちの存在が、形や大きさ、葉、樹皮におびただしい変異形が生じる理由を説明してくれる。一つひとつのクローン系統に、何千という親とそっくりの子孫ができるわけだ。ニレは、人間に愛され、人の手でも広げられている。その葉はトネリコと並び家畜の飼料として栄養豊富なだけでなく、人間の食料としても用いられてきた。そして人につき従うことで、ニレはこうして、ふるさとと固有の形を持つに至ったのだ。

　変異とクローン、実生と萌芽、変化と反復。そうやって複数年を重ねていく構図ができあがっていたから──それだけが要因ではないかもしれないが──、ニレ立枯病でオウシュウニレが全滅せずにすんだとも考えられる。ただし、病気の大発生はこれまでにも繰り返されている。ニレは新石器時代、およそ五〇〇〇年前に一度イングランドから突然姿を消している。原因は病気だったかもしれない。新石器時代の改良斧を手にした人々はおそらく、ニレを伐採したり、台伐りしたりしたことだろう。傷ついた枝が発するフェロモンが惹きつけた甲虫が、病気を媒介したかもしれない。花粉を研究する考古学者は、中世にも二度、ニレの生息数の激減した時期があったことを見きわめている。二〇世紀の半ばと後半にも、疫病の流行があった。この樹種が多様な特性を試しては広げる力を持っていることが、病気の拡大を押し返す秘訣なのかもしれない。

探究心旺盛な根

　ニレはまた、他に類を見ないほど狡猾だ。以前、グリニッジ・ビレッジに生えているニレの根を保護する仕事がきた。新しい玄関ポーチと階段が作られることになっていて、そこに生えている一五メートルのニレの根を誘導することになった。一二本前後の主根が舗道の下に伸びていたが、そのほぼすべてを生かす目途が立ち、わたしたちもほっと息をついた。一カ月後。現場責任者から電話がかかった。「こっちに来て見てもらえないか？」

「見るって、何を？」

「えーと、その、根だ」。そこまでは教えてくれたが、多くは語られなかった。

現場に行ってみると、家屋前面の壁ぎわから、奥の地下室まですっかり掘り返されていた。わたしが指南した通り、地面から突き出した根は黄麻袋で包んで、乾かないようにしてあった。何もかもしかるべき手順通りに見えた。

「問題は？」

現場責任者が掘り返した穴を覆うブルーシートをめくると、もとの基礎部分である三メートルの深さまで見下ろせた。道路側はそこまで掘り下げられていたからだ。わたしは根を目で追った。家屋の端、壊さずに残す壁のところで止まるだろうと思っていた根だ。ところが根は壁の下にもぐり、石造りの基礎部分の底を抜けて一〇メートル以上も先の、地下室の階段のところまで伸びていたのだ。根がどうしてそこまで行ったのかはわからない。多分、ちょっとした条件がよかったのだろう——絶えず水が出てきているといったように。それにしても、なんという不屈の探求心だろう！

オウシュウニレは拡張していく根を使って、新しい土地の探索をする。森ではほかの木々の根の間を縦横無尽に伸びていく。新参のニレは、ほかの木が生えているところで頭をそびやかしたりはしない。穏やかに、現状に満足している。やがて嵐で木が半分、あるいはまるまる倒れたりすると、林床にも光が届く。そうなるとニレの根は大喜びで新たな芽を吹きださせる。周囲の植物がもたもたしているうちに、ニレはしっかりと根を張り、のびのびと成長していく。というのも、栄養はまだ母樹に頼っているからだ。美術館の南側、妖精のおうちの芝地で起こっていたのはまさにこういうことだ。酸っぱい実をつけるリンゴが弱って、ニレが頭角を現してきた。オオヤマザクラの枝が折れ、ニレが出てきた。こうして、オウシュウニレが全景を占めるに至ったのだ。イングランドのロス・オン・ワイでは、教会の庭に生えていたニレが根から芽を生やし、ついには教会堂の中で伸び始めたという。まさしく祈りの実現ではないか。

わたしはしばし、妖精のおうちを思い浮かべた。妖精と言えばわたしたちは神話に出てくる小さな人たち、キノコをテーブルにするような存在を思い浮かべがちだが、アイルランドでは必ずしもそうではない。シーと呼ばれる妖精は身長が二・四メートルほどもあって、ほのかに輝いている。シーとは、「平和な人々」を意味する。公園にあったほっそりしたオウシュウニレの若木はなるほど、妖精のごときトリックスターで、すんなりと背が高いところはシーを思わせる。光を発してこそいなかったけれども、妖精のおうちづくりに興じる子どもたちの存在で、わたしには確かに輝いて見えていた。

一二世紀の森を歩く

手入れされたナラの林

二〇一六年の一〇月二日、わたしは一二世紀に足を踏み入れた。そのつもりだったわけではない。人々がかつてどんなふうに森を手入れしていたか知るために旅を続けていたわたしは、歩いて数世紀程度さかのぼれる萌芽林を見つけにいくつもりだった。ところが駐車場がいっぱいだったのだ。ムルアは、スペイン北部のアラバ県にある小さな町で、県都のビトリアからもそう遠くない。ナラの木立の脇に二〇台余り停められる区画があったが、全部埋まっていた。誰かが大きなポップアップテントを設置していて、それが七、八台分のスペースをとっている。駐車場の両脇に並ぶナラは半世紀前までは定期的に更新されていた。伐採の後に生えてきた枝は巨大で、どれも直径が四五センチほどもある。木立は美しかった。駐車場所が見つからなくて苛立っていた気持ちも、木々を見ているといくらか収まってきた。これが見たくてやってきたのだ。同じ気持ちでピクニックに来た人がどんなに大勢いたにせよ、この素晴らしい木々を見る喜びをあきらめる気にはなれなかった。

とうとう、道の脇に積まれた石炭の燃え殻の山の傍らに、車を駐めることができた。駐車していい場所なのかどうかはわからなかったが、先客も二台いた。わたしたちは歩いて駐車場に戻り、古い森へ続いていると言われた小道の入り口を探した。

老若男女、あらゆる世代のハイカーがいて、ほとんどの人が最先端のトレッキングウェアに身を固めている。最先端、というのは要はとびきり明るい色合いのことだ。あんず色のウィンドブレーカーに真っ赤な縞のポロシャツ、深緑のボタンダウンシャツに黄色いベスト、といった具合。一〇代の、ダウン症らしい子どもを連れた夫婦がいる。テントの下にしつらえたベンチには男性が三人、横向きに並んで互いを見ずに会話している。頭文字の入った明るいオレンジ色のウィンドブレーカーを着た男性が彼らの傍らに立っていて、何やら黄色い布に包まれたものを抱えている。三人の男性はどうやら目が不自由なようだと思い当たった。さらに三人、車から降りてくる。正確に言うと降りてきたのはふたりで、もうひとりは歩行が困難らしく、友人に支えられてアルミ製の車いすらしきものに乗り移った。ただしその車いすには車輪がなかった。

てっぺんが丸められた巨木

小道の入り口に向かう途中、台伐りされたナラの巨木が一本あった。枝切りされた二本の側枝まで、幹はまっすぐに四メートル近くも伸びている。この木が最後に伐られた、おそらく六〇年以上前には、幹も側枝ももっと小さかったはずだ。いまや幹はトラックのタイヤよりも太く、大きな側枝の直径も乗用車のタイヤくらいある。横に張り出した二本の側枝が広げた翼のようで、このナラはヘルメスの杖そっくりの姿だが、杖に絡まる二匹のヘビの代わりに、さまざまな樹齢でそれぞれ長さの異なる枝が、丸められた木のてっぺんから空に向かって突き出していた。お世辞にも姿のいい木とは言えなかった。枝々は光と空気を求めてあちこちに伸び、曲がり、押しのけ合って、まるでカメラでとらえられた炎のようだ。樹皮には深々と裂け目が走り、さながらヘビのように幹の周りを這い上っていた。

なんというやりようだろうか。もし今の状態で枝を全部払ってしまえば、木は十中八九枯れてしまうが、一〇年から二〇年の若木であれば、薪や木炭にするために、あるいは鋳物や製陶の燃料にするために伐って、また一〇年から二〇年後、同じことができる。半永久的に収穫し続けられるのだ。幹と側枝、ヘルメスの杖の部分は別の目的のためにさらに何十年かとっておくことができる。せっせと刈り取って根元近くまで使うつもりであれば、立派なボートの側板が二枚とれるだろうし、あるいは納屋の梁やら柱やらがとれるだろう。そして切り株に日光がふんだんに降り注げば、そこからまた若芽が萌え、上に向かっては幹が、下に向かっては根が伸びて、もう一度台伐りできるくらいの立派な木になるだろう。

わたしたちはこの木の下をとって小道を進んだ。この木を美しいと言う人はそうはいないだろう。少なくとも、キーツ以来の美の法典に載っている類の美ではない。ただ、もし醜いと形容するとしても、それはブルドッグを讃えるような意味での醜さで、限りなく真の美に近いものだ。わたしはもっとこういう木に会えるのではと楽しみになってきた。どうやらこの森の散歩は実りが多そうだ。前方に目を向けると、さらに三、四本、台伐りされたナラが道端に沿って立っていた。その木々の品定めをしていると、四人が一列に並んで追い越していった。さっきのオレンジ色のウィンドブレーカーの男性と、後に続く三人は、目の不自由な人たちだ。後ろの三人はひとり目の持つ何かにつかまっていたが、それはアルミ製の伸縮棒で、六メートル以上の長さに伸ばされていた。先頭の男性は自信たっぷりにいい汗をかきそうな歩調で三人を先導し、歩きながら四人が前から後ろからやりとりする言葉は、時折笑いにはじけていた。

四人が舗装されていない道路の角を曲がっていった。わたしたちも彼らに続く。なんの前触れもなく、わたしは一二世紀に踏みこんでいた。曲がり角の先は萌芽樹がぽつんぽつんとつつましく並んではいなかった。

それどころか何百というナラが道の両側にうっそうと連なっていた。切られたところが節こぶになっているものもあり、どっしりと横に広がっているものもあったが、多くの木はほっそりと上に向かって伸びていた。洞のできている木もあったが、見たところ傷ひとつない木も多い。側枝を二、三本残して刈り込まれた木もあるが、そこから巨大な脇枝が伸びている。側枝は四方八方に張り出しているが、ところどころ枝が払ってあって、花のない巨大な花束みたいになっているものもあった。この時初めて、わたしは骨の髄まで実感した。萌芽更新というものがその昔、余枝で行われた園芸などではなく、生活そのものであったことを、まさに目の当たりにしたのだった。

一二世紀には、そしてそれ以前の長い長い間、そしてそれ以後一九世紀末に至るまで、ひとところに定住していた人々は見知らぬ禁断の森に踏みこむことなどしなかった。自分たちが手塩にかけ、家族や隣人たちと同じくらい親密な間柄にある自分たちの森に入って、働いた。森は燃料や食料の源であり、家を建てる材料を供給し、肥料や薬、楽器まで提供してくれた。人々はそこで、一〇〇〇年単位で続く関係を自然との間に自ら作り上げていった。それは破壊ではなく、再生だった。人間にとっても樹木にとっても都合のいいことだった。

今、その森を歩くのは、まるで挙手の間を行くような感じだ。一つひとつの手は途方もなく長く、信じがたいほどねじれ、指の数もまるでばらばらだ。わたしはこっちで道を外れては木に触れ、あっちでもまた森に入って触ってみた。目の前のこれが幻でないことを確かめるために。一一四五年の秋、村の半分が家を空けて森に入り、冬に備えて薪を集めている様子が目に浮かんだ。壁を補修するための小枝を集める家族もあったろう。薪だけとればいいという家族もあったかもしれない。何軒かが一緒になって石灰窯《いしばいがま》に薪を入れ、石灰石を焼成したことだろう。そこでとれる生石灰は、壁の塗装や消毒や、畑の肥料に使われた。前の年にも刈り取ったばかりのヤナギから枝をとる家もあったかもしれない。まだ細くてしなやかな枝は、家の周りの柵や庭の目隠しになった。裁断した枝を積み上げて土で覆い、真ん中の煙突に火を入れて炭を作り始める家族もあったろう。まだ森の縁にいて、羊の飼料にするための一年もののトネリコの若木を切っている一家もありそうだ。中には「女祈禱師《クランデラ》」もいて、樹皮や果実や薬草を集め、それで作った煎じ薬を貯蔵庫に蓄えたことだろう。

萌芽の林

　わたしが気をとられているうちに、二人組に引かれた一輪車が追いついてきた。通り過ぎるとき、友人たちに手助けされて車から降りていた男性がいるのに気づいた。椅子は大きな車輪の上に乗っかっていて、二人組が引っ張っている。ふたりはまるで明るい色で飾り立てた荷役馬さながら、アルミの棒をつかんでいる。もう一台、まったく同じ仕立ての一輪車が続いた。二人組が歩けないひとりを引いているのだ。全部で六人のグループは、通りすがりに手を振って寄越し、なだらかな上り坂を上がっていった。二組の引き手がやにわにスピードを上げ、一輪車に道端のこぶを飛び越えさせた。みんな笑い転げた。

　わたしは後を追いかけた。左のほう、小道から九メートルほど入ったあたりに木の幹が見えていた。だが一本であれほど太いわけがない。多分二本か三本の木が重なって見えているのだろう。近づいていくと、家族連れが問題の木の下で、動きまわっているのが見えた。娘ふたりは白、母親は淡い青、父親は黒の装いだ。全員手にレジ袋を持っていて、親指の先くらいの大きさの木の実を拾い集めていた。薄茶色で縞模様が入っている。馬の毛色では「栗毛」と言われる色だ。そう、一家は一本のクリの木の下で実を拾っていたのだ。更新された太い枝が八本、幹は幅二メートル以上もある巨木だった。

　ヨーロッパグリはヨーロッパと西アジアに分布し、北米東部のアパラチア一帯に自生するアメリカグリより社会的意義は大きい。どちらも朽ちにくく、柵の支柱や窓枠など、湿気と乾燥に交互に晒される環境で好んで使われる。ヨーロッパではブドウの支柱に最適とされ、クリの枝はほとんどそのために収穫される。実は炒って食べるほか粉末にもなる（アパラチアでは、胴枯病が蔓延するまではクリは重要な現金収入源で、地所にクリが生えていれば運がよかった）。葉は家畜に格好の飼料となった。

わたしたちはすっかり萌芽林に入りこんでいて、どちらを向いても手入れされていない木は見当たらなかった。ほとんどがナラだが、ブナやクリもあった。ダウン症の息子を連れたご夫婦が通り過ぎていく。息子は手にドングリをいくつか握りしめていた。尖った方の端を親指で撫でている。わたしも真似をしてみた。ドングリの滑らかな手触りを感じるのはうれしいことだった。

ナラの下の道の際には、落ち葉の山から秋のキノコが顔を覗かせていた。中にははっきりポルチーニとわかるものもある。白く膨らんだ茎にひよこ豆のペーストを思わせる淡い褐色のかさをかぶって、キノコ狩りでよく見つかる食べられる種だ。街の市場に行けばキロ単位で売っている。白くて大きなかさのキノコがひとつあった。ひらひらしたガウンみたいに襞《ひだ》が垂れ下がっている。妖精のランプだ。こいつはシロタマゴテングタケだろうと見当をつけた。テングタケ属の毒キノコだ。ブナの根方では、アルミニウムを思わせる色の、つやつやした丸い滑らかなかさを重ねあうようにして、キノコが並んでいる。幹から垂れた枯れ枝には、茶色いカワラタケがぶら下がっていた。

さらに歩いていくと、向こう側から目立つ口髭を生やした男性が、決然とした足取りでやってきた。Tシャツを着て、足には大ぶりのブーツを履いている。手には何か持っていた。いかにも書類仕事から解放された人という風情だったが、実際そうだった。男性が足を止め、話しかけてきた。会計士の仕事を引退し、今は四季のうち三つのシーズンにわたって山で暮らしているのだという。山の家がどこにあるかは口を濁していたが、それはおそらく、森の中の放棄地ではあるけれども法的には別に所有者がいるであろう土地を占有

小道の脇は400m以上にわたって、萌芽更新したナラやブナ、クリの古木に縁どられていた

しているからだろう。秋には山の実りを集めるのが仕事だ。見せてくれたキャンバス地のバックパックにはポルチーニ茸がぎっしり詰まっていた。わたしも近くで見つけましたよ、と伝えると、その場所はよく知っているとのことだった。もう一〇年以上もこのあたりでキノコ狩りをしているのだそうだ。彼は軽快な足取りで去っていった。猟犬よろしく左右に目を配っている。わたしが見つけたポルチーニも摘んでいった。

ようやく登りが終わると魔法も解けた。この先は開けていて、周りは針葉樹の植林地だ。

わたしはもと来たほうへ引き返し始めた。アルミの人力車の三台目とすれ違った。乗っている人物も引いている人たちも楽しそうだ。目の不自由な人たちも二組通りかかった。アルミの棒でつながっている。小道は、さまざまな人たちの組み合わせで混雑してきた。グループの中の少なくともひとりが、何かしらの不自由さを抱えている。手話で話し合っているグループもあった。

歩き続けるうちに、わたしは再び大昔の森に入りこんでいて、木々のもたらす途方もなく豊かな恵みについて考えていた。木々だけではない。そこに、木々に囲まれて暮らす人たちも恵みの源だ。木々と人々とは手を携え、自分たちの双方が必要なものを得られるように、暮らしのすべを整えたのだ。アメリカ先住民であるアパッチ族の口話伝承を研究している人類学者のキース・バッソによると、東部の都会で暮らすアパッチの若者は、自分たちが祖母の語った物語に「狩られている」という言い方をするそうだ。わたしは生まれてこの方、讃美歌や祈禱書によく出てくる言いまわしに狩られている――「聖なる装いをして主を拝め（Let us worship the Lord in the beauty of holiness）」。森と、徒歩であるいは「人力車」で散策する人々を見て、このフレーズが胸に湧き起こってきた。

この時思い至ったのは、美が単独のもののうちにあるのではなく、何かと何かの出会うところに生まれるのだということだった。個人が与えれば与えるほど、美が生まれてくる。木々と、木々を伐り取る人々の間にはその美しさがある。そして、自分たちの持っているものを、何かを一緒に作り出そうという名目で、他者と分かち合うことのできる人々にも。「オレたち抜きでされたことはオレたちには関係ない」。ストリート・ギャングの一大勢力、クリップスのメンバーは、仲間内でこう言うのだと友人が教えてくれた。誰かのためにできることなどない。誰かと一緒に、何かすることができるのだ。わたしがつかの間思い浮かべた一二世紀の光景にあったのは、木々だけではなかった。人々が木々とともにいて、支え合う姿だった。

ボート材

一六世紀のタラ漁船

スペイン北部の州ナバラの北西部、サン・セバスチャン港から六〇キロあまり南の小さな町エチャリアラナズにある公営プールの近くに、その森はあった。サカナ森と呼ばれている。動物たちがここで下草を食《は》まなくなってもう何十年も経つ。そのため林床はイバラや草、ワラビが伸び放題に伸び、斜面ではサンザシやら外来種のレッドオークの若木が何千となく、光を求めて競い合っている。目を留める人はない。みんなプールに行くことに気をとられている。

それでも茂みの中には、古いナラが数十本生えている。よく見ると、ここのナラがいずれもいっぷう変わった伸び方をしていることがわかる。ひょっとしたら近縁の別種なのだろうか。ほとんどの木が、二本の見事な主枝を戴き、一本はおおむね空へ向かい、もう一本は地面と平行に横へ伸びている。また中には、二本の主枝がフォークのようになっているものもある。手旗信号で「U」の字を示しているようにも、万歳しているようにも見える。さらに、ここの木々は互いにかなりの間隔をあけて生えている。およそ一五メートル

サカナ森ではイピナバロ式に仕立てられたナラが船の材料に使われる

くらいはあるだろうか。まるで腕を伸ばしてライバルを遠ざけているかのようだ。幹は、すっくとまっすぐに伸びているものもあれば、ゆるやかなSの字を描いているものもある。斜面での位置取りや、ほかの古木との関係でそうなったと思われる。

木に枝を少しだけ残す——イピナバロのナラ

これが新種だとすれば、種名には「ipinabarro《イピナバロ》」がぴったりだ。バスク語で「木にちょっとだけ枝を残す」という意味である。ここのナラはそう呼ばれていた。実際にはヨーロッパにはどこにでもあるヨーロッパナラ *Quercus robur* である。手旗信号を思わせる形になっているのは、伐採の結果で、人間の手仕事へのナラの返答である。

「わたしの国で、人間にまったく利用されていない森はない」とアルバロ・アラゴン・ルアノは言う。彼は人と樹木の関係の研究ではスペインの第一人者だ。ルアノが実例を数え上げ始めた。アラゴンの chopos cabeceros はまっすぐな材が取れて住宅建材に使われるポプラ、サラマンカ付近の常緑オークの pendolones は、リンゴの木のような形に整枝され、背の低いところの枝は木炭の原料に、小枝や葉は豚や牛の飼料にされる。レイツァの町（172頁参照）の鋳物づくりには、窯の燃料に萌芽更新したブナの枝が使われる。マドリッド近郊のシエラ・デ・ガダラマのナラや、エストレマドゥーラのデエサ〔スペインとポルトガルの一部に見られる混農林業地〕のナラは、木炭、コルク、インクの原料となるほか、豚の飼料にもなり、畑には日陰を作ってくれる。トネリコの萌芽枝が羊の飼料となるし、クリやハシバミの更新材は樽のタガになる……。二〇世紀に入るまで、世界のあちこちでよく見られた光景だった。ただそのほとんどが今は忘れ去られてしまっただけだ。

エチャリアラナズのイピナバロは、そこから南西へおよそ三二〇キロのエストレマドゥーラのナラのデエサと同じで、農林混交、つまり家畜の飼料となる森だ。若木は強く伐りこまれ、発育に必要な枝を伸ばしてほかを抑制する一方、切り戻して新しく生えてくる芽を望ましい方向に育てていく。選び抜かれた少数の主枝は、その後八年から一二年周期で台伐りされ、それぞれの主枝に一本だけ枝を残す。その一本ずつが空に向かって高く伸びていくのだ。切られた短い枝は炭焼きの原料に回り、できた炭は中世から栄えたバスクの鉄生産の燃料に回る。

ナラの間隔が広いのと、強く伐られてうっそうと茂っていないおかげで根元の地面にはさんさんと陽が当たり、いい草が生える。毎年夏には羊の群れが、遠くはラ・リオハ――南へ約一四五キロもある――からも集まってイピナバロの裾に広がる草を食んだ。九月二九日の聖ミカエル祭から三〇日間は、草地に放たれるのは豚だけに限られた。秋のドングリを食べさせて肥えさせるためだ。ここで肥育された羊や豚はみんなバスクの港に運ばれて、ヨーロッパ各地の港へ、羊毛として、あるいはハムになって輸出されていった。

ナラの一部は単純に切り戻され、新しい枝がたくさん生えてくるに任された。「枝を少しだけ残した」イピナバロのナラには、別の目的があった。バスクの産品をほかの国々に運ぶ船もまた、この森から作られた。イピナバロは、森の人々がこの木を呼ぶ名前だが、バスクでは、契約や王命を文書にしたためるのは違法だった。王族が船を求めると、家臣がカスティーリャの杣人《そまびと》たちに命令を下す。そこには「Dejaran, horca y pendon」と書かれている。スペインらしい図式的な表現だ。Horcaはそのまま「フォーク」を意味する。「旗」とか「先端」の意味になるbanderaあるいはpuntaが用いられる場合もある。Horcaは、大きくてまっすぐな、またはゆるく湾曲した材のことだった。Pendonは「ペナント」で、横長の布の旗、あるいは幟だが、多くは三角形で、城の小塔などに掲げられる。ここでは幹とほぼ垂直になるように育てられた大枝を指す。つまり大まかに言えば、的確に枝を払うことで地面からまっすぐな強い枝と、ほぼ地面と水平な枝を数本ずつ作れということだ。Horcaのもうひとつの意味、「絞首台」とか「絞首用の木」の含意も忘れてはならぬ、ということだったかもしれない。臣下は時として裏切りたくなるものだからだ。

　炭焼きのためならこれほど面倒くさい伐り方をするいわれはないが、船大工には必須だ。実際のところ、こうした技術なくしてはやっていけない。大型の商船を造るためには、丈夫で湾曲した材、クルバトンが大量に必要だ。船体《ハル》を固定する材には、ほぼ四角く曲がった枝がいる。これが、つまりpendonだ。中間の肋材であるハトックは長くて湾曲していなければならず、これにプランクを取りつけて船の外郭を造るが、そのための材はゆるやかに曲がりながら伸びた枝で、これがhorcaだ。また、船体後部の反りあがった床を支えるY字型の床材として、二重のhorcaが入用になることもある。これは見た目は熊手そっくりだ。何より大事な船尾材は、船尾から船全体を支えることになるので、これには非常に大きなpendonが必要だった。直径が少なくとも四五センチ、枝の一本は最低でも四・五メートル、もう一方は二・四メートルなくてはならなかった。

　サカナ森のイピナバロは農業であり、工業でもある。羊や豚を養い、木炭のもとにもなるが、筆頭にくるのは船材の供給だ。初めて台伐りされた後、三〇年から九〇年の間隔をおいて船用の建材が収穫されていた。ハルを作るのに均一な枝をとるため、ボスケロと呼ばれた杣人たちが枝をくくって都合のいい角度に誘引していた形跡もある。ヨーロッパナラが元来とろうとする樹形――「即興演奏する樹木たち」の章で紹介した木の形二四種のうちのラウ型（61頁参照）――も、幹と枝から安定して材を得るには一役買っていたことだろう。ナラと人間の協同作業だ。

海底で発見されたバスクのクジラ漁船

そうしたすべてが、一九六〇年代までには失われてしまった。海へ乗り出して交易し、クジラを獲り、タラを獲っていたバスクの人々が、海に背を向けたのだ。町では公営プールを作り、傍らの森は棘のある植物だらけだったため、手をつけずに放置した。ところが一九七八年に、海洋考古学者のセルマ・バーカムと同僚が、ほとんど無傷で海底に沈んでいた二五〇トンのクジラ獲り漁船、サン・ファン号を発見する。全長およそ約三〇メートルで、鯨油、あるいは塩漬けタラを一〇〇〇樽運ぶことができたが、一五六五年に暴風で沈没したのだった。年輪年代学から、船の建材がサカナ森のイピナバロであることが判明した。船は、建造されたサン・セバスチャン近くのパサイア港ではなく、ほぼ四〇〇〇キロも北西の、カナダのニューファンドランド諸島レッドベイのベル・アイル海峡にあるサドル島近海で見つかったのだった。

カナダの研究者たちは船材の一片一片を海底から上げ、調べ、測り、再び冷たい砂のベッドに戻した。その間、三隻の小型ボート、つまりクジラを追いかけた小舟の残骸や、新世界で見つかったものとしては最も古いヨーロッパの衣服と靴、そして鯨油樽——これにはハシバミのタガがはまっていた——も発見されている。考古学者チームは、湾内でほかにも二隻のクジラ漁船を発見していた。こうして彼らは、近代史の黎明期、記憶の彼方に追いやられていた時代に、新しいタイプの船がどうやって建造されるようになったかを解明していったのだった。

クジラやタラを追いかけて新世界に入りこんだスペイン船は、黄金やらなにやらといった財宝を持ち帰った船よりも多かった。クジラ漁船やタラ漁船、インド諸島との交易船はほとんどすべてがバスク人の手によって造られ、操られた（ヨーロッパ中どこの港でも、バスクの舵手《だしゅ》は引っ張りだこだった）。バスク人はコロンブスより先に新世界に来ていたという説もあり、裏づけとなる確固とした記録はないものの、バスク人がコロンブスのすぐ後ろに迫っていたことは確かだ。バスクの人々が求めたのは魚であって、黄金ではなかった。塩漬けのタラはヨーロッパ全土で欠かせない食品になっていて、一六世紀には、そのほとんどが、のちにニューファンドランド沖のグランド・バンクスと呼ばれる大陸棚からやってきていた。干しダラをバカラオと呼ぶが、これはバスク語でそのままタラのことだ。船は建造されたのち北大西洋を何度か往復して魚を運んでくると、厳しい航路は引退してもっと暖かであまり荒れないインド洋航路に回った。

バスクの船大工――バカラオ型の船を建造

一六世紀の世界で、船大工の中の船大工と言えば、英国人でもオランダ人でもポルトガル人でもフランス人でもなかった。バスク人だ。当時も今もヨーロッパの肘、フランス南部がスペインの北部と接する一帯に暮らしている。どこからやってきた人々なのかは不明で、言語もどこから派生したのかわからない。フランスか、あるいはスペインに住んでいた中石器時代の狩猟採集民と、新石器時代の牧畜民が融合した子孫であろうと言われている。

彼らにとって重要なのは国家ではなく、国土だ。ところどころを河口で切断された狭い海岸平野が、樹木に覆われた山々に囲まれ、スペインのほかの場所とは対照的に、ずっと緑が連なっている。バスクの海岸線は、バイヨンヌからビルバオまでおよそ一三〇キロほどしかないが、一五〇〇年代には造船所が少なくとも一五カ所あった。ひとつの工房が一〇〇トン以上の船を一年で二〇隻は世に送り出していた。古スペイン語でナオ、つまり船を造るには、標準的なもので四カ月前後かかった。

バスクは戦争の記録がたどれる限り昔から、紛争の的だった。ユリウス・カエサルはイスパニアとアキテーヌとの境界を定めたが、これがのちにスペインとフランスの国境になった（ガリア戦争においてローマ人が「サルデュナ」を打ち負かしたという記述がある。サルデュナとはバスク語で「騎兵」を意味する）。ヴァイキングはここを、襲撃しがいのある土地と見た。とりわけ、サンティアゴ・デ・コンポステーラへの巡礼路は、次々とカモを送り出してくれた。フランスとスペインはルネサンス期、バスクをめぐって三〇年も戦い続けた。ナポレオンのフランス軍は、バスクを通ってスペインに攻め入った。スペイン内戦に敗れた共和国派は、バスクを通ってフランスに逃れた。その間ずっと、バスク人はバスクの地にとどまり、一貫してバスクであり続けた。一六世紀にはどこよりも素晴らしい船を造り、船の建造法に変革をもたらし、それを助けたのがイピナバロの森だった。

人間として、もっとも気前のよさが示されるのが物々交換だ。その対極にあるのが隣人より多く持ちたいという欲望であり、はては、隣人がどれだけ持ちうるかを支配したいという欲だ。優れた建造技術の伝統と深謀遠慮をもってして、バスクの人々が建造した斬新な船は、ヨーロッパ中で求められ、新世界から魚と魚油を持ち帰った。彼らの船は海戦用というわけではなかった。ただしスペイン王はバスク人をせっついて、戦争用の船を造らせた（スペイン無敵艦隊の船の多くはバスク沿岸で造られている）。バスクの船大工たちが船を大きくしたのは、大砲や兵士を乗せるためではなく、できるだけたくさん交易品を積むためだ。昔ながらに船板を重ね張りしていく工法から、カーベル工法といって、丈夫だが広いフレームができる工法への難しい転換を、バスクの人々はかなり早くからやり遂げていた。

バスクの船大工は、自分たちの木に何ができて、何ができないかをよく知っていた。最初の月には家を作り、次の月には手漕ぎボートを、その次には教会の祭壇飾りを作って、その次の月にクジラ漁船を造る。誰もが、できるだけたくさんの荷を積めて、できるだけ稼げる船を欲しがった。平凡な水夫でさえ、交易がうまくいけば金持ちになれた。一般に水夫は、売り上げの三分の一を分け合った。また食事も、陸にいるときより海にいるときのほうが往々にしていいものを食べられた。スペインの水夫の常食は、小麦、ビスケット、ベーコン、豆類、バカラオ、サーディン、ニンニク、オリーブ油、シェリー酒、リンゴ酒など。フランス側のバスクの船ではこれに加えて、ウナギ、バター、牛肉も出た。バスクの水夫が壊血病に悩むことはなかった。一日三回飲んでいたリンゴ酒にビタミンCが豊富だったからだ。

船材は、自治区の森から供給されることが多く、そのため新しい船が建造されると、付近の町が潤った。材木の代金は、町の長老たちにとっては、教会を大きくしたり常に悩みの種の道路を直したりするための資金を意味した。教会は単に信仰の場所というだけでなく、あらゆる種類の会合や市、祝祭の場であったから、ここを拡張することは全員の利益だった。大工は頭も心も手もすべて、教会を大きくすることに捧げた。

ヨーロッパの船乗りに、古くから伝わる言いまわしがある。「祈ることを覚えたかったら海に行け」。これに誰かがつけ足した。「眠ることを覚えたかったら教会に行け」。時折船をこぎながら日曜礼拝に並んでいた大工がいたとしよう。夢うつつに、これから造ろうとしている船――スペイン語ではnaveあるいはnao――と、一生懸命起きているふりを取り繕いつつ座っている教会の身廊――nave――に、相通じるものを感じ取ったのかもしれない。大工は、どちらのnaveも手がけたことがあった。水に浮くnaveも、地に建つnaveも。教会と船とには、どこかしら共通点がある。というのも、キリスト教では教会を、民を天国へ載せていく船として具現化してきたからだ。その共通項に大工がさらに目を凝らし、構造にまで取り入れたとしたらどうだろう。

依頼主は新しいナオに前よりたくさん荷を積めるようにさせたがっている。そこで大工は考えたに違いない。船を教会の身廊のように造ってみたらどうだろうか。あらゆる曲面を控壁《バットレス》で補強したら、丈夫なフレームができないか。教会を石で補強するように、板を三重、場合によっては四重にしてみてはどうだろう。船の構造に、教会での身廊と内陣、聖壇の比率を取り入れてみてはどうだろう――。

途端に大工は、正真正銘目が覚めた。いきなり立ち上がったので、周りにいた人たちは咳払いしたり、そっと視線を外したりした。「アス、ドス、トレス」祈りの言葉に聞こえるように願いつつ、大工はつぶやいた。「アス、ドス、トレス」

「いち、に、さん」

わたしの家――すなわちわたしの船――の、最も横幅の広いところを一とする。船底を支えるキールはその二倍、船首から船尾までの長さをその三倍にしよう。船は、陸ではなくて海でこそ座っていなくてはならない。波の上でも安定するには、丸くなくてはならない。タラ並みに、強い首が必要だ。タラ――バカラオのように、背から腹にかけて、頭から尾にかけて、弧を描いていなくてはならない。そうすると波の中でも折れずに息がつける。こういうふうにしておけば、家みたいに三階建てにすることができるし、支えになる横梁のおかげで、形が安定するだろう。

大変に有意義な礼拝だった。

教会を出た後、大工は昼食のごちそうに遅れた。彼は野に出て、羊飼いの道具でスケッチを描いた。そう、船主の言うような積み荷を全部載せたいなら、これまでにないほどの幅で、これまでにないほどの深さの船が必要になる。バカラオの丈夫な骨格ばりの構造を生み出す。弧と直線を駆使して――広い弧に船底の弧、脇腹の弧、床の直線、甲板の直線。中央の肋材をかたどる鋳型を造り、鋳型をずらしていって、魚の流線型をなぞれば、骨格の船首と船尾の部分、一番大事な構造をこしらえるための連続した肋材と線材を得ることができる。

考えているとめまいがしてきた。まだ昼餐のリンゴ酒を飲んでもいないのに。テーブルからは家族が彼を呼んでいた。

船は、板の土台ではなく、骨組みの上に造られることになる。内側に床と天井が造られ、荷物を積みこむ独立したデッキが三カ所できることになる。中央部の一〇数カ所の肋材は鋳型から直接とられ、ほぞとほぞ穴で固定されて船の中心の強度を高める。船の中央部は帆が張られ、最も大きな外力がかかるところだからだ(洗浄や修繕のためにドックで傾けられた場合にも、船の重量が集まるのはこの部分だ)。かなめとなる骨組みは計算の基準となる材マデラス・デ・クエンタで、その周囲にくる骨組みも、鋳型を使い、この目でよく見て算出していかなければならないが、それはなんとかなる、なんとかなる。

そこまで考えて大工は家に入り、昼餐を食べ、タラのような形で一〇〇〇樽もの積み荷を運べる未来の船に乾杯をする。なにもかも、教会で夢想していたおかげだ。もしかしたら知らないうちに、お祈りの方法を身につけていたのかもしれない。

森に合わせて船を設計《つく》り、船に合わせて森を作る

空想の船を実現するために、大工には途方もない量の材木が必要だった。しかもバカラオの背骨とあばらを造るため、長い材や曲がった材が要る。完成した暁には、船は二〇〇トンから五〇〇トンに評価される(船のトンは、どれくらいの荷を積めるかを測る目安だ)。一〇〇トンあたり少なくとも四三〇〇キュビット(一キュビットはおよそ四四センチ)、単純に並べた場合約一八〇〇メートルの木材が必要だ。幸いにも大工にはボスケロのいとこがいて、ふたりは一緒にサカナの公用林を調べてみた。森にはすでに肋材や床材、ハトック、船首と船尾の杭にうってつけの二股ナラがふんだんにあった。だがこの造船法が認められれば同じタイプの船を数多く造ることになる。船の設計は森に合わせねばならず、森を船に合わせねばならなかった。

バカラオ型の船を建造するために、地元の人々は結束する必要があった。船主が大工を雇う。大工はボスケロのところに行き、杣人は充分生育している材を見つけると同時に、新たな材を得るために綿密な計画を立てていく。ドングリからナラを育て、種苗場で育ててから森に移し、イピナバロとして鍛えていく。最初に炭焼きの材を少しとり、三〇年か四〇年を経たところで伐採して新しい船の材料にする。これ以外に、若くて再発芽したナラも探し、horcaとpendonに切って収穫の時期を早める。船の建造も木の伐採も熟練の

技と実際的な知識、それに根気強い計画が必要で、加えてこの仕事を歴代受け継いでいくために、後継者も育てなければならない（なにしろ材木を育てるところから実際の建造まで、一世代のうちでは終わらない）。

事業の財政を支えるべく、船主は船具商とともに、完成した船を国外へ持っていって資金を作った。現代では考えられない、三〇パーセントなどという法外な金利で金を借りた。フランス・バスクでは「Pret a grosse aventure」すなわち、「大きな賭け」と呼ばれた借金だ。海難への備えとしては、世界でも最初期の保険業者が、売り上げの一五パーセントの利益と引き換えに損失を保証した。船を造ったのと同じ大工がビスケー湾を見下ろす高台に礼拝堂を建てた。女たちは夫や息子の無事を祈って、そこから彼らを連れ去った海を見下ろし、夫や息子たちのほうは高みにそびえる礼拝堂に祈りと思いをはせることができた。港を離れるときには、彼らの目に最後まで見えているのがこの礼拝堂だったし、戻ってきたとき最初に目にするのもこの礼拝堂だった。

船の建造法の変化は、革新でありながら伝統を継ぐ部分もあった。これを成し遂げたのが、父、あるいは師——それは往々にして同一人物だった——から、一本の木をいかにしてひとつの構造へと変えていくか、その技術を手ずから教えられた大工であったからだ。その意味で、技法のほかは何も変わっていない。前よりもっと広く目を開けて夢を見ることで、人々が海へ出ていく手段を変えたのだった。だが製造の工程は独特で、師弟関係のなかで技術が習得されていった。

新しい船をそっくりナラ材で造ることが慣習になっていったが、サン・フアン号は、それ以前の船と同様、竜骨にブナ材を使っていた。新式の船としてとりたてて変わったところはなく、一六世紀にバスク地方で造られた何百という船の一隻だ。デッキは三層で二五〇トン、平均よりは小型だ。ブナ材は、バスクでは入手が容易であり、森の中ではまっすぐに育つという利点があった。竜骨を作るには、一度も刃を受けていないまっすぐな幹が要る。ブナはまた、加工もしやすく、実際大いに加工されたのだった。

ヴァイキングの船大工はstemsmith（stemは茎、幹などのほか、船の船首という意味もある。smithは鍛冶屋、製造人）と呼ばれた。というのも、竜骨の船首の加工が独特の形状を生み出していたからだ。五〇〇年余り後のサン・ファン号の作り手たちもまた、stemsmithだった。竜骨はほぼ一五メートルに及び、八トンもの幹から切り出された。中央は大文字のTのような形で、船首と船尾に向かって、竜骨のすぐ外側にあたる翼板《よくばん》を竜骨の材から切り出していく。そのために竜骨はYの字型になる。つまり外「板」といってもそれは竜骨から加工されたものなのだ。船首に向かっては、竜骨が上向くように切り出していく。要するに大工は船の全体像を思い浮かべて、最初の最も根本的な材からその形を作り出していたのだ。

バカラオ型の船の工法

バカラオ型の船《ナオ》を造る契約書は三〇〇語にも満たない。スペイン語で書かれるはずなのだが、適当な語彙がないため、バスク語からの借用が散見される。例えば、大工は船全体の製造に責任を持つと言うために、契約書には「汝、竜骨からアルバオーラ（albaola）までを完成させるべし」と書かれる。アルバオーラというのは船全体を覆う一番外側の外装だ。ハトックと船体と甲板とを密閉して水が骨組みの中に入りこまないようにするものだ。一番上の三層目のハトックには、城の胸壁同様たんねんに銃眼が切り込まれていた。これもまた、木材加工術の粋だ。

契約書に名前を挙げられたふたつの部分の間を埋めることで新しい船の全体ができあがる。バカラオの骨組みを成す三層のハトックと、それを固定する受け材、船底を頑丈にする床材、巨大な船首と船尾。それらすべてになる材木を、イピナバロから選び、切り倒し、森の中でおおざっぱにはつったら、斧で川岸まで引きずっていって川が海に流れこむ場所に作られた造船工房へと送りこむ。一層目、二層目、三層目のハトックにはそれぞれ九六本の肋材があり、受け材が六〇以上。すべて同じ木か、近くに生えている木からとられる。そのあたりのナラはまっすぐに伸びて枝もあまり出ないように、緊密な間隔で植えられるのだ。杣人たちはナラ材をすべて集めると、計算して板を切り出し、束ね、川に浮かべてまさに船が造られようとしているレンテリアの造船工房に運んだ。板の中には長さが三〇フィート、九メートル以上に及ぶものもあった。

材はどれも青いままで使われた。切り出しの現場ではそのほうが形をとるのが楽なのだが、乾くうちに反りやすい。切り出し作業は真冬に行われる。ひとつには、葉が落ちきっていて必要な形や長さを容易に見きわめられるからだが、冬には樹木が休眠状態で、気温が低いとすぐに乾燥したりゆがんだりしないためでもある。とはいえ、作業を迅速にすませなければならないというプレッシャーはある。木を切り倒す者、のこぎりを挽く者総勢一五から二〇人余りが、びっしりと木の生えた森で一緒に働いた。木々の間隔のもっと広かったイピナバロの森では、おそらく三〇人以上が一斉に仕事にかかったことだろう。

両方のタイプの森がそろって初めて、造船の仕事が緒に就く。竜骨、内竜骨、船首、船尾に使える材が骨組みの規模を決める。ハトックが三層重ねられて骨格になる。受け材が前後左右を固める。外板は、中世の船のように重ね張りにされるのではなく、端と端が接合され、外向きには外装になり、内側ではデッキを保持する。

ナオは強靭な骨格のおかげで頑丈になるのだが、外板がはめられるまでは構造は完成しない。建造は一歩一歩、リズムを刻んで進められる。板をはめこむ者、釘打ちする者——クラヴァドーレ——たちが前後しながら船の端から端までを仕上げていく。

実際に、ひとつのチームがあるナオから別のナオに移動してそちらのナオでの仕事をしたあと、最初のナオに戻り、その間働いていた別のチームの後を受けて作業に取りかかるということもあった。板張りを担当する者は、まず床に基準材マデラス・デ・クエンタを置くところから始める。この基準材から船体を作るすべての材の大きさが算出されるのだ。それからまず最初のハトックを定めていく。次に釘打ちが鉄の釘を使って、長く分厚い板を留め、内側に枕木を固定していく。両方とも第一層のハトックの上部を固定し、上にくるデッキの支えとなる。最初の一巡では鉄の釘だけを使う。そのあとは、ナラ材の木釘をはめていく。木釘が外板とフレームの重要な接合部を固定していくのだ。

こうしたタイプの船では、外板はフレームの一部だ。これによって肋材に前後方向の強度を与えている。船底からアルバオーラまでの三層のハトックは、端と端で接合されているのではない。それぞれの層ごとに重ね張りになっている。これは浮きハトックと呼ばれる。内側の枕木と外側のプランクが互いを支え合っている。建造途中は、一〇〇〇もの音叉が複雑に組み合わされ、舌圧子の列で抑えられているかのように見える。最初のうちはやや脆弱に見えるが、板張りがすべて終わると頑丈でいて弾力のあるフレームになっている。

大工たちがとりわけ自慢にしているのが釿《ちょうな》使いだ。釿は重くてやや扱いづらい道具だ。刃は柄に直角になるように取りつけられている。使うときは木材の上に立ち、足の間を削っていく。のこぎりは木肌を切り開いて繊維を断つ。釿は木肌を閉じ、油やシミをはじいて海棲昆虫の侵入を防ぐ。優れた釿使いが仕上げた面は鏡のようになり、まるで鉋《かんな》をかけたようだ。ハトックも受け材もプランクも、表に出る面はすべて釿でならされる。重たい道具だが、仕上がりは繊細で、剃りたての髭剃り跡を思わせる。

一六世紀の工法を再現する

おおよそ五〇〇年後のパサイア——イピナバロの森、サカナの森からとった木材を使って船を造っていたあの港で、当時の工法で船を造る試みが始まり、再びサン・ファアン号を造っている。このプロジェクトは、かつての王との契約書に書かれた文言にちなんで「アルバオーラ・イトサス・クルトゥラ・ファクトリア」、「アルバオーラ海洋文化工房」と銘打っている。二〇一三年に建造に着手し、二〇一六年、サン・セバスチャンがEUからその年の「文化首都」に選定されたことを記念して完成する予定だ。言うは易く、行うは……。

連綿と、世代から世代へと伝えられてきた文化の一部である船の建造法を守り伝えるのは、キーボードでセーブキーを押すような簡単なものではない。むしろ問題は山積みだった。まずは材だ。一層目のハトックには、もとの円の半径が六メートル強になる弧状に湾曲した材が九六本いる。プロジェクトのメンバーはサカナの森をはじめ近隣の萌芽林に入った。何百年も経っていたにもかかわらず、形はまだ残っていた。適切な枝を見つけるのはかなり困難かと思われていたが、想定されていたより難しくはなかった。もちろん一五六四年当時より成長しているとはいえ、それならのこぎりで挽いて、釿をかければすむ話だ。ただ困ったことに、目についた最初の木も、その次も、またその次も、芯が腐っていた。

森は手つかずでも、木々は成長しきって枝を失い、枝のあったところに残ったこぶが幹を弱らせたり、割れが入ったりして材の安定性が悪くなっている。「サン・ファアン号を造った職人がわたしたちの使っている材を見たら」アルバオーラのプロジェクトリーダーのひとりであるミケル・レオズは言う、「恐れをなしたことでしょう。『こんなクズみたいな材は捨てろ！　これもだ！　あっちもだ！』ってね。当時の職人は選ぶことができた。いい材が手に入ったんです。わたしたちが使えるのは二流、三流です」。萌芽林はほとんど消滅しかかっている。かろうじて残された木々を使うのは、一週間前に車にはねられた子羊の肉でシチューをこしらえるようなものだ。

当時の職人は、サン・ファアン号を仕上げるのにたったの四カ月しかかからなかった。アルバオーラ・プロジェクトの職人たちは三年かかった。驚くことに、長い時間をかけることで作業は楽になるどころかいっそう困難になった。大勢の人間が速やかに目的を達成するべく作業にいそしむとしたら、さぞや結束も強まったことだろう。だが往時の職人たちが仕事を急いだのは、仲間意識をはぐくむためではなかった。切り出したばかりの材は乾くうちに動くのだ。

アルバオーラ・プロジェクトの職人たちは、ハトックを組み上げて一カ月や二カ月放置してしまうと、まっすぐに並べたはずの角材がまっすぐでなく、高さもずれてしまううえ、それぞれの材がひし形のようにゆがんでしまうということを身をもって知ったのだった。

かつての職人たちは、このゆがみをどうやって回避したのだろうか。とにかく急ぐことで。骨組みができたらすぐさま釘打ちがあうんの呼吸で釘を打つ。作業を仕上げて船を水に浮かべるためだけでなく、材がもとの位置にとどまっているようにだ。枕木と外板を打ちつけてしまえば、骨組みはもうずれない。知恵は設計と材料だけに生かされたのではなかった。チームワークと時間管理にも職人の知恵が生きていた。着工から仕上げまで、すべての職人に、大事な役割があったのだ。

イトサス・クルトゥラ——海洋文化。アルバオーラ・プロジェクトの職人たちは時間管理こそ間違えたかもしれない。だが彼らは記憶をとどめるという事業に着手した。それは希望の兆候だ。遠い過去だけでなく、シーソーに乗っかっているような危うい現代社会であっても、その片隅で、人々が自分たちを取り巻く木々と、どちらも損なわれることなしに、与え、受け取る関係を結ぶことは可能なのだ、と。サン・フアン号を完成させたのは、単に木材と労働ではない。森を、川を、港を、職人を、海原を、クジラを、タラを、そして遠いラブラドールの海を、すべて取りこんだ、人間の生き方そのものだったのだ。

ほどなく、スペイン王家は戦争のための船を求めるようになる。ほどなく、小氷期がやってきて、レッドベイも氷に閉ざされ、冬の間船を閉じこめるようになり、セミクジラやホッキョククジラの行動範囲が変わってしまう。ほどなく、オランダが安上がりに美しくない船を造る方法を編み出し、囚人を使って操船し、海洋交易で他を圧倒していたバスクに引導を渡す。アラゴン・ルアノは現存するイピナバロを聖堂か古城並みに丁重に保存すべきと考えているが、それは素晴らしい名案だ。

丘の周り

北スペインの渓谷で受け継がれる森の利用

出口を間違えた？　平坦な小道が六本、それから荒れた小道が二本。そのあとは曲がりくねった急坂を登り、鋭く右へ曲がる。道はまだ終わりでないけれど、頂や尾根、エロソレクなる小川の流れる切り立った渓谷といった地形を映し、ロバのよどみない足取りで踏み固められたかのようにうねうねと続いていた。九月の終わりで、日陰に入ると急速に冷えてくる。こんな荒涼とした険しい土地に、町などあるのだろうか。一〇キロ余りも走っただろうか。わたしたちは絶対に道を間違えたんだと思いかけたとき、右手に四角い石造りの家が見えてきた。そしてまた一軒。漏斗《ろうと》の細い管から円錐形の部分に抜け出したみたいに、いきなり目の前に開けた土地が現れた。

町はたしかにあった。道はくねりながら町に入っていく。右へ曲がると急坂で、町で最も高いところにある教会へと登っていく。その向こうにはとても険しい斜面に牧草地が広がっている。上でつまずいたら、どこにも止まることなく下まで転がりそうなほどの急斜面だ。転がり続けて、狭間《さま》壁のある古い教会を通り越し、レイツァの中央広場になだれこむだろう。広場が町のほかの場所と違うのは、そこがほぼ平らで、壁はバスク語の落書きをする程度には広さも高さもあるところだ。

それでも止まらずに転がり続けると、町一番の記念物、共同洗濯場を通り過ぎる。これは誰も覚えていないくらい昔からそこにあった。さらに二軒あるホステルのうちの一軒——ここは一家三世代が経営していて、家族は二階に住んでいる——を横目に見つつ再びメインストリートに飛びこむと、パンとケーキの店で玉突きの玉よろしく跳ね返される。この店には、店主が木でこしらえた素敵な手製の時計があって、クマと木が時間を、枝が分を示している。店主は木工職人だったが、結婚して子どもができ、そう、安定した収入が必要になった。店主の作るチョコレートトロールはおおぶりでしっとりしていて、毎朝店で客との間に行きかっているのは、スペイン語とバスク語だ。

さて、なおも道の左手寄りに疾走を続けよう。妻が調理を、夫がホールを仕切っているジャカテア、つまりレストランがあり、金物屋があり、家具屋があり、郵便局あり、カフェが二軒にスーパーが二軒、銀行がふたつ、交差点にはもう一軒のホステルがあり、とうとう町の谷底にやってくる。ここは一般紙を壁紙や書籍のカバーに加工する工場だ。

バスク地方レイツァの街

これで、レイツァの町の主だった場所は一通り見てしまった。町域全体は約一万四〇〇〇エーカーおよそ五六平方キロだが、そのうち市街地は一〇分の一にもならない。「スペインの雨は主に平野に降る」と言ったのは映画「マイ・フェア・レディ」のヘンリー・ヒギンズ教授だが、これは嘘だ。スペインの雨は主にレイツァに降る。一年の降水量はおよそ二〇〇〇ミリだ。九月の末、ここより南のスペイン全域がほぼ黄色く

乾いているときに、レイツァはどこもかしこも緑だ。雨はいつもなんの前触れもなく降ってくる。いつなんどき降られるかわからないが、ただし一度に大量に降ることはない。夜、雨が滔々と流れる川のように屋根を打つ。朝になると陽が昇る。午前一〇時、にわか雨。これだけ急峻で雨が多いのに、浸食谷が見当たらないのはどういうわけだろう。斜面の表土がほとんど削られていないのはなぜだろう。要因のひとつは、急斜面の樹木が管理されていることだ。地面の中では根が生きていて、その幹から若芽が何度も生えるし、木のない場所は羊飼いたちが牧草を絶やさないから、最も険しい斜面でも、土壌が流されることがないのだ。

この町は一九五〇年代死に瀕していた。紙の加工場を誘致したのはその頃だ。町の人口は一五〇〇余りだった。現在は三〇〇〇人以上が住んでいる。学校は子どもで溢れ、運動場にも子どもの声が響いている。町中の、空き地という空き地にはびっしりととりどりの野菜が植えられている。蔓性の豆が幾種か、ケール、トマトにサラダ菜。秋で、収穫も終わり近くなったトマトは半円状の支柱にビニールを被せたテントで覆われている。

家々の壁はほとんどが白漆喰で塗られているが、窓はどれも縦割りした灰色の石を枠にはめてある。バルコニーには、明るい赤や黄、青のペラルゴニウム（テンジクアオイ）やペチュニアが溢れださんばかりに咲いているが、色遣いは不思議と整然としている。まるでどの家でもみんな、花柄のラグの埃をはたこうと、示し合わせてバルコニーに干しているかのようだ。建物のあまり使われていなさそうな一画や裏庭には、丸太が山積みになっていた。薪ではなく、幹そのままだ。その傍らには、角材を裁断した薪が積んである。ナラ、トネリコ、ブナにクリ。どうしてこんなところにあるのだろう。

レイツァの市街地を示した素敵な地図がある。二〇一四年にホセ・ミゲル・エロセギが調べて考案し、レイアウトも自分で考えて作成したものだ。バックカントリーで迷子にならないように使う、米国農務省の精密地形図並みに詳細で精確だ。八つ折り地図で、開くと縦横一二〇センチ×九〇センチになる。全部開くには食卓が必要だ。地形図としても正確だし、道路地図としても詳しい。このサイズ感だと、スペイン全土の地図、少なくともバスク全域の地図かと思ってしまうかもしれないが、レイツァだけの地図なのだ。縮尺はおおよそ七・五センチで一キロだ。

地図は一面、名称や記号で埋まっている。底深い記憶の井戸だ。双子の足のついた塔は、石灰窯だ。ちょっと傾いだ小さな緑色の男根を思わせる形は、狩りの時身を隠す障害物である。現実のものは小さな小屋で、丘の上や尾根に並んでいる。秋になると移動してくるハトを狙うのに絶好の場所だからだ。誰がどの障害物を使うかはくじで決められる。ひとつの障害物に三人まで身を隠せる。狩りをしたい人間の数は障害物より多く、どの小屋がベストポジションかは誰もが知っている（場所決めの抽選会の前には、普段ならありえない数の人間が教会に詰めかける）。

精密に描かれたスティール製風車は、風力発電だ。横っちょに小さな黒い四角がある赤い長方形は羊小屋。青い水滴は泉で、青い長方形は家畜の水桶だ。円の中に稲妻が描かれているのは地元の発電所で、多くがかつては町のそれぞれの区画に電力を供給していた小水力発電である。円の中に黒い十字は鉄工所。倉庫は灰色の長方形で、住宅や農家は暗褐色の四角だ。

名前も何百と記されている。尾根や頂にも名前があり、小川にも、丘や泉にも渓谷や小道にも名前がつけられている。そしてほぼすべての家屋、農家、ボルダ（羊小屋）にまで、所有者の名がふってある。市街地の南には八つの尾根があり、それぞれアルダツェギ、イプル、エギエツ、エギメアラ、エギアウンディ、イサスティベルデ、ズルランドゥア、エギルゼアという名前がある。

風物が、これほど親しみをこめて覚えられ、名づけられているのを見たことがない。エロセギと彼の妻はずっと以前からここを知っていた。一九五〇年代に初めてこの土地に来たとき、妻はゴリツタランの学校で教えていた。町から南東へ行ったところの谷にある、農業の盛んな場所だ。ちょうどその頃、町の名士たちが発電所を設置した。鶏小屋程度の大きさの水力発電所で、山間の住人に夕暮れ時まで電力を供給することができた。そのあとの時間は蠟燭をつけるのだ。新しい学校も開校したてで、子どもたちは以前のように町の学校まで片道二時間を歩く必要はなくなり、たった四五分歩けばいいだけになった。

だが開いたばかりのとき、スペイン政府が送りこんできた教師はバスク語を話せなかった（四〇年に及ぶフランコ独裁政権下では、バスク語を使うことは違法とされていた）。想像してみてほしい。一時間近くかけて歩いてきて、出迎えてくれるのが二言三言、ごく簡単な言葉でしかやりとりできない先生だけという日々を。ホセ・ミゲルの妻はもちろんバスク語を話せたし、幼い農家の子どもたちと、こみいった話をしたかった。温度計の説明をするために、彼女は牛乳を温めた。子どもたちは牛乳が膨らんでいき、温度が上昇するにつれて大きな体積を占めるようになるのを見つめていた。「これとおんなじことが温度計の中で起こっているんですよ！」と解説した。子どもたちは数名がひとりであるかのような登校ぶりだった。今日は男の子、次の日はその姉、その次の日は幼い弟が出席するという具合に。教えたこともなかなかストレートには伝わらない。小テストをして温度計の仕組みを質問すると、目端の利く生徒はこう答えた。「温度計には温めた牛乳が詰まっています」

生活を織りなす共有の森

二〇世紀のレイツァは、時代の典型だった。道路が造られ、車が入ってきて、戦争が起こって去り、工場がやってきた。わたしが訪れたときには、汎ヨーロッパ・フェミニズム自転車ツアーが、人々の待ち受ける公共広場めがけて疾走していった。一年のその時期には、森で一日中チェーンソーの唸る音が響いている。だがレイツァがしなかったことがひとつあった。市街地の地図をよく見ると、土地の四分の三は、その近隣

の人たちみんなが共有する入会地であることがわかる。レイツァラッレア（文字通りの意味は、「レイツァの草地」）とハリッザウンデ（ナラの庭）という、二二平方マイルのうちの一六平方マイル以上を占める部分が、ビエネス・コミュネス、つまり共有の財なのである。

地図にこれほどたくさんの名前が記されているのも無理もない。というのも、それぞれの場所がみんな、人によって住まわれ、磨かれ、受け継がれてきたからだ。地図で最も細かい活字で描かれているのが「パラへ」と「ルガー」だ。どちらも「place、場」と訳せるが、意味合いが違う。ホセ・ミゲルによると、パラへのほうが大きい。「少なくともふたつみっつのルガーを含む」（セルバンテスは、我らが主人公の家がとても小さくて辺鄙なところにあると説明するため、『ドン・キホーテ』の冒頭、「ラ・マンチャのある場所」の場所にあたる語にルガーを使っている）。ホセ・ミゲルの地図では、われわれよそから来た人間だったらとうてい名前などつけそうもない小さなスペースに入れ子になったふたつの場所にも、名前が記されていた。

ところが、この小さな山深い渓谷に守られてきたものの中から、世界の一流品の多くが飛び出してきている。街中の壁際に横たえられていた丸太は、共有地で共有権を持つ者によって伐採されたものだ。森林監督官が毎年、切っていい木を割り当てる。一区分は木材五トンだ。伐採権は年ごとにくじで割り当てられ、くじに当たったら、責任をもってその区画の木を伐採し、運び出さなければならない。くじに臨む者は、丘の上の区画が当たりますように、と祈る。上から転がすほうが、丸太を下から引っ張り上げるより楽だからだ。近隣の町では郷土出身の有名サッカー選手や古戦場を売りにするところ、レイツァの自慢は古い共同洗濯場と斧の名手だ。森が、町の生活を織りなしているのだ。現在も、そして記憶の中でも。人と木々との関係は、近しく、活発だ。

広場のすぐ脇に古い洗濯場がある。町きっての観光名所である。標識は人目を引くし、洗濯場の解説は正確で詳しく、行間から誇らしさがにじみ出ている。洗濯場は石の壁に囲まれていて、屋根はない。壁には大きな素通し窓が開いている。内部には楕円形の槽があり、縁には一五ヵ所に、表面の滑らかな石が、洗濯板として、洗濯物をこすりやすいような角度で槽に向けて立てかけられている。洗濯板の脇には、洗濯桶を置く棚がある。

主婦は最も汚れている布――たいていはシーツ――を桶の底に入れ、それほど汚れのひどくないものを上に重ねる。一番上に濾布《ろふ》がくる。濾布の上から灰を数カップ。灰は、伐採したブナやトネリコの枝を燃したもので、その上にゲッケイジュの葉を散らす。葉や灰の上から湯を注ぐと、灰と水で炭酸カリウム溶液ができ、ゲッケイジュは虫のいやがる匂いをつける。時折湯を足して、熱い溶液に数時間漬けこんでおく。洗濯桶の底の穴から、共用槽に洗濯液を流しておしまいだ。排液はほかの人が洗濯に使うこともあれば、家の掃除用に持って帰られることもある。きれいになったシーツや衣類は牧草地の斜面に広げられ、日干しされて白くなる。

紙加工場のすぐ隣にある古いプラサオーラ駅からやや右手に、狭い未舗装の道を行くと、市街地から抜けてレイツァラッレアに入る。すぐに牧草地が開けてくる。急カーブをふたつ曲がると、石灰窯の跡地だ。ここでナラやブナの枝を燃やし、石灰岩を生石灰にしていた。窯は石造りで、上部に煙突があり、冷却室が下にある。その間に石灰岩を敷き、その上に薪を敷き、そのまた上に石灰岩を敷き、という具合に窯がいっぱいになるまで重ねていく。エニシダとヒースを焚きつけにして火をおこし、五日間、ゆったりと安定した燃え方を維持しなければならない。昼夜交代で火を見守る。燃やし終わるとみんなで灰をかき出し、生石灰を取り出して冷まし、袋詰めする。水やにかわとまぜて家の壁に塗る漆喰にしたり、畑のpH値を調整するために使われる。洗濯の助剤にもなるし、消毒薬にもなる。製鉄所でも使われるし、ガラス工場にも送られる。

トネリコの更新枝で羊を養う

曲がりくねった道をさらに上がっていくと、道路わきを若いトネリコが縁どっていた。わたしが訪れたとき、どのトネリコもみんな、ちょうど台伐りされたところだった。トネリコの伐採は一年か二年周期だ。というのも、羊飼いはトネリコの薪で暖をとるよりも、飼料として葉が入用だからだ。「ボルダを見つけるのはわけもない」ホセ・ミゲルは言う。「頭を伐られたトネリコを探せばいいんだ。羊小屋の周りはどこもトネリコがぐるっと植わっている」

ボルダは、少なくとも三〇〇〇年の間、スペイン北部があり余るほどの羊を世に送り出すことのできた暮らしの要だ。石造りの小屋は傾斜地に建てられ、上の階には斜面の上側から、下の階には下側から入れるようになっている。両方面に広い両開きの扉があり、一方は冬用の囲いのある牧草地へ、もう一方は区切りのない広々した草地に出られる。

ボルダの隣には、チャボラと呼ぶ小屋があり、羊飼いが寝泊まりする。チャボラのほうは荒削りの石でこしらえた簡素なワンルームで、前面には木の扉とベンチがあるが、屋根には平たくて広い石が葺かれている。ボルダのようなタイル張りの屋根にすることはできない。人間の住まいにタイルで屋根を葺くのは所有者のいる標《しるし》だが、チャボラは共有地の一部で、私物ではないからだ。羊飼いやその家族は小屋を自分のものだと主張するかもしれないが、小屋の立っている土地は彼らのものではない。売ったり手放したりすることはできない。一年のうち九カ月間前後、羊はボルダで過ごす。冬の間は囲われた牧草地で、それ以外は放牧地で。三月のサン・ホセの日に山を降りて町の農場に戻り、子羊を産むと再び山へ入る。

スペインの大部分、ナバラでもここ以外では、羊の群れは夏の牧草を求めて長い距離を移動する。たいていは、山頂の石灰岩の窪地の、新鮮な草の生えているところを目指す。移動することによって、本拠の草地を休ませられるし、羊にとっては暑い時期を涼しい場所で過ごすことができる。だがレイツァでは、町の至近に高地があり、季節移動の体制が巧みに整えられているために、長距離を移動する必要がない。

牧草地を交互に使用すること、トネリコを規則正しく伐採することで、レイツァラッレアの羊の国は、多年にわたって高い生産性を保っている。丘の斜面では、深く根を張る在来の草――*Agrostis capillaris, Agrostis curtisi, Festuca nigrescens, Potentilla erecta, Jasione laevis, Gentiana pneumonanthe, Danthonia decumbens, Nardus stricta*――を保全することで、土砂崩れが防がれる。降水量が多く、頻繁に雨や霧の発生する土地柄が、牧草地を生き生きさせる。羊がひとつの場所から別の場所へと定期的に移動し、また、共有地の定めでそれぞれの牧草地に放たれる数に限りのあることが、牧草地に適度な休息をもたらしている。トネリコの木々は、何年もの間飼料を提供してくれるわけだが、その葉を冬に使うことで牧草が守られる。若い枝を切っても幹や大枝は生きていて、その根が急斜面の土壌をしっかりとつかんでいる。木々はそれぞれ何百年も生き続ける。トネリコを増やしたければ、羊飼いは春に新しい小枝を地面に挿しておけばいい。

これこそ、語源的な意味でのresponsibilityだ。この語は、ラテン語のresponsum、すなわち「答えられた」「見返りに提供された」からきている。牧草循環の仕組みも、乱されることがないわけではない。牧草地は灌木を絶やしたり草を生えさせすぎないように、定期的に焼かれる。だが焼きすぎると草を痛めつけるし、土砂崩れが起こる。放牧が長くなり、草が食べられすぎても同じ結果になる。面白いことに、牧草の育ちをよくしようとして改良飼料を植え、肥料や水やりをすることでも土砂崩れを引き起こしやすくなる。けれども共有地の定めに従っていると、景観は傷を受けず、生産性は最大になる。町の人々はその糧を得るが、同時に見返りも提供してきた。共有地の定め「Ordenanza de comunales《オルデナンザ・デ・コミュナーレス》」では、土地の使用料の代わりに、アウゾラン、つまり共有地のためになるサーヴィスで支払うこともできるとする条文がある。アウゾランの

台伐りのあと更新して1年になるトネリコの枝。間もなく羊の飼料として伐採される

ひとつが、共有地の牧草地のための堆肥を提供することだ。

トネリコの更新一年枝は、一〇月、まだ青々としているうちに収穫され、ボルダの上の階に貯蔵される。クリスマスから翌年の三月まで、階下に落とされて羊を養う。刈られる直前の、九〇センチから一・五メートル程度の一年枝が親枝から出ている部分を見ると、得も言われぬ美しさを感じる。一本一本、乳首を思わせるところから伸びているところが、まるで緑色のミルクが噴出した瞬間をとらえたようだ。一部は残されて二年枝になる。こちらは一・八メートル以上に成長し、直立するほど固くなる。町の家庭菜園で、豆の蔓を支える支柱になるのだ。

実りの季節だった。リンゴ、クリ、ドングリ、ブナの実。どの斜面を見ても羊がいる。牛が、公園のピクニックテーブルの間で草を食《は》んでいる。曲がりくねった道路沿い、西側は崖になっているところを、牛が一列になって進みながら、落ちたクリを食べている。丘の上に向かっては一面緑色の牧草地で、境界には木が植えられている。ほとんどはブナで、どれも一・八メートルのところで台伐りされている。道はそのまま、ブナだけの萌芽林に上がっていく。この森から、レイツァは暖をとり、ガラスをこしらえ、鍋を温めるための薪や木炭を得てきたし、中世期には主たる産業だった製鉄業の燃料も得ていた。一三世紀まで、レイツァラッレアには一六カ所の鉄工所があった。

鉄を作るには、水と鉄鉱石、それに木炭になる木がすべて近隣で手に入らなくてはならない。鉄工所はいずれも共有地の斜面に建てられた。必要な品々がすべて集まる地の利を生かしたのだ。レイツァラッレア全域のブナとナラの萌芽林で、木炭にする木は足りた。鉄鉱石を木炭で熱し、スラグと鉄を分ける。鉄は鉄工所下部の集積槽に流しこまれる。刈り取ったナラで作られた水車の作る水力が、融けた鉄の塊を打つハンマーの動力になった。ここから釘や武器、ナイフに斧が生み出された。

斧で世界とわたり合う

バスクの地では、斧が最もよく使われる道具だった。切るのにも、打つのにも、形をとるのにも、鍬《くわ》の代わりにまで使われた。アイスコラリスというのは斧で切る技術を競うスポーツで、技術を伝承するのに一役買っている。

これは本格的なスポーツだ。トレーニングのために、参加者は一日およそ三〇～五〇キロも走り、ウェイトトレーニングをし、それ以外の時間はひたすら斧で切る練習をする。大会前二、三カ月はそうして一日も休むことなく練習して試合に臨むのだ。一九七〇年代までは、常にバスク人がチャンピオンになっていた。彼らが使ったのはレイツァか近隣のウルニエタで作られた斧で、鍛冶屋で鍛えられた炭素鋼の刃に軟鉄の柄をつけたものだ。一九七六年、オーストラリアからの参加者が、イングランド、マンチェスターの製鉄所で作られた鋼鉄製の斧で優勝をさらっていった。むやみに伝統に固執するたちでなかったバスク人はすぐマンチェスター製の斧に切り替えて、優勝を奪い返した。ウルニエタの製造者がイングランド製の斧を研究し、今ではこの製造者が競技用に鋼鉄製の刃を生産している。

レイツァラッレアのてっぺんまで行くと、西のほうにギプズコア地方が見渡せる。こちらも同じように山がちで狭い渓谷のある土地だが、景観は驚くほど異なっている。ギプズコアの人々は大部分の森に近代林業を導入し、在来種の樹木を切り倒して成長が早くて金になる針葉樹を植えた。こちらは土地の七〇パーセントが私有地だ。一方レイツァでは、土地の七〇パーセントが共有地である。ギプズコアの斜面は針葉樹林の深い緑に染まり、牧草地はわずかで、荒廃しているように見える。ここから言えるのは、地形が特異であったために、レイツァが今の形になったわけではないということだ。人々が土地をどう扱ってきたかが重要だ。丹精こめて共有地を手入れしてきたことの賜物なのだ。

ホセ・ミゲル・エロセギとわたしが待っていると、淡い緑色のピックアップトラックが、タイヤをきしませながらやってきた。降りてきたのはエステバンとパトクシの兄弟だ。ふたりともバスクの男性にありがちながっちりして胸板の厚い体格で、ひとりは薄くなりつつある白髪頭、もうひとりはまぎれもなくはげつつある。ふたりとも上はラグビーシャツで、一方は緑の縞、もう一方はオレンジの縞、下はジーンズに運動靴をはいていた。どちらも七〇を過ぎているが、どれだけ過ぎているのかは教えてくれない。若い頃は農業と林業に携わっていた。パトクシは五〇年近く前に、斧使いの世界チャンピオンになっている。ふたりは今日、斧競技の腕前を披露してくれることになっていた。

ふたりはブナの丸太をトラックから下ろした。ふうふう言いながらも笑っている。丸太は直径が五〇センチほどもあった。次に彼らは、長い箱を取り出した。

「それは何です?」

「斧だよ」エステバンが答えた。

エステバンが箱を開けると、中には斧が四本、それぞれくぼみに横たえられていた。丸太の下に二×四《ツーバイフォー》の角材を四片打ちつけると、できるだけ平らな地面に置いた。

「斧はどうやって研ぐんですか?」

「石でだよ」エステバンが言う。「髭を剃れるくらいまで研ぎあげなきゃならん」

ものの喩えではないことを示すため、パトクシが斧を持ち上げ、刃で左腕をそっと撫でた。ひと撫でで腕はつるつるになり、白茶けたブロンドの体毛がきらめきながら地面に落ちた。

パトクシは地面に固定した丸太に飛び乗り、脚を大きく開くと、両足の間に切れ目を入れ始めた。息を吐きだすごとに切り込んでいく。吐く息と斧の刃の鳴る音とが同調する。刻み目は奇妙な形をしていた。一面は丸太の横断面とほとんど平行と言っていいほどまっすぐだが、一面はかなり角度がつけられている。わたしは、この形だから刻み目からこぼれた木片が一打ごとにちゃんと地面に落ちるのだと気がついた。だから刻み目に余分な木っ端がたまる心配がない。パトクシは迅速かつ一定間隔で切っていくが、慌ててはいなかった。一分ほどすると彼は手をとめ、エステバンに斧を渡し、場所を入れ替わった。エステバンも同じリズムで刻んでいく。一分後再びパトクシが斧を持った。

三分もしないうちに丸太はきれいにまっぷたつになった。これを見ていて、わたしは生まれて初めて、手で使う道具で世界を作りだすのが可能であることを実感した。更新した細い枝なら、ものの二打で刈れるだろう。船の肋材の、直径六〇センチもあるようなナラの曲がった枝でも、二時間ほどもあれば船に使える形に切りそろえられるだろう。

エステバンが刻み目の縁を見せてくれた。ほんの二カ所ばかり、ずれた切れ目がごく小さくできていた。

「こいつは間違いだ」エステバンはにやっとした。「おれがやった」。それ以外はまるでチェーンソーで一気に切断したあとのように、切断面はきれいにそろっていた。およそ四〇〇回は打ちこんだはずなのに。これが熟練の斧使いだ。七〇プラス何歳かの老人ふたりは、息も切らせていなかった。

今ではその技術を受け継ぐ者はほとんど残っていない。だが二一世紀までは生き延びた。ギプズコア方面を見てからわれわれが立っている萌芽林の丘に目を戻すと、近代の変化が必ずしも不可避であったわけではないことがわかる。人は関係性を選ぶことができる。責任を、与え、応えられる関係を選ぶことができる。共有地を選ぶことができる。頭と心と手、英語で言えば全部hで始まるからだの部分が、協調して働くような生き方を選ぶことができる。ロマンスでもノスタルジーでもない。これもまたひとつの現実的な事業であり、懸命に取り組む価値がある。

共有地
複雑な仕組み

わたしと同世代で、自由主義社会で教育を受けた人間は、誰しもふたつの語句を教わったはずだ。ひとつは「パラダイム・シフト」で、トーマス・クーンが一九六二年の著書『科学革命の構造』で使った造語だ。これは一般には、聡明な人は考え方を根本から変えることができ、そのおかげで多くの人々の生活を格段によくして、社会発展が続くという奇跡が維持されるという、前向きな思考だ。

もうひとつの語句は「共有地《コモンズ》の悲劇」で、一九六八年、生物学者のギャレット・ハーディンが同名の論文で提唱した。もとは一八三三年の英国の経済学者のエッセイで造られた言いまわしだ。考え方としては、人はみな自分の利益優先で共有の牧草地に自分の家畜をできるだけ多く放牧しようとするので、結果として共有地を破壊してしまうということだ。誤解のないよう言っておくと、ハーディンは、際限のない資源乱獲を防ぐために自然資源を共有の資源とみなすことを提起しているのだが、彼の犯した唯一の過ちが、搾取構造を「共有地」と呼んだことで、高等教育を受けている同僚にレイツァの話をしかけたら、わたしがみなまで言わないうちに、「ああ、共有地《コモンズ》の悲劇ね！」と言われてしまった。

少なくともレイツァでは、共有地はホッブス的自由競争の場ではなく、細部にまで目の行き届いた厳格な協定が結ばれている。二〇一五年に改訂されたOrdenanza de comunalesには、誰がどの共有地の権利を持っていて、どのように分配されるか、それぞれの共有地の価格や必要とされる労働、この約定を破った際の罰則などが明確に規定されている。掟はA4より若干大きいリーガルサイズの用紙九枚にわたって、行間なしでびっしり書かれている。

共有の土地であれ、ほかのさまざまな形態での土地利用の場合と同じで、関係者の私利私欲だの、悪だくみだの縁故だのといった圧力に晒される。また、イナーク・イリアルテ・ゴナが『ナバラ農業の公共財と資本主義　一八五五〜一九三五年（Bienes comunales y capitalism agrario en Navarra, 1855-1935）』ではっきりと指摘しているように、二〇世紀に至るまで、ナバラの特に山がちな北西部で、土地の九七パーセント以上が共有であったからといって、共有地が平等の楽園であったわけではない。家畜を多く持っている者が条件のいい牧草地を手にしがちな傾向はあったし、共有の牧草地の権利を得るために、わりに合わないと思っても、自分の土地の権利、例えば自分の所有地の樹木の伐採権などを売り渡すこともあった。豊かな者はおおむね豊かなままでいたけれども、貧しい者も、飢えたり凍えたりすることはなかった。マーティン・ルーサー・キング・ジュニアが一九六四年公民権法を評して言ったこととよく似ている。「心までを変えはしないが、心ない者を押しとどめることはできる」

一八五五年、スペインで新興の国民自由主義政府が独自路線を打ち出したが、そのやり方はありがちな独断的なものだった。新興政府は英国にならい、共有地を再編しようとした。英国人が婉曲に「囲いこみ」と呼んだこと――コモンや教会所有地の私有化――を、スペイン人はあからさまに押収――desalojamientosと呼んだ。文字通りの意味は「土地の放出」だ。ところが皮肉なことに、英国では囲いこみによって土地の私有化が進んだのに、スペイン、少なくともナバラでは、おおむね失敗したのだ。地方の当局は政府からの質問状への回答を渋り、どの土地が共有でどの土地が個人所有かを聞かれると、たいていわからないで通した。

もちろん、意図的にはぐらかしていた部分もあるのだが、実際の共有地の仕組みが途方もなく複雑であることを正直に認めた回答でもあった。ほとんどの場所では、共有地は地方自治体が管理していたが、中には地域共同体によって運用されているところもあった。また、国王の土地で運用されている共有権などというものもあった。というのも、ナバラの国王は移住者を誘致するために、牧草地の使用権や水利権、木材の権利などというものを提供していて、そうした権利が生き続けていたからだ。共有地の権利が町の人間にだけ共有される場合もあれば、州全体で分け合うところもある。今日でも、ナバラの市民なら誰でも、シエラ・デ・ウルバサの頂の夏の放牧地に自分の羊を連れていくことができる。

そればかりではない。私有地の中に共有の植物が生えているところ、共有地に個人所有の植物が生えているところもある。私有地に生えている牧草が共有資源として使われる場合もある（見返りとして、土地の所有者は共有地で家畜を放牧する権利を余分に得られる）。反対に、家の隣にシダの草原がある人が、二年続けて共有地のシダを刈り、将来そのシダを自分が使う権利を主張することもある。シダは冬の羊小屋の床に敷くのだ。共有地に自分で木を植えたら、その木の権利は自分のものになる。すっかりこんがらがったこの状況を一言でいえば「Suelo y vuelo《スエロ・イ・ヴエロ》」だ。土地の所有権（suelo）があるからといって、そこから得られる物に対する権利（vuelo）が当然にあるとはみなされないし、逆もまたしかりなのだ。ひとつの共有地に、三人の権利者が三つ別々に権利を持っていることもありうる。ひとりは木を切る権利、ひとりはシダを刈る権利、ひとりは牧草を使う権利。権利の一部は年ごとに全住民の間で抽選される。近年では、市町村や州政府が大きくなり、予算額も増大してきたために、共有地の権利は一定期間を決めて競売に付され、収益は市町村と州で分配されるケースも増えてきている。

土地を接収するにあたっての中央政府の言い分は、合理的な土地利用を可能にするということだった。だが環境保護や土地活用という観点からすると、合理的な利用が最良の利用とは限らない。二〇世紀初頭、スペインの歴史学者ホアキン・コスタは、農業、酪農、林業は共有地で運営されるのが望ましいと述べた。なぜなら、自然に対して、共同体とその土地とが両方とも繁栄するような柔軟な関わりを持てる土地の在り方は共有地だけだからだ（この意見にはハーディンも異論はないとわたしは思う）。仕組みが複雑だからこそ、急激な変化への抑制となり、共有地の所有者たちはその間に、今ある土地利用によってもたらされるものの意味を、じっくり考えることができるのである。

未来を記憶する

切って古木を生かす技

メトロポリタン美術館で、わたしたちは木々を若々しく保つ仕事をしている。木を刈り込んで、最も若い状態に保つのだ。レイツァやバーナム・ビーチ、ロンドンのイッピング・フォレストでは、ヘレン・リードとその同僚が、大昔から台伐りと収穫が繰り返されてきたブナの木々を手入れしている。中には樹齢五〇〇年を超える古木もあるが、年とった木を精一杯若々しく見せて長生きさせようとしているのだ。とはいえ、リードたちが手がけている木々は、生命環の第三段階、死へと向かう段階にある。

リードは、アラゴン・ルアノが言う「使いこまれた老木は、聖堂や古城と同じか、それ以上に価値のある記念物だ」という言葉を真摯に受け止めている。生まれ故郷のカリフォルニアでの少年時代、わたしたちのヒーローだったジョン・ミューアが、高山や海岸線に並ぶセコイアの巨木林を聖堂と見ていることを教わった。先史時代から人の手を寄せつけずに存在していたかに見えるけれども、じつのところ先住民の人々が何千年にもわたって育て、手入れしてきた賜物だ（「いいスティックを作る」の章参照）。

サミュエル・パーマーによる線描画。台伐りされてきた古いブナの伐採樹

ヨーロッパの古い古い見事なブナ林――ロンドンとその近郊のもの、スペイン北部のもの、そして南フランスのもの――は、人の手が入っていないようにはちっとも見えない。灰色の木肌が滑らかな幹は巨人の指のように枝分かれし、一五から二〇メートル近くもまっすぐに空へ伸びている。空へと向かって伸ばされた掌は、この森が長きにわたって人間のために伐採されてきたあかしだ、その後放置されて、灰色の月ロケットさながらの姿を呈しているにしても、ここもまた、セコイアの林同様の聖堂だ。

だがそればかりでなく、この年老いた木々は、朽ちつつあっても、何百という甲虫やカニムシ、羽虫、コケ、地衣類などなど多くの生き物の棲み処になっていて、そうした生物はかつては自然林に生息していたが今ではこれらの古木以外の住まいを持たない。ミューアは大きな木を観光名所に仕立てることに成功した。このブナ林だって、そうなっていいではないか。

五〇〇歳のブナに手を入れる

ブナの古木も、セコイア群同様、その生存が危ぶまれている。収穫されることなく顧みられなくなり、放置された木々は、自らを破壊するような形で生き延びていくしかなかった。根元近くで大昔の伐採痕につながっている大枝は、長年のうちには風か嵐で倒壊する運命だ。もしかしたら風も嵐も吹かないのに倒れるかもしれない。こうした木々は、伐採痕で割れることも多い。一八〇〇年代の初め、最後に伐られた箇所で、地面からだいたい一・八～三メートルくらいの高さだ。木々が生き延びるためには、リードは、木々に人間との関係を取り戻させなければならない。わたしたちのメトロポリタン美術館前の街路樹プロジェクトよりやっかいなことに、リードにはお手本がいなかった。それは彼女の使命がこれまでになかったものだからだ。わたしたちは過去を振り返ってみればいいのだが、彼女は未来を見据えなければならない。

毎年、およそ五〇万人がロンドン郊外のバーナム・ビーチを訪れる。イッピング・フォレストを訪ねる人もほぼ同じくらいだ。樹木を保全するのは、来訪者にけがをさせないためだけではない。訪れた人たちに、彼らが住んでいるのとは別の世界を見せるためでもある。人々が貪欲にものを集め、消費したあげくに捨ててしまうことをしなかった時代もある。人間がブナとともに暮らしていた頃のように生きることは、未来の可能性を見据える方法のひとつになりうるだろう。

バーナム・ビーチは昔も今もコモンだ。誰でも足を踏み入れることができる。少なくとも過去八〇〇年、ここはオープンな場所だった。かつて周辺の人たちには、ここで家畜を放牧し、薪をとる権利があった。レンガを焼くための炭も作られた。ブナとナラ、合わせて三〇〇〇本になった時期もある。最後に薪が刈り取られたのはおそらく二〇〇〇年は昔だろう。例年の放牧が途絶えたのは一九二〇年頃だ（最近では再び放牧が始められている）。リードがここに初めてやってきたのは一九九〇年代だが、残っていた台伐り萌芽樹は九五七本、いずれも急速に朽ちつつあった。止める手立てはあったのだろうか。

最初に考えられたのは、一世紀か二世紀前の最後の刈りあとまで切り戻し、全体を新しく芽生えさせることだった。だがどのように刈り込みを入れていくのか。アメリカの樹木管理の先駆者アレックス・シゴが、正しい枝の落とし方は、こぶを残さず親枝まで切りつめることだと言っている。リードたちはそれを試してみることにした。また、ブナは日陰にも強いとはいえ、あまり影が濃くなると育ちが悪くなるし枝も再生しない。ブナの古木の周りには実生から生えた木がたくさん伸びていて日差しを遮っていた。理屈の上からは、その新しい木々は移植して、ブナに光が当たるようにする必要があった。

結果は惨憺たるものだった。最後の刈りあとまで切り戻された木々は、次の年にはよく芽吹いたが、その後はみるみる元気がなくなり枯れてしまった。「正しい」やり方によって、多くの休眠芽が切り取られてしまったのだ。休眠芽は通常、親枝に密接したこぶにあるのだ。また、周囲の木が取り払われたことによってブナは急激に陽に晒され、日に焼けて衰退したのだ。

育樹家たちは木の立場で考えなければならなかった。木が二〇〇〇年前の新芽で生きてきたのならば、生きた部分を一度に取り除くのはまずい考えだったわけだ。そこでそうする代わりに、今度は最も古そうな枝から五分の一ほどを順次切り取っていくことにした。三～四メートル半程度の高さに切りそろえるが、かつての伐りあとまで刈り込むことはしない。休眠芽を充分に残すには、枝を長めに、少なくとも四五センチ程度残すのが最適であることも学んだ。同時に、元気な小枝にはたっぷりと葉と若い芽を残すようにした。若い葉と芽が、根から勢いよく水分を吸い上げるからだ。一〇年から一五年の間をおいて、木の反応がよければ、さらに切り詰めることにした。

ブナの周りの伐採も、慎重に進められることになった。「ハロー・カッティング――光暈《ハレーション》刈り」と名づけ、古い木の周りに自生してきた木は徐々に引き抜き、時にはてっぺんを刈り込むだけにして、一斉に取り払うのをやめた。そうして、ブナにあたる日光の量を少しずつ増やしていった。

イッピング・フォレストでは、ジェレミー・ダグリーが同様の手順で作業を進めていた。両者とも、枯死する木を劇的に減らすことができた。これと同時進行で、彼らは新たなブナの萌芽林の育成に着手した。リードは新しいブナの数の目標を一〇〇〇とした。どんなに手をつくしても、古木はいずれは死に絶える。育樹家が、コモンの入会権者の代わりになり、新しく植えたブナを伐採して、伐採と成長のサイクルをまた新たに始めるのだ。新しい木の場合も、古い木に対するのと同様、節度と反応が合言葉だ。てっぺんと、勢いの良すぎる枝の一、二本を切ってみて木の反応を確かめ、それからもう少し刈り込んでいく。

リードとダグリーにとっては、木が師匠になった。忍耐強く、かつ感度は高く保つ必要があった。一九九六年、C・S・ホーリングとゲイリー・K・メフィーが雑誌「保全生態学（Conservation Biology）」に「統制と制御、そして自然資源管理の病理学（Command and Control and the Pathology of Natural Resource Management）」と題するエッセイを寄せた。この中で著者たちは、森林火災の防止や単一栽培、治水ダムにしろミシシッピ川の氾濫原にしろ、さまざまな局面で、人間が複雑な自然の営みに対して自分たちの意図を押しつけようとすると、意図しなかった破壊的影響をもたらすことを示した。同様に、樹木を手早く「正しい」形に見せようと頑張ると、木を死なせることになる。

どこをどう切るか

二〇〇三年、ヘレン・リードはヨーロッパをめぐり、古い萌芽樹を見てまわった。バーナム・ビーチの木を世話する手本を探していた。バスク地方に着いて、リードは圧倒された。ブナ、ナラ、クリ、トネリコ、ヤナギ、ハンノキ、ポプラ……どれもが更新されていた。それも盛んに。何千、何万という木々が、まだ生き延びていた。リードには、レイツァが天国に思えた。萌芽樹の定番がブナで、それに続くのがナラとクリだ。森の半分はブナで、おそらくナラとクリがそれぞれ五パーセント程度。リードはホセ・ミゲル・エロセギとその妻に会い、森に関心のありそうな町の人々に会った。

レイツァに残った鉄工所の最後の一カ所が閉じたのが、その時から数えて六〇年か七〇年ほど前のことだった。それ以来、ブナはほとんど伐られなくなっていた。立ち枝はドーリア式の円柱ばりに太くなり、嵐が来るとたくさんの木が倒れた。リードは耳を傾けてくれそうな人を捕まえては、きわめて率直に、生き残っている樹木がいかに重要であるかを、ほうっておけばみんな倒れてしまうであろうことを説いた。文化的にも歴史的にも重要だが、加えて生態系にかけがえのない役割を果たしていること、美しく、とても傷つきやすい存在であることを述べ立てた。「ヘレンが来る前は」当時を思い出してホセ・ミゲル・エロセギが言う。「わたしたちは萌芽樹に価値があると考えていなかった。ヘレンが目を覚まさせてくれたのさ」。ホセ・ミゲルの息子で林務官のミゲル・マリ・エロセギと、町役場から派遣された数名を加え、レイツァの人々は二〇〇五年に萌芽更新を再び始めることを決めた。

どう切ればいいのか。まず彼らは、ミゲル・バリオーラに指導を仰ぐことにした。若い頃炭焼きをした遠い記憶がかすかに残っていたからだ。バリオーラは、枝を刈り取っていた若い頃、刈り取りが進むと、以前の切りあとに突き当たることを思い出した。もつれあったドーリア式円柱のほうからは、巨人のごつごつした握りこぶしのようなものができてきた。月が満ちていく時期にはブナを刈り、欠けていく時期にはナラを刈る。それが最良の結果につながる、伝統の知恵だった。

ガブリエル・サラレギという男性が当初から伐採に加わっていて、ウルニエタ製の研ぎ澄まされた斧で枝を刈っていた。「わたしたちは最初、今でも更新のための伐採を続けているトネリコやクリと同じように、強く伐りとっていた」。初めのうちは手ごたえがあった。次の年、英国から育樹家を引き連れて手伝いにきたリードは、強い伐りこみに胸を痛めた。リードたちも最初、ロンドンで同じようにブナを切ったのだ。レイツァの人々は英国の仲間と一緒に仕事をしてみて、英国人がじつにちまちまとしか切らないのに首をひねった。時にはてっぺんの脇からたったの四・五メートルしか刈り込まなかったりする。レイツァでは九メートルかそれ以上切っていた。レイツァ組は、英国流のやり方を「エスティロ・イングレス——英国式」と名づけた。そこにトレパラリという協会から若いスペイン人育樹家が合流し、三組の人々が伝統と経験、そして希望を分かち合いながら協働するスタイルができあがった。

二〇一七年の終わり、彼らはレイツァに集まって会合をもった。会合にはうってつけの名前がついていた。名づけ親はリードの同僚ヴィッキ・ベンクトソンで「台伐りフリークの集まり」という。発表と話し合い、そしてフィールドワークが行われた。それまでの一二年間で、彼らは古いブナを保全するために何をすればいいか、たっぷり学んでいた。バスク組はまだ強い伐り込みがお好みだが、葉のたくさんついた小枝をいくつか残すのが大事だという点では全員一致している。

また、「目」を残しておくのも有効だ。目とは以前小枝が切られた場所に残る傷口のふさがったところで、その周辺には休眠芽がたくさんあることが多い。同じ理由で、枝分かれした部分や自然と剝がれ落ちそうになっている枝は切ったほうがいいことも学んだ。切られたばかりの枝には日光を確保するのが重要だが、急激に陽に晒すのもよくない。ミゲル・マリによると、レイツァ組は今では毎年手を入れて、再生されたグループのうちの数本を、新たに伐採することにしているという。手入れした樹のうち、七〇本はきわめて状態がよくなり、三〇本はそこそこ、八本が枯死した。枯死した原因は伐り込みが強すぎたのと、陽が当たらなかったためだ。また、古いブナに変わる新しい世代の更新ブナを育て始めているが、若い木々はよく陽に当てなければならない。でないと成長が鈍るのだ。

森では、トレパラリのふたりが、二〇〇七年に初めて台伐りしたブナに、二回目の台伐りを施していた。そのうちのひとりは、斧で伐るには足をしっかりと据え、腰をひねらなければならず、丸太の上に乗っかって切るのより難しいことを身をもって知った。サムエル・アルバレスは新式ののこぎりを駆使し、命綱にぶら下がって踊りながら、四、五メートルも枝を払っていく。後には、まるで枝の穴から舌をべろんと突き出したような、垂れ下がった樹皮が残る。シゴのやり方とは正反対だ。これは何千年という伝統によって培われた技術で、一九世紀の科学の成果だけから習得されたものではない。「No es mutilar――切断じゃないよ」。トレパラリ組の着ているTシャツには、そんなロゴが描かれている。

管理の効果は切られたばかりの枝の断面に見て取れる。内側の層はぎちぎちに詰まっていて、奇麗にクリーニングをかけて磨いてやらないと何層あるか数えられそうもないのだが、外側の一〇層、つまり、前回の伐採から増えた部分は大胆に広く、一層で内側全部を足したくらいの幅がある。内側の層は枝ができてから最初の一四年分の成長を示している。その期間、この枝はほかの枝にじゃまされてほとんど日陰になっていた。年輪の成長分は非常にわずかだ。前回の初めての伐採で、周りの枝が払われて日陰から脱することができたのだ。枝は元気満々で成長し、大いに増大して年輪もとても幅広くなったわけだ。

このような実践の場が一二年も続き、共通の言語が培われた。育樹家たちはのこぎりで語り、ブナは新芽で応える。だがなぜそこまでするのか。なにゆえに、これだけの時間とエネルギーと知性をかけてまで、古くて新しい技術を、半分以上死にかけた樹木に注がなければならないのか。

今、文明は静止点にいるという人もいる。進歩を望む人も前に行けずにいるし、保護を主張する人も後ろに戻れない。かたや、常に前進し続けなければならないと主張し、一方は昨日を懐かしむ。どちらの側もいささか熱が入りすぎているようだ。唸り合い、つつき合い、狭い裏路地で鉢合わせた二群れの野犬並みだ。

こういう状況では、その静止点を真ん中にして、その周りにできるだけ大きな円を描くしかない。円は時間をはるかにさかのぼる。懐古派の短い記憶など届かないほど昔へ。前へ向かっても、進歩を説く人たちの楽観的な希望すら届かないほどはるか遠くを通る円だ。

それこそが、想像力を開放し、前進を可能にしてくれる道だ。今後起きるのは原子力災害か、大規模な汚染か——現在の世界で不慮の死の三分の一は汚染が原因だ——あるいは両方がいっぺんに起こるのかもしれないが、そうなったらわたしたちは何が何でも、木を再生させる知識をまた必要とするようになる。神のご意志で、そのような事態は起こらないでほしい。そしてもし、わたしたちにはかつてのように木々を利用する必要などもはやないのだとしても、大きな円は古い記憶の井戸を掘り起こす。バーナム・ビーチ、イッピング・フォレスト、そしてレイツァはそうやって地表に浮かんできた。

わたしたちはかつての人々とまったく同じ理由で、まったく同じ作業をしているのではないかもしれない。だが木々を手入れすることは、かつての人々の営みを新しく再現するやり方を想像する力を与えてくれる。共有地で分かち合われるのは、かつてのような入会権ではないかもしれない。ここは今、想像力を分かち合う場なのだ。

木々のリズム

耕せば木は余計に生えてくる

シエラレオネ北西部のギニア・サバンナには、熱帯雨林と長草草原《ちょうそう》の両方がある。サバンナの中で森林地帯はゆがんだ線を描き、川や小川沿いに続いている。乾季は一一月から二月までで、サハラから吹いてくる乾いた熱風が続く。雨季は五月から一〇月までだ。

木々は、複葉《ふくよう》のものが多い。小葉《しょうよう》のたくさんついた複葉はシダの扇のようで、暑い中でも涼を届けてくれそうだ。複葉は、手頃で使い捨ての枝がわりになる。中にはバウヒニアのように、キササゲみたいな愛らしい花のおかげで名前をつけてもらえるものもある。食べ物や薬になる木もある。Dialium（ビロードタマリンド）とAnisophyllea（アニソフィレア）は一八メートルかそれ以上にもなり、幹はまっすぐで枝は長く、建築資材用に重宝される。

サバンナを南へ行くと、木々は小さくなる。長草草原は、毎年激しく燃える。内戦資金になるダイアモンドをめぐり、革命統一戦線RUFによる反政府活動が繰り広げられる厳しい土地で、農林業の従事者は、木々を読んで時を知る。樹木の成長リズムは、農家の一年に区切りをつけ、一定した収穫期を守ってくれるのだ。

サバンナの一画、キリミの村

一九八〇年代後半から九〇年代の初めにかけて、人類学者のエンドレ・ニェルジェがキリミ――サバンナの一区画で、その後国立公園になっている――で調査を行った。この一帯では、一平方マイル（およそ二・六平方キロ）あたりに人が五人住んでいる計算で、シエラレオネ全体から見るとざっと六分の一ほどの人口密度だ。乳幼児の死亡率はきわめて高く、赤ん坊が生まれても最初の数カ月を無事生き延びるまで、名づけられることはない。

キリミで最初の村の創設は悲しみをはらんだ物語だ。創設者のグル・ブライライは戦士で、四世代前にギニアから川を渡ってやってきた。疲労困憊していた彼は、戦闘用のシャツを脱ぎ捨てると木々とアリ塚の間に体を休めた（高さ一・五メートルにもなるアリ塚は、風景の中で際立った存在だ。まるで小さな山の頂が連なっているようにも見える）。目を覚ましてみると、シャツはアリに食いつくされていた。なぜだかそのことで、ブライライは無性にここにとどまりたくなった。妻たちを呼び寄せ、この場所に定住することになった。

ブライライがカシキリ――この地ではよき指導者のあかしとされる感性の鋭さ――の持ち主であったことは、村がその後四世代にわたってどうにか存続していることからも明らかだ。実際には、比較的最近火事があって、一世代近く村は放棄されていたのだが、再建された。ニェルジェの報告によれば、キリミでは、人々の記憶にある限りでも一一の村が放棄されている。ニェルジェはそれを人々の口から聞き、実際にその跡を目で確かめもした。ニェルジェが調査をした時点では、一二の村があり、合わせて六〇〇人ほどの村人がいた。続いている村とほぼ同じくらいの数の村が見捨てられたわけだ。人間の少ないサバンナで人を惹きつけ、とどまらせるには相当な手腕がいる。

入り組んだ人間関係の網の目も、人々を村にとどめる一助だ。創設者か創設者の親戚であれば、最上の土地を約束される。その立場で、年長の男性であれば、指導者にまつりあげられる（もし指導者の弟のほうがカシキリを示すと、最終的に彼は兄と争わなければならなくなるかもしれない。そのような場合、弟が戦いを避けるために村を出て、新しい村を築くこともままある）。男も女も、家の外でそれぞれの仕事がある。男たちは主食になる、主にコメを作り、そこにモロコシやキビ、トマト、トウモロコシ、トウガラシ、オクラ、ゴマなどを混植することもある。建前上女性は劣る存在とされているのだが、主たる商品作物である落花生を管理しているのは女性だ。

年長者は婚姻という手段で新しい働き手を村に招き入れる。年長の男性が村の指導者であり、書記であるケースも多い。彼らが土地だけでなく、知識をも握っているのだ。未婚の女性は天国へ行けず、夫に祈ってもらわなければならないと吹聴する。その一方で少女たちの成人式を、一人ひとりの能力や美しさを披露する品評会のようにして執り行う。その後まもなく、彼女たちは結婚しなければならない。

若い男性はよくよそからやってくる。そしていったん結婚すると、この地にとどまるように仕向けられる。ほとんどが抜け出せない羽目になるのだ。彼らは自分の親から少女をめとるための持参金を借り、結婚してしまうと花嫁の親とその村とに「新婚奉仕」と呼ばれる借りができる。要は畑仕事だ。自分の自由になるのは肉体と汗くらいだ。二重の借りを背負った男たちはたちまち不満をためこむ（花嫁は、夫の奉仕が足りないと実家に戻ってしまうこともある）。RUFをはじめとする反政府勢力は、こうした不満だらけの若者を格好の戦力と見た。また、それなりにカシキリのある者たちは、早晩村を抜け出し、自分で居場所を見つけてしまう。まさに社会の分断化の温床だった。

木々が教える伝統農法

とはいえ、この厳しい環境では、カシキリが貴重な便益をもたらすこともある。脆弱な土地を痛めつけることなく耕す農法を教えてくれるのだ。痛々しいほどの貧困地帯に暮らさざるをえなかったからこそ、この地のスス族の人々は主食となる作物を何年にもわたって収穫する道を見出したのだろう。彼らはサバンナの木々を見て、種まきの時期や手をかけすぎないほうがいい時期を読み取った。一五年か三〇年ごとに、農民は森の一部を伐採し、開いた土地にコメやその他の混作物を植える。その年には農地には実りがある。やがて、農地は森に戻っていく。木々がかつてと同じ高さになると、再び伐採だ。もう一度。またもう一度。ニェルジェは調査した土地で、少なくとも三度、繰り返し伐採されたとみられる切り株を見つけている。最初の伐採は二〇世紀の初めだ。

乾季の終わる頃、例年であれば一月にソモイ、つまり一緒に働く男たちの組が新しい農地のための祈りを捧げる。それから木々を切る。腰の高さに切り、切り株を残しておく。手始めに切るのは直径五〜七・五センチ程度の小さな木で、道具はマチェーテ（山刀）を使う。続く数週間で、今度は斧を使ってもう少し太い木を切るが、最も大きく育っている木々は手つかずで残される。斧を上手に使いこなす者は、最大で直径九〇センチまで切り倒すことができた。残されるのは、アブラヤシや大きなアカネ科の *Nauclea*（ギニア・ピーチの仲間）などだ。前者は油をとれるし、後者はコーラナッツと同様、大きな葉で食べ物をくるんで運ぶことができるからだ。収穫される種でも、年月を経て大きくなっているものは残され、その実が林床に落ちてやがて芽を出す。伐り取られた枝は、家や柵の柱になったり、調理に使われたりする。

四月、雨季の始まる前に、農夫たちは伐採した枝を燃やす。後には黒くすすけてもじゃもじゃした塊が残る。見栄えはよくないけれども、生焼けの枝は土壌を守り、土の流出を防ぐ。灰は肥料になる。「ここらの畑は平坦なところを歩くというのではなかったな」当時を思い起こしてニェルジェは言った。「黒い塊をよじ登るんだ」

コメや混作物の種子は黒っぽい泥にばらまかれ、いったん雨が降り出したらぐいぐい伸びてくる雑草よりも一足早く発芽する機会を与えられる。柄の短い鍬を使い、焦げた枝の間を縫って歩き、土に屈みこんでは、作物の種子を軽く覆っていく。作物が成長してくると、畑はどことなくごみの山のように見える。雑草を抜くのは一度だけ、それも根こそぎ抜くのでなく、茎を引っ張るだけだ。トマトがトウモロコシやモロコシ、上部を伐採した木の幹に絡む。元気よく新芽を伸ばしているトウジンビエが、ゴマと勢力を争っている。ニンジン、トウガラシ、オクラは境界線から飛び出しそうだ。シマフムラサキツユクサやストライガ、黄色いカヤツリグサ、アジアン・スパイク・セッジ、ヤマブキショウマ、チガヤ、メヒシバ、コヒメビエその他一〇余りの雑草が合間をぬって生えている。

一番恵まれている区画は低地で、地下水位が高く、灌漑が必要ない場所だ。肥料は施さない。過去二〇年から三〇年というもの、森が土壌を肥やしていてくれたからだ。

伝統的な農法では、もつれて絡み合った草をよけながら、農期の終わりにほとんどの作物を一斉に収穫する。トウガラシは二年目に熟する。そのあと、畑は放置され、森に還る。収穫の翌年は木々は新芽を出したばかりで雑草がそこらじゅうを覆っている。三年後、樹冠は四・五メートル以上になる。モナモンキーが湧き出る泉を占拠していた。林床の植物は次第に陽を遮られていく。七年経つと、畑跡地の樹冠は七・五メートルの高さで空を覆い始める。

一五年後には九メートルにまで成長した樹冠が空をすっかり覆いつくしている。ミドリザルやチンパンジー、スーティマンガベイ、ギニアヒヒが木々の間でくつろいだり飛び跳ねたりしている下では、イボイノシシが闊歩する。この段階で、また伐採が行われることもある。ここで切られず、休閑期が長くなると、森は一五〜一八メートルに達する。オナガザルのアビシニアコロブスやアカコロブスが棲みつくようになる。やがて森に再び斧が入る。

スス族は、森を破壊して草原を増やしていたどころか、必要な食べ物は確保しつつも、森を守り、再生していた。しかも、集落が必ずしも長続きせず移動が繰り返されたせいもあって、人々は自分の町ですら森に捧げる場合があった。原因はたいてい火だ。年ごとに草原を焼く炎は激しく、時には町にまで飛び火した。「(灌木や草原を焼く)ブラシ火災はどこにでも起き、逃げる自分の後ろから、肘を炎で舐められるほどだ」とニェルジェは回想している。集落は、炎に包まれて失われることもあった。

災難ではあったが、とりかえしのつかない災厄ではなかった。排泄物も、木で作った家も、肥やしも、庭先の畑も、布も、草で葺いた屋根も、すべて塵に還った。もとはと言えば、そこから生まれたのだ。家の壁と柵は、萌芽林からとってきた枝を支柱とし、こちらも土に還った。一軒の家を建てるのにおよそ一〇〇本の柱を必要とする。シロアリのせいで、火災がなくとも家はわずか七年しかもたない。そうして放棄された集落の跡は、たちまちうっそりと森に覆われる。集落を再建するときには、もとあった場所そのものではなく、近くに建てられる場合が多い。そのようにすれば長老たちは祖先や創設者のいた場所のそばにとどまれるし、以前の集落が森にもたらした恩恵のおこぼれにもあずかれる。こうして新たな集落が、農地を作り出していく。

キリミでは、スス族は森を守るだけでなく再生しているが、こうした再生農法が行われているアフリカのサバンナはキリミだけではない(ニェルジェはこれを「フェニックス農法」と呼んではどうかと考えていた)。例えばマリ南西部のスーダン・サバンナ・ベルトは、ギニアのサバンナより乾燥がひどく、炎の勢いも激しくなりがちだ。ここではジャバンと呼ぶ三〇年の休閑期をとる農民もいる。二〇〇八年、ポール・ラリスがジャバンと近隣の農地になっていない森の成長度合いを比較調査した。一般に、休閑期の長い農地では三年から五年にわたって耕作をしたあと、三〇年放置する。結果は驚くものだった。農地になっていない箇所はブッシュが入り乱れ、枝がてんでに伸びた木々や灌木に多年草がまざっていた。ところがジャバンのほうは、丈が高くてまっすぐな木々が育つ。おおむね三、四倍の高さになった。ジャバンの森の植物種は、そうでない森の二倍ほどになる。前者では、木々は林地全体でまんべんなく芽吹くが、後者では最も背の高い木が場所を占めてしまううえ、地面はアリ塚で土が掘り返される。

農耕地もそうでない土地も年に一度同じように火事に見舞われるものの、多年性の雑草が抜かれているのと鍬が入っているのとで、農耕地のほうが火の勢いは弱められるし、若木の数が多く、また根がよく広がっている。ジャバンの持ち主のひとりは、科学者が調査結果に驚いたことに驚きを示した。「耕せば木は余計に生えてくる。当然だ」

森を酷使する

だが人間の行動の例にもれず、こうした再生農法も誘惑に負けることがある。人は権力のためには容易に愛を手放すし、正しい行いと引き換えに手近な安全を手にしようとする。ヘンリ・ナウエンが書いているように、「神を愛するよりは自らが神になるほうがたやすいようだ。人々を愛するよりは支配するほうが、命を愛するよりはわがものにするほうが、簡単だ」。森林のまじるサバンナで誘惑に負けるというのは、休閑期を短くすることだ。木材を早くたくさん手に入れ、現金作物をもっと植えられるように。スーダン・サバンナで休閑期を気長に待つところは少なくなり、それが樹木の減衰を招いている。

ニェルジェは、シエラレオネで彼が調査したような萌芽更新の方式は、五〇〇年ほどさかのぼる略奪の歴史に対する反動であろうと見ている。五〇〇年前、マンデ語を使う人々が入りこみ、農耕だけでなく、鉄の精錬にもサバンナの森を酷使した。スス族は金属加工技術が優れていることで知られていて、ポルトガル商人たちがアフリカの海岸地帯にやってきては現地の人々を捕まえて奴隷に仕立てるようになった頃、マンデ製の鉄の棒は一級の交易品だった。船はシェラレオネに停泊すると、奴隷と鉄を積みこんで海岸に沿って北へ向かう。仕入れたばかりの鉄の棒を、さらに多くの奴隷と象牙に交換するのだ（新世界に最初に奴隷を売りつけた船は、ポルトガル船籍で一五二〇年のことだった）。奴隷も鉄も、需要が倍々ゲームで伸びてくれば、農業と兼業の鍛冶屋にとっては、土地を酷使し普段より頻繁に伐採をして森を痛めつけたくなるのも無理はなかったかもしれない。

一九九〇年代にも、長老の叡智も政情不安にたきつけられた欲望には太刀打ちできない現実が明らかになった。指導者も従う者たちも、どちらにもそれなりの誘惑があった。キリミには、土地はありあまるほどあるが、人間があまりにも少なかった。だから（許可を得て）森を開き、耕して農地にした者は、実質的にその土地の所有者になった。ただし、作業自体は、複数人の組で行う。男性の組がソモイと呼ばれるのはすでに紹介したが、女性の組はキレと呼ばれる。作業班は仕事の始まりと終わりに、自分たちの組歌とも呼ぶべき歌を歌う。ドラムに合わせてのこぎりを挽き、草を抜く。組内の誰かが遅れてくると、鞭で打つふりをする。仕事が遅れると、自分たちのなまけぶりを讃える歌詞を作って歌う。楽ではないが、決してつまらない暮らしではなかった。

問題は、長老たちが計画した仕事を全部こなそうとすれば、作業量が多すぎることだった。すでに一九世紀末から、スス族は自分たちの食用とする作物ばかりでなく、アメリカ合衆国から新たに導入された商品作物も栽培するようになっていた。トウガラシと落花生（落花生は根っこのところに実ができるので、キリミでは「地面の実（groundnut）」と呼ばれた）だ。初めのうちこそ、商品作物もこれまでに記述してきた通常の循環農法に組みこまれたが、落花生は独立した畑地で栽培しなければならないうえ、雑草取りなどの世話もほかの作物よりはるかに多く必要だった。しかも地面の実は、コメが好む湿地を嫌った。

すでに耕作地として開かれていて、どのみちトウガラシには除草が必要だったので、長老たちの一部は休閑地にするのを一年延ばし、前年に植えた耕作地に落花生をトウガラシと混植し、その後焼き畑した。これを担ったのが女組のキレだ。二年にわたる利用は、伐採された木の親株にとっては負担になった。新しい枝が出ても新たな耕作のために切り払われると、次の年にはもう芽を出さない。その代わりに多年生の草や低木が、開かれた土地に根を伸ばす。その耕作地が放棄された後、そこはもはや森ではなくサバンナになっていた。さらに、耕作用に選ばれた土地が、コメの好む低湿地でなく落花生向けの、雨で水を賄う高地だった場合、コメの生産高が落ちこむ恐れもあった。実際、落ちる年には壊滅的なほどに作高が落ちることもあった。これらすべてに追い打ちをかけたのが、首都フリータウンで燃料用の薪が必要になり、キリミの木材が現金市場にのったことだ。地面を肥やしていた古い木々が根こそぎにされた。借金を返し、偉大な人物像を維持し、指令を出すために、長老たちは集落の人々の命を懸けてリスクをとらねばならなくなっていた。

土地への態度は、隣人たちへの態度と通じるものがある。そして、人が人と接する姿勢は、生態系に地下水が重要であるのと同じくらいに、集落の存続に大きく影響する。行動を誤ると、人も、その周囲の土地も損なうことになる。エレミヤ書に、「この地はいつまで喪に服し、すべての畑で草が枯れているだろうか。そこに住む者たちの悪のために、家畜も鳥も追い払われる。そして人々が、『彼がわたしたちのやり方を見ようとしない』と言うからだ」とあるように。

長老たちが行動を誤ったことは――ちょうど、鍛冶屋が奴隷を手に入れるために鉄を売ったのと同じように――、土地を損ない、その下にあるものの安全を脅かす結果になった。にもかかわらず、その次の世代もまた、同じ轍を踏んだ。借金を負い、働きすぎ、権力も持たないキリミの若者たちは、許可を得て集落に近い休閑地を耕した。ここはわずか五、六年前に収穫された土地で、最も短い休閑期の半分にもならない。それでもほかの作業を終えてから働きに行ける程度に近いのはここくらいなのだ（畑の多くは町から歩いて一時間かそれ以上かかった）。そういう土地での実りは、当然ながら乏しい。なお悪いことに、充分に休ませないで耕された土地では、サバンナ草が優勢になる。だから若者たちが、自由と改革と、富と新しい生活を約束するＲＵＦに取りこまれていったのも、無理からぬ話なのだ。現実には、ＲＵＦがもたらしたのは、飢餓と戦争と略奪とレイプだったのだが。

アフリカの大地を見誤った支援

誘惑は、土地も人も堕落させる。だがニェルジェがキリミを調査した当時は、三分の二の土地は伝統的な長い休閑期を保っていた。その後、ＲＵＦがサバンナを席巻し、それにエイズやエボラ、そして漂砂ダイアモンドの支配権をめぐる紛争がついてきた。富める西側の関心の中心はいかにして最大限に資源を引き出すかであって、どのようにしてそれをするかにはさしたる注意を向けなかった。紛争当事者の少なくとも一グループは、企業か個人投資家に雇われた民間の請負業者だった。

次に登場したのが世界銀行と慈善活動家集団で、いずれもサバンナに住む人々を支援するべくやってきた。彼らはきわめて野心的な目標達成のために資金提供した。それは、「五年以内に一〇〇の新品種を栽培し、二〇年以内に農家の収入を二倍ないし三倍にする」ことだった。まさにアフリカの緑の革命を目指していたのだ。それまでの数年となんという違いだろう。スス族の人々はさぞや目が回りそうだったに違いない。だがたとえ善意の第三者であっても、アフリカの大地を見誤るという点では、悪意ある第三者とさほど違いはなかった。

一九四八年、ケンブリッジ大学の調査隊が、ナイジェリアとベニンの湿地森林に入った。調査隊は未踏の森を探していた。ナイジェリアの森林省は彼らをベニンの極相林に行かせたのだが、調査隊が林床に鍬を入れるやいなや、陶器片や炉床で燃やされた木炭といった集落の痕跡が出てきた。手つかずの森と言われた場所の土深く、うずもれていたのだ。「現在、西アフリカで最も良質の森を抱える大地は」一九六二年、P・A・アリソンが書いている。「その大半が過去二、三〇〇年のうちに少なくとも一度は耕されていた」。研究者たちは、農民というものは手つかずの林を破壊するだけだと思いこんでいたから、これは彼らにとって驚愕の発見だった。

キリミから東へ約六四〇〇キロにあるトゥルカナでの実験は、第三者の支援が時として支援とは程遠くなることを象徴的に教えてくれる。わたしの継子ジェイクは、二一世紀の初め、大学に入って一年経つ頃、トゥルカナにある小規模なカトリック伝道団を訪れる機会があった。トゥルカナはケニア北部に位置し、ソマリアやエチオピアとの国境に近い。伝道団にたどり着くには、車で道なき道をまるまる二日行かなければならなかった。

砂漠に入って数時間後、トルコ石の色をした広大な湖が近づいてきた。湖畔に、オスロにあったとしても浮いて見えないであろう、モダンな建物が建っていた。「あれはいったい何です?」ジェイクが尋ねた。彼は湖が一万頭ものワニの巣で、やつらは陸の上でも水の中に劣らずすばしこいから、絶対に近づいてはならないと言い含められていた。だから爬虫類の存在は心づもりしていたけれども、巨額の支援金の賜物のようなヨーロッパ建築を見ることになるとは思ってもいなかったのだ。

一九七一年、ノルウェー政府が後援する援助計画で、トゥルカナ湖から水揚げされた魚を冷凍する施設が建てられた。湖にはワニと同じくらいたくさん、四五キロ級のナイルパーチがいる。さらに、最も近い都市への道路も建設され、魚の運搬経路も確保された。計画全体でかかった費用は二二〇〇万ドルほどだった。不幸にして、この施設を一日動かすのに必要な電力は、当時トゥルカナ地区全域で生産される電力とほぼ同量だった。施設を実際に運用すれば、そこを通る魚は売るにも買うにもとてつもなく高価になってしまう。それだけではない。この一帯に住む人々は漁師ではなく圧倒的に牧畜家であり、業種換えする必要などみじんも感じていなかった。「まるで忘れられてしまってますね！」ジェイクは言った。「その人たち、何を考えていたんでしょう」。ノルウェー式の発想であって、トゥルカナ式ではなかったということだ。

木々に学ぶ支援のあり方

一方、伝道団に着いたところ、ここの支援はすこぶる目に見えにくいものだった。井戸を掘り、菜園を作っていた。尋ねられれば菜園で何をどう育てているかを見せている。井戸掘りを頼まれれば、掘削道具を積んだ年代物のトラックを見せる。トゥルカナでは、井戸ができれば女性たちが半日かけて水を運ばなくてもよくなるはずだ。「いいですよ、井戸を掘りましょう。井戸一個でヤギ何頭払ってもらえますか？」神父たちがもちかけると値段交渉が始まる。

ブルックリン出身のマーク・レーン神父はある日、村に井戸を掘りにいく一行に同行した。礼拝の訓話で、彼はその時のことを話した。草がまばらに生え、ところどころにアカシアの見える道のない土地を車に揺られたあと、井戸の予定地に着いた。集落の長とヤギの群れが待っていた。神父たちが数えるとヤギは二〇数頭足りなかった。「だめだよ。約束のヤギはどこだい？」

トゥルカナの男たちはもごもご弁解し始めた。悪い年だった。雨が少なくて、部族間の衝突も、例年に増してひどかった。約束した数のヤギをそろえるなんて無理だ。神父様たちなら理解してくれるだろう、と。

神父のひとりが、掘削道具を組み立てていた運転手に声をかけた。「止めだ。この人たちは代金が払えないようだからね」。運転手は道具を荷台に戻し始めた。

「待ってくれ！」トゥルカナのひとりが声を上げた。「あんたがた、おれたちを助けるためにここに来たんだろ」

「そうですよ。でもそのためには代金を支払ってもらわなくてはいけません」

マーク神父はその時思ったそうだ、トゥルカナの男性の言う通りじゃないか。どうしてこの人たちにヤギで井戸掘り代を払わせなければいけないのか。貧しくて、干ばつで苦しんでいるのに。ヤギがちょっと足りないくらいでなんだというのか、と。だが彼はその場では何も言わなかった。

案の定、ほどなくいないはずのヤギがどこからともなく現れ、引き渡された。掘削道具が組み立てられて、井戸掘りが始まった。

後になって、マーク神父は交渉役の神父と対価について議論した。「支払ってもらわなければならなかったんですよ」交渉役の神父が言う。「そうでなければあの人たちを対等の相手として扱っていないことになってしまう、同じ人間としてね」

自らの土地を、長く手入れしてきた伝統を持つ人々と取引をするには、慎みと誠実さが肝要だ。トゥルカナの人々は、乏しいけれども生活に不可欠の樹木を崇拝している。最も大切な樹種はサバンナ・アカシアだ。ケニヤの都会人や外国からの支援者の中には、現地の人が乏しい樹木を破壊するといって非難する向きもある。例えば家畜に必要以上に下草を食べさせたり、枝を払って飼料にしたり、薪や建材として木を無計画に切り倒してしまったりする、というわけだ。近年、トゥルカナでは家畜飼料や燃料のための伐採を禁じる法律ができた。

だが地元の人々は薪ではなく牛糞を燃料にしている。暑く乾いた土地でわずかな日陰を提供してくれる樹木の価値を、よく知っているのだ。乾季の終わり、牛やヤギを生かすために、木々を伐採して与えるが、新芽が必ず生えてくることは確信しているし、その点で彼らは間違っていないのだ。実際、夜の間家畜を守る囲いの中は、新しい木々の育種場になる。アカシアの莢を、木に生えているのをむしったり、伐採した枝についていたものを飲みこんだりして腹に入れた家畜は、糞と一緒に囲いの中に種子を落とす。そこで種子は盛んに芽を出し、勢いよく伸びる。風景の中でアカシアが固まって茂っているのは、かつて家畜囲いがあったしるしだ。

真の援助は、人々とともに暮らし、彼らの生活が少しでも安定するように手を貸すことだ。彼らに代わって進歩の未来図を描いてしまうことではない。一九六〇年代、外国のグループがシエラレオネ中央部の低地で、コメなどの主要作物の耕作を助けるため、雄牛と犂《すき》を持ちこんだ。ひどくぬかるんだ湿地帯では、種まきにも草取りにも、雄牛のおかげで作業がかなり軽減するかと思われた。やがて支援者たちは去っていった。二〇年以上ののち、ひとりの人類学者が、援助計画の成果を確かめにやってきた。「来てくれてよかった!」と学者は人々に迎えられた。「犂をなんども修理したんだが、もう新しいのを買わなくちゃならないんだ!」。彼らは変わらず、昔からの生活を続けていた。歌い、結婚し、死んでいく。労働が減ることにはさして頓着せずに。

援助する側も、そろそろ木々のリズムに学ぶべきではないだろうか。伐採された木は死んだ木ではなく、再生する木だ。それは植えつけの頃合いを教えてくれてサバンナをよみがえらせ、地面を肥やし、村に建物と、薬と食料を提供する。援助するつもりならば、ぜひともすでに村にあるカシキリにのっとってほしいものだ。

急斜面の農耕を支えるもの

木の葉の飼い葉

青銅器時代に始まって二〇世紀の終わりまで、ノルウェーの農業は萌芽更新に依拠してきた。だがターボプロップ旅客機で西部フィヨルド地方の玄関口であるソグンダール空港に降り立ったとき、こんな場所でいったいどうやって農業をするのだろうかとあっけにとられたものだった。空から見ると周辺は、てっぺんがあまり鋭角でない山ばかり。その稜線はすとんとサファイアブルーの海へ落ちこんでいる。ほとんどの山が、上方の深く穿たれた渓谷に雪を抱いている。前年の冬の名残だ。活動中の氷河も複数あるが、これは冷涼な気候のせいばかりでなく、冬の短い昼と、高地の積雪のためだ。家や納屋が数軒、ロッククライミングでもしなければおよそ近づけそうもない場所に建っている。

ノルウェーでは、海抜三〇〇メートル以下の土地は国土全体の三分の一程度で、五分の一ほどが七五〇メートル以上になる。着陸体勢に入った飛行機から、フィヨルドは、まだ一〇〇〇メートル以上も下にある。空港の山側が突如飛行機の前に現れて、機は滑走路の舗装面に徐々に降りていくというよりも、街中で見つけた駐車スペースに潜りこむように、駐機場所に滑りこんだ。こんな場所で、誰がどうやって農耕をするというのだろう。

メキシコ湾流と海からの西風が多いせいで、ソグネ・フィヨルドは、空から見た印象よりはるかに近寄りがたい土地だ。冬は、ニューヨークの海岸並みに暖かい――少なくとも、海と山に挟まれた細長い台地にいる限りは。上と下はもっと寒く、場合によってはびっくりするほど気温が違う。最も西側の、大西洋とぶつかるあたり、二〇〇キロ余りに及ぶソグネ・フィヨルドはヨーロッパでも最も湿った土地だ。ところが東の端の降水量は、西側の四分の一ほどしかない。ノルウェー西部の一地点と別の地点の気象の隔たりを言い表すには、「microclimate（微小気候）」などという言葉ではとても足りない。「picoclimate（極小気候）」とでも言いたいくらいだ。接頭辞のpicoは、一兆分の一を表す。今いるところから数百メートル離れただけで、気温が五度は違う。ところが予測不能で狂おしいほど変化に富んだ環境の中、ほとんど読み書きも発達していなかった社会で、西側で最も知的と言っていい農耕がはぐくまれたのだ。

讃美歌に、「主の真理は地より出で、正義は天より見下ろす」と謳われる。この句は一見したところでは、農耕を表現しているようには思えない。だが学者で聖職者のユージン・ピーターソンが聖書を口語訳した『メッセージ』を読むと納得できる。彼はこう訳しているのだ。「真理は地面から青々と芽吹き、正しき生き物は空から降り注ぐ」

西ノルウェー農業の優れた研究者であるイングヴィルド・アウスタッドに、昔ながらの萌芽更新農法を頑固に守っている農家が少なくないのはなぜなのか尋ねてみたところ、きわめて明快かつ科学的な答えがいくつか返ってきた。そのひとつが、兄と姉の農場というものだ。両親から農場を受け継ぐのはたいてい長兄であり、年老いた両親の世話をするのは長姉であることが多い。親世代が死んだあとも、未婚の子どもたちはやり方を変えたがらない。一方、子どもの子どもが経営するようになると、農場はほとんどが近代化される。

そこでアウスタッドは言いよどみ、しばらくして口を開いた。「でも農家の方々が口をそろえておっしゃっていたのは、信仰のためということでした。神がそのようなやり方を望まれるからだ、と」

信頼のおける仮説とも、実証可能な仮説とも言えないかもしれないが、多分それこそが、農家たちの目指すところなのだろう。聖書でいう真理とは、試験で花丸をもらう解答のようなものではない。人と、その周囲の万象との誠実な関係であり、高潔なる意志に見合う結果をもたらすものだ。預言者イザヤは芽吹きと農業を一方に、正しき生き物をもう一方に置いた等式を作った。「土が植物を芽吹かせ庭は種子を育てるように、主は正しく称賛さるべき者を、すべての民の前に生じさせたまう」。正しい生き物は神の賜物への答えなのだ。

フィヨルドの垂直経済

ノルウェーの西部では農場は単なる場所ではなく名所だ。古ノルド語で立つと座るを意味するstolenとseterという単語がそこここで農場の名前に使われている。人の名前にも牧草にもその名が入る。ラース・グリンデさんの農場はGrindeseterで、その父や父の父の代からずっと変わらないが、グリンデさんの農場だからその名になったのではなく、むしろグリンデ一家が何代前か数えきれないほど昔、農場からその名をもらったのだ。グリンデ農場は現在のライカンゲルにほど近い高地にあって、青銅器時代からずっと農耕を営んできた。

イングヴィルド・アウスタッドは、四〇年もラース・グリンデの所有地を研究している。わたしが初めて訪れた日は雨降りだった。わたしたちは数少ないゆるい斜面で、ラースがキャベツとイモと穀物を植えている畑を見てまわった。また、牛と羊を放し飼いにしている傾斜地も見せてもらった。西ノルウェーは畜産が主産業だ。緑を乳やバターにチーズ、肉や肥料、そして革や毛糸に変えてくれる家畜がいなければ、この地に住むのは不可能だ。

わたしたちは、耕作地を羊が通る狭いあぜ道を歩いていた。フィヨルドはわたしたちから一五〇メートルほど下に続いている。アウスタッドが斜面の下のほうを示し、ニレやトネリコ、カバといった木々に注意を向けた。ここの木々はこれまで、ラースが年をとって面倒を見切れなくなるまで、五年ごとに伐採されていた。今ではどの枝も太くなり、高い木に成長している。嵐で倒れた木もあった。その木をよく見ようと丘を下り始めると足が前に滑った。わたしはホームベースに滑りこむ野球選手よろしく、大人一人分くらいの長さを滑り落ちた。アウスタッドは悲鳴を上げたが、わたしが立ち上がると笑い出した。靴下から股のところまで、茶色い縞ができた。西ノルウェーの農場ではしっかり足を踏ん張って立つか座るかしていないと転んでしまうのだ。何しろどこもかしこも平らでないからだ。

生計を立てるため、農家は、海の中に入り組んでいるフィヨルド台地、フィオラから、山頂付近の渓谷まで毎年移動を繰り返さなければならなかった。これは新石器時代ヨーロッパの垂直経済（vertical economy）と非常によく似ている。当時は低い土地から高い土地までくまなく全体から食料を採取していた。現に研究者の多くは、現在の西ノルウェーの農法の起源を中石器時代にまでさかのぼれると考えている。初めて家畜の糞が肥料とされ、穀物の栽培が始まったと考えられる時代だ。西ノルウェーで発達した農法が農耕社会の黎明期にあった採集経済とうまくかみ合ったというのは充分考えられることだ。ここの地形環境では、採集と農耕の組み合わせがわれらの時代、二〇世紀まで続いたということだ。

ここではどの農場も与えられた土地の潜在能力に依拠するしかない。立って、座って、歩いて、掘って、切って、積んで、乾かして、保存して。一家は家畜とともに海抜〇メートルから七五〇メートルの高地まで、一年の間に移動する。フィヨルドでは畑の肥やしにするため海藻を摘んだかもしれない。食卓に載せるため、魚を獲ったのは間違いないところだ。夜、ニシンを獲る漁師はたいてい沖に出ていた。魚を呼び集めるために海面を照らす。光の点が、海の水の暗い幕を背景に、縦横に走るのを見るだろう。頭上には星々がきらめく。電気が普及するまで、漁師たちはたいまつを用いた。魚のはらわたと繊維質に富んだ骨は畑に行き、ジャガイモやキャベツ、穀物を肥やした。

だが農場の中心がフィヨルドに作られることはめったになかった。ヘイムセテル、つまり本拠地が作られるのはだいたい海抜九〇メートルに始まって三〇〇メートルほどまでの間だった。この耕作地の極小気候においては、周囲の山の形状が、陽の当たる条件を大きく左右する。場所によっては、すぐそこに迫る頂の大きさと形のせいで一〇月には直射日光が当たらなくなり、四月まで日照は望めない。それがほんの数十メートル西へ動くか、あるいは上へ登るかするだけで日照時間が二倍になったりもする。だから立地の高度を上げるということもまた、主たる農地の場所を選定する際の、ひとつの要件なのである。

とはいえ、最も温暖なのはおおむね中腹のあたりだ。北緯の高いこの地域では、太陽がまっすぐ頭上から降り注ぐことはなく、常に斜めに差しこむ。そのため、中腹の急斜面では日光が垂直になることもある。冬の冷たい風が斜面を吹き下ろすので、海面近くの土地は頂上付近と変わらないほど気温が下がる。塩水であれば凍らないが湖は凍るので、淡水地帯はなおいっそう寒く感じる。というわけで、水辺で採集はしたとしてもそこに住む気にはなれなかっただろう。

太陽は、腰を落ち着けるのに最適な場所を指し示す。一九世紀に土地再編が行われる前は、ほとんどの農場が数軒かたまって居住区を作っていた。ひとつの居住区には、分家した親族が七、八家族集まって暮らしていた。それが集まって小さな集落を成す。どの家もそれぞれの農場に所有地を持っていた。昔は近隣の畑は分割共有され、あるいは同じ塊の中で交換された。構成員たちにはそれぞれの私有地があって、ある者は畑や菜園、ある者は牛の放牧地、羊の放牧地、ヤギの放牧地を持ち、ある者は牧草地、またある者は林を持っていて、林はほとんどが萌芽林だった。

だが主たる農場だけでは暮らしは成り立たなかった。そこにずっととどまっていると、地味も木々もたちまちやせ細る。そこで彼らは毎年緑を追いかけ、春には斜面を登り、秋には降りてくる。場合によっては四月、羊やヤギをボートに乗せてフィヨルドを漕ぎ出し、最初に見つけた日当たりのいい小島に上陸するか、対岸まで行くこともあった。農家はみんな、少なくともふたつは農場を持っていて、三ヵ所、四ヵ所と持っている者もいた。主農場と春の農場、夏の農場、秋の農場といった具合に。

主農場を離れる期日はおおむね固定されていたけれども、天気がきわめて変わりやすかったので、現実には日にち以外のきっかけを待つことも多かった。ある場所では、雪原が割れて三分割するのを合図にしているかと思えば、残雪が白鳥の形になるのを見て移動を始めるところもあった。ある農場では、毎年雪崩を待った。彼らはそれを「牝牛の雪崩」と呼んだ。ラース・グリンデは家畜の様子を見守ったという。「動物たちは時が来るとわかるんだ。その時になると自分から動き出す」。農家は羊なら一〇年、牛ならその二倍の年月飼っているので、群れの中の古株には自分たちがこれからどこへ行くのかがわかっていて、出発のタイミングを感じ取る。

無理して移動を早めると、たいがい痛い目を見る。ある時、ビジェルガンネと呼ばれる集落で、夏至の一四日前に主農場を離れようとしたことがある。家畜を高地に上げるのは、ひとつには収穫前の作物を食い荒らされたり、牧草地を食いつくされたりするのを防ぐためだ。農場や畑地に柵はない。主農場での生育が早かったりすると、家畜を早く連れ出したい誘惑がむくむく湧き起こる。その年、夏至を待たずに夏の農場へ移動したものの、途中にある川の残雪を一日がかりで取り除く羽目になった。そうしないと牛が通れないからだ。「それ以後は、二度と早まって出発したりしていませんよ!」と彼らは言う。

便利なのが春の農場だ。ここはいわば中継所で、たいていは渓谷から少し上がった台地にあり、住居からは数十メートル高くなっている。農家が探すのは、草地があって、あと少なくとももう一区画、均せる場所のある土地だ（岩ばかりでもいけないし、急すぎても不向きだ）。春の終わり、牛や羊はそこの草原で草を食《は》む。収穫できる樹林のある場所もあればないこともあるが、それは日照条件や岩場かどうか、斜面の角度などによる。春の農場は住居から近くて、夜にはその日絞った乳を持って家へ帰れるような場所にある。乳は家でそのまま飲むほか、長く保存できるバターやチーズに加工される。ラース・グリンデの春の農場では、夜をそこで過ごして朝牛の乳を搾り、乳を持って主農場に降りた後、日中はそちらで働き、夕方になるとまた上がっていって乳を搾っていた。家畜を夏の農場に上げたあと、男たちは春の農場の牧草を刈り、石造りか木造の納屋に飼い葉を貯蔵しておく。冬になると橇《そり》を持って春の農場に登り、飼い葉を下ろすのだ。

夏の農場の楽しみ

夏の農場はこれとはまた異なる。腕を前から天井に向けてあげてみてほしい。手を開いて掌を上へ向ける。主農場のあるところが肘で、春の農場が採血の時に針を刺す太い静脈が隠れて見えなくなるあたりだとすると、広げた掌が夏の農場になる。高くて遠いのだ。住まいからは歩いて半日、あるいは一日がかりだ。夏の農場の持ち主は、夏の間ほとんどそこで寝起きする。四週間から一〇週間、あるいは一二週間。立地や極小気候の違いによって、そこで過ごす期間が短くも長くもなる。夏の農場で暮らすのは女性と子どもたちだ。大人の女性と少女たちは乳を搾ってバターやチーズを作る。少年たちは家畜を見張る。

アネストーレン、フルダストーレン、ボイストーレン。ストーレン、すなわち立つこと。牛は立って乳を搾られ、羊は立ち歩いて草を食む。夏の農場がふもとから丸見えの斜面に直接作られることはまずない。渓谷のてっぺんで、山の頂に囲まれた窪地の中に作られることが多い。岩また岩、ところどころ草が生え、川が流れている。カバの萌芽林が周囲を取り囲んでいる。ただしカバを切るには注意が必要だ。刈り込みすぎると応えてくれなくなる（カバ材はチーズを作る燃料に欠かせない。カバの更新材が取れなくなったら、下から泥炭や薪を運んでこなければならなかった）。窪地にあるため、家畜にも家畜番の子どもたちにも目が届くし、水も貯められる。水は飲用や調理に不可欠なだけでなく、乳を冷やしておくのにも必要だ。今でも小川のよどみに、水がめを支えておくための石の囲いが残っているのを見ることができる。その下に広がっているのは畑か、小さな湖ということもある。地面は、冬と春の雪崩のせいで岩がちだ。風景を占めるのは渓谷で、山並みの中に曲がっていくものもあれば、はるか三〇キロ余りも先のフィヨルドまで見通せるところもある。

夏の農場の暮らしは、いたって小ぢんまりしている。住居には二部屋しかなく、ひとつは寝たり休んだりする部屋、もう一方が作業場だ。作業場の側には煙突とストーブがあり、そこで女性たちがバターとチーズをこしらえる。住まいのそばに、家畜用の小屋がひとつかふたつ。牛の小屋は壁に立てかけたつっかえ棒が、仕切りの代わりだ。羊のほうには共用の回りがあって、そこから一段低くなったところで糞を集めるようになっている。牛の糞も羊の糞も、きれいに掃きだして別の場所で保管される。いずれ主農場に下ろされて、肥料になるのだ。広い牧草地の持ち主は草を刈って保管する納屋も持っていて、好天に恵まれた年には牧草を貯蔵しておく。

夏の農場はどこも集会所になる。別々の農場の持ち主でも高地では同じ渓谷を利用するので、住居も納屋も家畜小屋も入りまじって建っている。建物が建てられるのは岩だらけの場所で、もともと放牧には向かないのだ（家畜が食べられそうな草の生える場所には建物を建てない）。ここは、普段めったに顔を合わせる機会のない隣人、お休みを言いあったり、深い渓谷越しに手を振るくらいしかできなかった隣人たちとゆっくり親交を深める場所だ。ここには一家の友人が訪ねてきたり、家を出て都会のベルゲンかオスロか、果てはミネソタにまで行った若者が、帰省して立ち寄ったりもする。平日には女性と子どもしかいないが、土曜と日曜はどうなのか。

わたしたちは、近代的な暮らし方から余暇が生まれ、週末の休みができたと思いたがる。ありがたい週休二日制になるまでは、人生は辛く、醜く、短くて、年がら年中骨の折れる仕事に追いまくられていたと。夏の農場にいる女性や子どもたちは、たしかにのんべんだらりと時間を過ごしてはいない。主農場に居るときと変わらないくらいたくさんの仕事がある。だが場所が違い、大勢の友達がいる。平日には、女性たちにはひとりになる余裕もあり、隣人とお茶をして語らったり、レシピや覚書を見せ合ったり、歌ったりする時間もある。そして週末になれば、世界中がやってくるのだ。

わたしはラース・グリンデに、彼の夏の農場であるステインセテに連れて行ってほしいと頼んだ。ラースはにっこりし、鼻歌を歌い、両腕を胸の前に上げてまるでダンスでもするように体を揺らした。土曜日ごとに男性が誰かひとり馬を連れて夏の農場に上がり、バターとチーズを回収して市場に持っていくのだという。ところがどうも、馬を連れた男性に、何人もの男たちがぞろぞろとついていくらしい。どうやらかの有名な夏至祭りなどより、夏の農場のほうが婚約が調い、子種がたくさんできるらしい。

西ノルウェーでは六月の二三日の夏至の夜に、大きなかがり火をたいて祝う習わしがある（ノルウェーの風景画家ニコライ・アストラップは夏至祭りの焚火の周りで踊る光景を何度も描いているが、お祭り騒ぎの脇で大きなおなかを撫でさする若い妊婦の姿が描かれているものも少なくない）。女性たちは、乳製品づくりで出た材料で、香りが強くて甘い、夏の農場ならではの料理を作る。セテルマットは黄色いホエイと燻製にした塩漬け肉にブルーベリーをまぜたもの。イスティングソルはサワークリームとカテージチーズ、全乳にプリムというホエイから作るチーズを加えたものだ。

月のあるうちは、散歩したり、おしゃべりに興じたりする。故郷を離れていた若者たちは、幼馴染と旧交を温める。牛やヤギの鳴き声を模した歌を歌う。深い谷間を越えて向こうまで届くような高い音調の曲だ。あるいはまた、ヴァイオリンに合わせて踊ったりする（時折、自分は滝にヴァイオリンを教わったと称する名手がいる。そういう者が白く逆巻く水に、お礼のハムを捧げたりする）。

日曜日の午後、馬で上がってきた男たちが主農場へと下りていく。女性たちはいつもの仕事に、子どもたちは家畜の見張り番に戻る。週末、という概念を作ったのは、現代に生きるわれわれではなく、二五〇〇年前のこのあたりの農場の人たちだったかもしれない。めったにない行事などではなかったからだ。一九世紀末には、ノルウェー全土で七万軒の夏の農場があった。

八月の終わり、地面は冷えてくる。緑は谷を下っていく。九月の初めには、頂を真っ白な雪が覆うこともある。農場の人々は家畜を下ろす。この時は、春に使った場所に移す場合もあれば、秋の二、三週間だけ使う農場へ行くこともあり、たいていはどちらかを経由してから主農場に落ち着く。土曜か日曜に家畜を夏の農場に上げるのは験《げん》が悪いと言われたものだが——おそらくは、週末をつぶしたくなかったから——土曜に家畜を下ろすのはよしとされる。谷じゅうに、一〇〇頭もの牝牛が鳴く声、数百頭の羊のベルの音や、メエメエ鳴きかわす声が響きわたる（羊はさらに、舗装道に点々と糞を落としながらライカンゲルの街を通り抜けていく）。

主農場では帰還を祝う宴会が開かれる。再びヴァイオリン弾きと歌い手の登場だ。夏の農場で集ったのと同じ顔ぶれがもう一度集まって、そこからそれぞれの道に分かれ、来る冬に備える。夏の間に言い交したカップルも少なくない。彼らにすればこれから初めて一緒に家に帰るのだ。アメリカの高校や大学でよく行われる同窓会のパーティや、地域で帰省者が集まるパーティ——秋の初め、フットボールの大きな試合を機に行われる例が多い——の起源を探すなら、一九世紀よりはるかに飛んで、多分紀元前四、五世紀の夏の宴会に見出せるのではないだろうか。週末も、帰郷も、近代の賃金労働や自由民主主義の成果なのではなく、遠く、少なくとも夏の農場にまでさかのぼる、人間らしい衝動の賜物なのだろう。

樹木の利用が支えた古代の農場

だが、叡智を集めて移牧を営み、ノルウェー西部の極小気候に細心の注意を払ったとしても、木々がなければ古代の農場経営はとうてい一〇年ともたなかっただろう。この国では、耕作や牧草地にできる土地は国土のおよそ一〇分の一程度だ。牧草を精一杯計算ずくで刈り取って貯蔵したとしても、最大限たくさんの牧草地から刈り取ったとしても、一冬持たせるには足りない。

国土の約六分の一が森林だ。フィヨルドの近くでは、トネリコとニレが最も多い。それ以外の場所でよく生えているのはカバだ。そのほかには、シナノキ、ナラ、ヤナギ、セイヨウヤマハンノキ、ハシバミ、セイヨウネズ、ヨーロッパナナカマド、ヨーロッパヤマナラシも見られる。中には特別な用途に用いられたものもあった――シナノキの靭皮《じんぴ》――靭皮というのは木の外皮の内側の、繊維質の部分だ――は縄をなうのに使われた。地際で伐られたハシバミは裂いて樽の箍《たが》にされた。ナラは船材や、家屋の柱、耐水性の高い樽になった。セイヨウネズは枝分かれしていない長い幹を選って、フェンスの支柱や牧草を乾かす棚を作ると、最上のものができた。若いセイヨウヤマハンノキやカバ、ヤナギの枝は、そのままで蓆《むしろ》を編む材料になった。だがなんといっても絶対に木が必要だったのは、彼らの言葉でラウフキェルヴ、「木の葉の飼い葉（leaf hay）」にするためだった。

ノルウェーでも、ほかのスカンジナビア諸国でも、北方圏全体で、広葉樹の萌芽更新周期は四年から六年と短い。セイヨウヤマハンノキもヤナギも、時にはナナカマドも伐採される。手始めに、地上一・八〜二・四メートルのあたりでカットされ、横に向かって広がるように誘導される。骨格枝が成長すると、何年にもわたって切り戻しできるようになる。枝は、男性の腕回りくらいまで太くしてもよい。そうすると、枝に対して葉の割合が高くなる（周期を長くすると、木質が増えて葉は少なくなる）。農家の中には、夏の終わりに枝を刈る者もいる。その時点では葉はまだ青々して栄養も豊富だ。一方、大枝から生えている、葉をたくさん茂らせた小枝を刈り取る者もいる。刈り取った枝はひとつかみにして脇にはさみ、ナナカマドやカバの小枝で巻いていき、柱や木、干し草かけで干す。農場によっては、雨よけに、二〇〇か三〇〇の束を同心円状に積み上げるところもある。

昨今では、伐採にラース・グリンデはたいてい弦鋸《つるのこ》を使うし、チェーンソーを使う農家もある。だが何千年もの間、主な道具はリーフナイフだった。金属製の道具が使われるようになる以前でも、鋭く研いだ手持ちの石刃が、同じ目的で使われたかもしれない。それならば、牧草を刈るのに金属製の大鎌が使えるようになった時代からさらに何百年もさかのぼって、冬の間家畜に木の葉の飼い葉を与えることは可能だったかもしれない。よく研いだリーフナイフなら、腕くらいの太さの枝でも、四回ほど切りつければ刈ることができる。「トゥッ、トゥッ、トゥッ、シャッとね」という具合に、ラース・グリンデは刈り込みのリズムと音を再現して見せた。リーフナイフはちょうどフック船長のかぎ爪くらいの大きさで、手の先に磨きこんだ鉄のカンマができたような具合だ。農場にいてけがをしたかったら、リーフナイフを落として拾おうとするか、手に持ったまま木から落ちれば確実だ。

西ノルウェーの標準的な農家の家畜は、牛と子牛が六～一〇頭——最近までは、小型の在来種、ヴェストランドスキール種がほとんどだった——、羊かヤギが二五～三〇頭、それに馬が一、二頭というあたりだ。冬の間それだけの動物を養うには、二五〇〇～三〇〇〇の葉の束がいる。息の合った一家ならば一日で一五～二〇本の木から、五〇ないし六〇の束を作ることができた。最初にトネリコ、次にニレ、それからほかの樹種と刈っていく。一日の生産量はトネリコが一〇〇ポンド（四五キロ）、ニレが二〇〇ポンド（九〇キロ）といったところで、木の葉の飼い葉を全部刈り取るにはおよそ二カ月かかった。そして一四日間干した後、納屋に蓄えておいた。
山のガレ場やそのほか農耕に適さない土地にもいくらか木立はあったが、木々のほとんどは畑や牧草地の周辺に生えていた。干し草の刈り取りは、協同作業だ。まずは夏のうちの早い時期に牧草を刈り、次に木の葉の飼い葉が刈られる。そのあと秋になって牧草の二度目の収穫があった。干し草を作る人は裸足で、急峻な牧草地の土につま先をめりこませて作業した。飼い葉を得るために、数軒の農場が人手を貸し合い、時にはフィヨルドを越えて手伝いに行くこともあった。

木を切ると牧草が育つ

木を切ると、牧草も刺激を受けて早く、濃く生育する。通常は、近くにある木々が年ごとにまとめて伐採されるので、異なる再生段階の樹群が五つできることになる。するとそこに、昆虫や菌類、地衣類などの新たな生態系が生まれる。ごく最近伐られた木々の周りでは、太い牧草がすぐに成長してくる。というのも、枝が刈られてよく陽が当たるようになるのに加えて、伐採された木の根の一部が枯れて、有機肥料になって土壌を肥やすからだ。

一方、牧草地は、一年のうち二度にわけて家畜が放たれる。糞が落とされるだけではなく、家畜の蹄が土を掘り返す。早い時期の放牧では、元気のいい草が食べられる。また、家畜は高地からフィヨルドまでまんべんなく動くので、山の草の種子も、谷の草の種子も、山を登ったり谷を下ったりする家畜たちが運び、糞にまぜこんでばらまいてくれる。そのために、農場の牧草地はどの高度にあっても、草の種類が豊富だ。萌芽更新を丁寧に実践している場所ではどこでもそうだが、そうしてできるのは、手が入っていない森よりも多様性の豊かな生態系だ。萌芽林の際では幅広い種の生物が成長を促される。その木陰でも、その先に広がる牧草地の中でも。

牧草地は、際に伐採された木があるほうが生産性が高い。萌芽林に囲まれている草地は、樹木に囲まれていない草地や、一度も人の手の入っていない林地に囲まれた草地より、三割から五割、多くの干し草を産する。家畜が食み、人の手が刈り込んだ草地が、刈り込まれた幹と石の壁に囲まれている光景は見ていて気持ちのいいものだ。イングランド系のアメリカ人が好む、芝生に木々のある庭は現代的な趣向であると教わったが、実際のところは、こうしたはるか昔の、萌芽林に囲まれた牧草地の風景が記憶に刻みこまれているのかもしれない。

木の葉の飼い葉と干し草。どちらも背負って運ぶには重たいが農家なら誰もがしなければならない。下りはまだましだ。ただし滑って転ぶ恐れはある。だが登るとなったら苦行だ。ふつうはまず、運び手が斜面に腰を下ろし、シナノキの靱皮のロープと曲げた小枝を背中に回す。周りの人がその背中に干し草を積み、ロープで結わえたら、その端を運び手に渡す。そのあと、立ち上がるのにコツがいる。左ひざを地面に突き立て、ぐるんと回るようにして立ち上がるのだ。イングヴィルドが手本を見せてくれた。ただし背中の荷物はなしだった。立ち上がって見上げると急な上り坂が目の前にある。元気の湧いてくる眺めとはいいがたい。金属ワイヤが普及したときは、ロープウェイで干し草の塊を上げたり下げたり操作するのは、さぞ楽しかったことだろう。

作業はきついかもしれないが、秋口の西ノルウェーの畑ほど美しい農地は世界のどこを探しても見つかるまい。何度も伐られては伸びてきたトネリコが、肩幅の広い巨人さながら、フィヨルドに向かって枝を広げている。前回の伐採でとったまっすぐなトネリコを支柱に使ったフェンスが急峻な草地を横切って何本も列をなしている。フェンスはひとつがだいたい長さ一五メートル強あって、どれもが一面乾燥中の干し草を被せられている（大きな農場になると、フェンスの数は四〇〇にもなる）。まるで草織マット商人が、立ち並ぶ木々を散策する巨人に見立てて、商品を陳列して見せているかのようだ。パリのセーヌ川沿いで観光客相手に本や絵葉書を並べて見せている屋台の、フィヨルド版といったらいいだろうか。飼い葉用の木の枝は、同心円状に積み上げられ、三・六メートルほどの高さになっている。伐り取ったばかりのトネリコやニレの枝に、灰色の岩に、あるいは納屋の脇に、ひっかけて干してある束もある。この近辺が超自然の宝庫と言われるのもうなずける。何もかもが生きているように見えるのだ。

冬の間、動物たちは朝に干し草を、正午に木の葉の飼い葉を、そして夕方にはまた干し草を与えられる。セイヨウヤマハンノキを食べるのは羊かヤギだけだ。ハンノキの葉の成分で、乳にえぐみが出るからだ。羊にはほかにも、カバ、ハシバミ、シナノキ、エゾノウワミズザクラに加え、ナラまで食べさせる。牛が食べるのは、ニレ、トネリコ、バッコヤナギにナナカマドだ。ニレとトネリコが最も栄養豊富で、家畜にも大人気である。農家ではこちらを与えるのを後回しにし、まずはヤマハンノキ、カバ、ヤナギといったあたりから与えていく。主な飼い葉の価値を知らしめてくれる言いまわしがある。

動物たちは
ニレを食って丸くなる
トネリコを食って食べられる
ハンノキを食って生き延びる
ヤナギを食ってひもじくなる

カギを握るのは木の葉の飼い葉だ。タンパク質も糖質もビタミンB_{12}も、干し草よりも多い。スウェーデンでは一九世紀、何でも数え上げる熱が始まって、全国の羊とヤギが毎冬一億九一〇〇万束にのぼる飼い葉を食べていると試算された。とはいえ、木の葉の飼い葉だけでは冬を越すのに充分とは言えない。木の本体を痛めつけることなく、別の形で木の力を借りるすべもある。ひとつは、夏の終わりにニレとトネリコの葉を摘み取っておくことだ。台伐りをすると、その後二年間は木に手を出さないほうがいい。そして三年目と四年目、木が葉から充分な栄養を受け取り、かつ紅葉してしまう前の時期を狙って、葉を摘み取るのだ。摘み取った葉は袋に入れて乾燥させ、寒くなったら家畜に与える。葉を秋まで摘み取らずにいた場合でも、収穫することはできるし、あるいは落ち葉をかき集めて納屋に敷くという用途もある。

四〇〇〇年続く木の葉の利用

冬の終わり、トネリコや、とりわけニレで芽が膨らんでくる頃には、食料源になるものがふたつできる。てっぺんを切らず、一五メートルくらいの高さに育てた木の場合、命知らずが二月か三月に木に登り、大きな枝の若い小枝を刈り取ってくる。現地ではこれをリスと呼ぶ。リスをやると木が巨大なボトル洗いのブラシに見える。羊は、膨らんだ新芽がお気に入りだ。小枝を刈り取るかわりに、ニレの樹皮を剝くこともある。樹皮を水とまぜたスカヴは、春を目前に控えた時期の動物たちのごちそうだ。

ノルウェー西部では、このような農家の生き方が生み出され、少なくとも四〇〇〇年の間、連綿と続けられてきた。一九八一年には、ソグネ・フィヨルドでまだ木の葉を収穫していた農家はわずか一五軒で、用意した木の葉の飼い葉は千単位ではなく、数百束にすぎなかった。主農場を離れた外場の多くは針葉樹であるトウヒの植樹林に転用されていた。一九六〇年代に政府が補助金を投じて推進した事業だ。木の葉を飼い葉用に収穫する農家のほとんどは、健康維持によかれと考えて羊にだけ食べさせていた。濃厚飼料や化学肥料、家畜品種の改良が進み、僻地の小農家は、自分たちの生産物を売りに出せる市場を見つけることさえ難しくなっていた。

フォルデ・フィヨルドを見下ろすクッサリドで、昔ながらのやり方を現代に生かそうと試みる若者がいた。カレ・ソルハウグだ。カレには一〇〇匹の羊と、山の斜面一面を覆うニレの萌芽林があった。ニレの中には、樹齢三〇〇年に達するものもある。彼が台伐りを再開した時点で、多くの木が三〇年以上放置されていた。枯死した木もあれば、倒れてしまった木もあった。若いニレを掘り上げ、山の上の牧草地に移植した。カレは今でも五年おきに葉のついた枝を収穫しているが、天日干しにはしていない。

ソルハウグは、冷蔵庫ほどの大きさで車輪のついた古い粉砕機を所有している。「今年こそ、動かなくなるかもしれないな」粉砕機をやさしく撫でながら、カレは言う。トラクターで粉砕機を牽引して山を登っていく。枝を刈ったらせっせと束ねていくのではなく、全部粉砕機に投入する。昔なら五日かかった作業が、一営業日に詰めこまれた。細かくされた枝は納屋に運ばれ、大きな扇風機で乾燥させる。わたしたちが訪ねたのはとても風の強い日で、ソグネ・フィヨルドのラエルダル集落では、ラウフトルキンヴィンド、つまり葉を乾かす風、と呼びならわす風が吹いていた。ソルハウグは、木を伐る日にはいつもこの風を起こせたらいいのに、と願っていた。

冬の間、羊に与える飼い葉の二〇パーセントがこうして乾燥させた木の葉だ。ここでは木の塊から葉だけをつまみ取り、木質チップはとっておく。春になると、羊の分娩用のベッドとして、チップを敷きつめる。濃厚飼料ほど効率はよくないし、枝葉の刈り取りも粉砕も楽ではないが、カレによると、羊たちは枝をかき分けて葉にたどりつくのがうれしそうなのだという。それにカレ自身、この作業が好きなのだ。カレは「全部おんなじ大きさにしたらつまらん」と言って一部のニレは背の高いまま残しているけれども、木の管理はお気に入りの仕事だ。彼の興趣を掻き立て、農場と自分とを深く結びつけてくれる。

放牧と木の葉の飼い葉を利用する環境を再生しようと取り組んでいるのはひとりソルハウグだけではない。英国南部のサセックス西部では、クネップ城の地所にかつてあった農場で、家畜を放牧する試みが始まっている〔『英国貴族、領地を野生に戻す』（二〇一九年、築地書館）に詳しい〕。牛に豚、羊、さらにはシカまで取り入れて、牧草地を林地で区切ることで生まれる多様な生態系をもう一度作り出そうとしているのだ。またアメリカ合衆国でもその考え方が取り入れられようとしている。冬の長いメイン州では、メイン有機農家園芸家協会（MOFGA）がスポンサーになって、木の葉の飼い葉や林地に縁どられた牧草地について学べる講習や会合が行われている。

ラース・グリンデに、グリンデ農場での仕事で気に入っているのはどれかを尋ねた。「枝払いだね」間髪を入れずに彼は答えた。木々を見れば一目瞭然だ。彼はどの枝がどの向きに伸びるかを想定し、葉をふんだんに茂らせ、なおかつどの時期にも美しく見える形に整える。並みの彫刻よりよほど見栄えがする。「気に入っている」というのに、彼はhyggelichという単語を使った。直訳すると「あずましい」、つまり、ごく日常的な文脈で、好ましくて愛しいものを表している。

かつてニューヨークで、芸術家から問い合わせを受けたことがあった。インスタレーション作品の制作で困ったことになっているという。わたしは固唾を呑んだ。かなり厄介そうな質問だと直感した。

「見てください」彼女が写真を差し出した。どういう手を使ったのか、鉢に植えた六本のアメリカハナノキを逆さに吊るし、鉢が上、樹冠が下になっている。索具と鋼鉄の梁を駆使してしつらえた装置はうまくできていて、木々はちゃんと生きていて、しかもさかさまになっていた。

「何にお困りなんですか？」

「あら、見てわかりませんか？　地面を向いている木のてっぺんが、どうしても上へ向かって伸びようとするんです」

わたしは芸術家を見つめた。口をあんぐり開けていたと思う。これはひょっとしたらドッキリショーか何かで、わたしがひっかけられているのだろうか。見たところカメラを構えた人間は近くにいそうもなかったが、彼女が隠しカメラを忍ばせていることも考えられる。

わたしは精一杯抑えた声で答えた。「生きている木のてっぺんを下向きに伸ばすことはできません。生きていくのに、葉が陽の光を浴びないとならないので」。れっきとした知性の持ち主と見受けられる人がそんなことも知らないとは信じがたかった。たしか、地面に鏡を置いてはどうかと提案した気がする。そうすれば鏡の反射で下からも少しは日光を受け取れるからだ。ただ、それで木がいつまでも下向きに伸びてくれるかどうかは自信がなかった。

ラース・グリンデが枝を払ったトネリコが立ち並び、眼下のソグネ・フィヨルドに向かってお辞儀をするように伸びているさまを眺めながら歩いていると、なんて美しいんだろうと思うのと同時に、さかさまにつられたアメリカハナノキの姿が、我知らずよみがえってきたのだった。ラースは別に、インスタレーションを手がけようとしたわけではない。今という時代を生きるにはさまざまな困難のあるこの土地で暮らし、羊を養おうとしているだけだ。だがそうするために彼が生み出した光景は、お尻を空に向けて並んだアメリカハナノキよりも、はるかにはるかに壮麗なのだった。

光の楽器

ノルウェーの農民画家

もしも楽器がなかったら
ちからのかぎり
そらいっぱいの
光でできたパイプオルガンを弾くがいい
——宮澤賢治「告別」より

ノルウェー西部、フィヨルド地方にあるラース・グリンデの農場から程遠からぬところに、二〇世紀への世紀の変わり目頃ニコライ・アストラップが住んでいた。ヨルストラ湖を望むアルフスの町で育ち、終生、湖畔で暮らした。険しい山肌を段々畑に変え、一家の生活や労働を絵にした。わたしがアストラップと出会えたのは、彼が萌芽林を描いていたからだ。わたしは彼の生涯に夢中になった。彼はノルウェーで最も親しまれている風景画家だ。

ニコライ・アストラップによる素描。岩の斜面を覆う萌芽林

グリンデ同様、アストラップもまた、時代と正面から向き合って生きていた。農場と画業の計画を立て、心をこめて仕事をこなし、自らの手を通して学んだ。泥、岩、植物、色素、そしてキャンバスが彼の素材だったが、そこに命を吹きこんだのが、西ノルウェーの陽の光だ。

ある意味彼は希少生物で、同時に典型でもあった。頭と心、そして手によって、思いもよらない素材から生命そのものを生み出せること、さらには、困難を越えて、ある土地を、そこに住む人々を愛することが、ひとりの人間を大きく変えうることを示したのだった。

厳しい斜面を農地に

アストラップは、家族を養うために耕し、家族と農場、萌芽樹の覆う山々の風景を、光の中にとらえた。この点で彼は、同時代に、世界の反対側、日本の本州北部に在った宮澤賢治にとてもよく似ている（アストラップの時と同じで、わたしが宮澤をたまたま知ったのも、日本の萌芽林を見学していたときだった）。ふたりとも耕作を、原初の芸術と考えていた。詩人であり農学校の教師でもあった宮澤は、白髪の老人が鍬を振るい、農学校の教師に赤カブの植え方を教える詩を書いている。「どんな水墨の筆触／どういう彫塑家の鑿のかおりが／これに対して勝るであろうと考えた」。ファゴットを最も美しく吹き鳴らす学生を讃える詩では、宮澤が、おまえはわたしの弟子なのだから、光の楽器を弾けるようになれと鼓舞する。言い換えると、宮澤の芸術は単に修練の結実なのではなく、精一杯に生きた人生から生み出されたものなのだ。

二六歳の時、アストラップはエンゲル・スンデと恋に落ちた。一五歳になる、同郷の農家の娘だった。ふたりの結婚にヨルストラ界隈は騒然となった。年の差が障碍となったのではない。当時一五歳は結婚するのに早すぎる年齢ではなかった。問題は身分の違いだった。ニコライはアルフスの聖職者の息子で、教員や司法関係者と同じ、上級公務員の家系だった（当時のノルウェーではキリスト教は公的宗教）。エンゲルは農家の娘で、小作人ではなかったものの、社会的地位は公務員よりぐっと下だった。アストラップの親族はとりわけ強硬だった。

「彼女と出会ったとき、わたしはどん底だった。活力が再び湧き起こってきたのは、ひとえに彼女のおかげだ。わずか一五歳の少女が、陰口にひるむことなくついてきてくれたおかげで、わたしは人間というものをもう一度信じてみる気持ちになれたのだ。だとすれば、親族がなんと言おうと、結婚せずにいられようか」とアストラップは記している。一九〇七年のクリスマスイヴの前夜、ふたりは結婚した。

夫婦はサンダルストランドと呼ばれる小作農地の跡地に入った。険しい斜面にしつらえられた、危なっかしい石段を登っていくしかない場所だった。長い石段の幅は平均的なドアマットくらいしかなかった。登りも下りも、一段ずつ足をそろえていかないと転げ落ちてしまう。初めてこの石段を登ったとき、もし何かを落としたらそれは坂を転げ落ちて湖畔のハンノキにぶつかるまで止まらないだろう、とアストラップは見て取った。サンダルストランドに直射日光が当たるのは一〇月の初め頃が最後だ。三月半ばになるまで、日光は戻ってこない。跡地には小さな住居が二軒あったが、どちらの屋根も雨が漏っていた。

最初にどうにかしなければいけなかったのが、家までの道だった。アストラップは湖畔から、三度折り返して小屋に至る道をつけた。馬や荷車が通れる幅で、息を切らさない程度に勾配もきつくない。ある場所では斜面を掘り下げ、ある場所では石や土で土台を作った。道を完成させるのに一年かかった。敷地には流れのはやい小川が三本通っていた。小川の水を逃がすための水路を深く掘り、浸食を防ぐために橋を架けた。納屋を作る予定の場所には、そばに穴を掘り、ため池を作った。乳を冷やしておくためだ。

アストラップは、家族が水入らずで集まる場所をグロットと名づけ、シナノキとヤナギを台伐りして、生えてきた新芽で平らなテラスを覆った。テラスの奥、岩の下の空洞に炉をしつらえた。近くには若木の頃により合わせておいた二本のバッコヤナギがあり、抱き合うような不思議な形で大きくなっていた。家の下には背の高いカバがあり、一家はまるで木のてっぺんに巣をかけている鳥のような心持ちになった。「春には」とアストラップは書いている。「窓を開け放ち、木々の梢で啼きかわす小鳥たちの歌を聴くのが幸せだった」

アストラップは、これでもかと言わんばかりに木を植えた。家族に食べさせるためもあったし、急斜面が地滑りを起こすのを防ぐためもあった。最初の年に注文した苗木は、果樹四五一本（リンゴ、セイヨウミザクラにスミミザクラ、ブルーやヴィクトリア、ミラベルといったスモモ類など）、漿果類六一一本（ラズベリー、クロスグリ、アカスグリ、グズベリー）、一〇種類のルバーブをとりまぜて一〇〇本、そして五〇〇本の野菜苗。果実をむさぼる動物の群れでも飼っていたかと思うほどだ。ただし「悪魔のウサギ」と呼んだ生き物はいて、一九一四年に植えた何百本という果樹のうち、一〇年後も元気だったのは五〇本に満たなかったという。苗木に費やした金額は、農場全体にかかった費用のじつに一〇分の一に及んだ。

この一大植物園に日光を取り入れるため、アストラップは家のある斜面の上部と下部に二〇カ所以上のテラスを設けた。最も高いテラスは、地面から九メートルも高くしてあった。それ以外のテラスは、周囲より一・五から一・八メートル程度高くなっていた。小高い丘のてっぺんにしつらえた小さなテラスには、野菜畑にするための枠を据えた。ダイナマイトを駆使し、土と石と三年に及ぶ重労働の末に、農場は形を成してきた。

アストラップは石がむき出しの壁を好まず、擁壁の表面は芝で覆い、それぞれの区画は泥炭の塊に柱を通して支えてあった。単に美的観点だけでそのようにしたのではない。アストラップは常に太陽を頭においていた。太陽が与えてくれるものばかりでなく、奪うかもしれないものにもだ。壁を草で覆えば待ちに待った春の、雪解け水が殺到したときにも浸食を減らせるし、被覆があれば凍結や融解による礎石のずれを少しでも抑えられると踏んでいた。テラスの周りには全部に漿果の茂みを作った。主にフサスグリとグズベリーで、丈夫な茂みから伸びて絡まる根が、土の流出を防いでくれるはずだった。

サンダルストランド農場の内部を描いた絵にも素晴らしい作品がいくつかあるが、そのうちの一枚には、何年もの間一家が母屋として使っていたクヨッケンストーヴァでのクリスマスの朝が映し出されている。幼い娘——夫婦は結局八人の子どもをもうけた——が、背もたれのある木製のベンチに立っていて、ベンチが寄せてあるテーブルには色とりどりの果実が溢れんばかりに載っている。テーブルを縁どる窓には、外の湖も見えている。雄大で、なおかつすべてを包みこむような絵だ。

この絵を見ただけでは、ここに家のほぼ全体が描かれているとはとても思うまい。ここには、一家の暮らしが凝縮されているのだ。山に囲まれた土地に住み、わずかばかりの耕作可能地でほんの短い実りの季節を利用し、交わることのできる近隣の人間は数えるほどで、自分がやりたいこと、なりたいものの夢を遂げる

住居上方の畑から見下ろした光景。サンダルストランドの主な建物３棟のうち２棟と、下方に広がるヨルストラ湖が見えている

にはなんとも物足りない場所だ。一度ならず、アストラップは友人に、農場に見切りをつけてデンマークにでも移住したいと手紙を書いているが、ついにそうはしなかった。半ばやけ気味に彼はこうも書いている。「ぼくはこの農場が好きになってきた。しんどい仕事をそれはたくさんこなしてきたからね」

インゲボルグ・メルグレン＝マシーセンは優れた造園家で、アストラップの地所の再生に取り組んでいる。「アストラップは決して、サンダルストランドを庭とは呼びませんでした。『農場』というのが常で、百歩譲って『菜園』でした」。アストラップはルバーブの堂々たる葉の葉脈の赤と、サクラの花の柔らかな白の対比に目を奪われ、画布に写し取ったけれども、それが食料になることにも同じくらいありがたみを感じていた。美しいものに触れる喜びは、常に日々の労働とその糧とに、分かちがたく絡み合っていた。サンダルストランド周辺の風景を写し取った絵には、よく家族の姿が含まれている。テラスにいる家族、野菜畑で畝を作る家族、種を植える家族、ルバーブを刈る家族、キノコを採る家族。

春の訪れと畑仕事

一家はひたすら春を待ちわびた。太陽が再び現れて、みんなの顔を照らし出してくれる日を。一九二一年、アストラップは友人にこんな手紙を送っている。「わたしたちはここで、湖の『影の側』に住んでいる。そして、ほぼ半年の間不在だった太陽が現れだすと、いつもの、湖の『反対側』に行って太陽をふんだんに浴びたいという切望にかられるのだ。あちらでは人々はとっくに太陽に恵まれていて、斜面の雪は解け、山の雪にも陽の光の魔法が降り注いでいるのだろう、とね。ところが『こっち側』では、いまだに一日中日陰にいて、毎日二、三分でもお日様を拝めれば御の字だ」。一家は湖畔まで下りて行って雪解けの始まっている斜面の解け残った雪に触れ、春が間違いなくきていることを確かめずにいられなかった。「そうしてようやく、影の側にいるわたしたちのところにも、やっと春が来たな、と実感するんだ。ネコヤナギの綿毛がそこら中に生えて、春はまるで、枝に張った蜘蛛の巣の隙間から沁みとおってくるみたいに感じられる。イグサが芽を出し始め、年老いたハンノキの幹にまで、樹液が満ちてくる」

春は神々しいまでの美しさと、きつい仕事を連れてくる。変化は爆発的だ。フィヨルド地方では、春の兆しは目にではなく、まず耳に届く。高く上がった太陽が雪を解かし始める。冬の間は沈黙していた小川や滝が目を覚まし、瀬音を轟かせる。何もかもを一度にすませなくてはならない。畑には、冬の間家畜が貯めた堆肥を撒く。木は刈り込む。キャベツにジャガイモ、ビーツ、カブ、ラディッシュ、西洋カブ、ニンジン、レタス、玉ねぎ、豆──種子は蒔き、ポットで芽を出しておいた苗は植え、ジャガイモは芽を切って植えなければならない。テラスの周りのグズベリーとクロスグリは伸び具合を確認して刈り込み、場合によっては土が流れだす前に移植しなければならない。納屋は、子を孕んでいる雌羊でいっぱいだ。冬の間に折れた果樹の枝は払う必要がある。ラズベリーのテラスと二〇〇本のラズベリーも手入れをしなければならない。湖からの道も補修しなければならない。屋根は葺きなおし、ルバーブのような多年草は、ちゃんと新芽が出ているかどうかを確かめたうえで、肥料を足すこともある。趣味の庭園ではないのだ。

帰ってきた太陽は瞬く間に大地を目覚めさせる。まるで奇跡だ。アストラップは、一九二〇年の春、ペール・クラマーに書き送った。「この二日で何もかもが変わった。リンゴはほとんど全部が芽を出したし、サクラとスモモは満開だ。ルバーブの葉は二日で二倍の大きさになったよ」。畑に作物を植え、手入れをしなければならないだけでなく、描かねばならないという衝動にもとらわれていた。「題材はそこら中にあるんだ。どこから描き始めていいか迷うほどだ」。毎年のことながら、うれしくもあり、骨の髄まで疲れはてる季節だったろう。

アストラップのお気に入りはルバーブだった。初めて注文した苗の中にも、一〇種類の異なるルバーブが一〇〇本入っていた。ひとつは葉がとびきり大きくなるチャイニーズ・ルバーブで、ほかに栽培種として人気の高いヴィクトリアやモナーク（どちらも現在でも手に入る）などがあった。イングランド王の庭にしか生えていないという触れこみの栽培種を注文したこともある。白地に青い柄入りのドレスで、エンゲルがルバーブを摘んでいる絵もある。画面の右半分をエンゲルと大きなルバーブの葉が占め、左半分では、サクラの白い花が満開だ。

芸術家と農家の婚姻は珍しいものだった。どちらの側も胡乱《うろん》なものとしてこの結びつきを見ていた。それに加えて、聖職者の息子が画家になったり、農家になって酒を作り、あろうことか自らそれを飲むに至っては――父親は一滴たりとアルコールを嗜まなかった――、人々はあきれ顔で首を振るばかりだった。だがそうしたすれ違いはあっても、一家は自分たちなりの場所を築いていった。アストラップは創意工夫が好きだった。植物をいろいろ掛け合わせ、何ができるかを見たがる悪癖があることを告白している（彼はそのために、テラスのひとつを柵で囲い、苗を育てていた）。彼の創作物の多くは、茎のまま枯れてしまったが、ルバーブのヴィクトリアとモナークを掛け合わせた品種はことのほか自慢にしていた。この新種は名前はもらえなかったが、ルバーブ・ワインを作るのに盛んに使われた。初めのうちは友人たちの間で好評を博した。近隣の友人にも都会から訪ねてきた人たちにも好まれた。そのうちに、彼が結婚披露宴にルバーブ・ワインを提供し始めると、すぐにヨルストラ中から注文がくるようになった。

アストラップ一家は、作物を隣人たちと分け合った。提供することもあればもらうこともある。果樹は五〇本しか残らなかったとはいえ、農場で採れる果物は、八人の子どもではとうてい食べきれない量だった。そこで近所に果物を配った。作物を増やし、植物を贈った。湖の周辺では、アストラップ一家が多くの農家と同じで、ヨルストラ伝来の植物を好むことが評判になっていった。新たな排水路が計画されて沼地に生えるマリーゴールドが全滅しそうになると、アストラップは近所からマリーゴールドを掘ってきて、サンダルストランドに移植を試みた。西洋カブの新種が出ると、昔ながらの平たい品種を守るべく、集めて自分の農場で育てた。

アストラップ一家はパレードや祭りに使う村の旗をデザインした。ある時、ニコライは結婚式用のエプロンのデザインを頼まれた。フィヨルド地方の結婚衣装には欠かせない、装束の中で一番目立つ部分だ。ニコライは承諾し、エンゲルに、染めと仕立てをやってみてはどうかと持ちかけた。その後数十年間、ニコライがデザインし、エンゲルが仕立てるエプロンが、ヨルストラの結婚衣装の定番になった。物議をかもして結婚した夫婦だったが、そのふたりがこしらえたワインとエプロンが、この一帯のほとんどの結婚式にお目見えすることとなったのだ。

頭と心だけでは不信の壁を取り払って信頼関係を結ぶことは難しい。だが手仕事はその壁を乗り越えさせてくれる。サンダルストランドを始めたとき、アストラップとエンゲルはほとんど村八分状態だった。だが持病の喘息をこじらせて一九二八年に身罷ったニコライの葬儀には、湖畔の住民全員が参列した。葬儀の費用はヨルストラの住民が総出で賄ったのだ。

いいスティックを作る

カリフォルニア先住民の火入れの知恵

研究図書館らしく、カリフォルニア大学バークリー校のフィービー・A・ハースト人類学博物館にも独自の書架がある。適切な照明に照らし出された色とりどりの展示物の奥には、蛍光灯の明かりだけのバックヤードがあり、実用一点張りで地味な灰色の書架が床から天井までしつらえられている。ただし納められているのは書物ではなく、カリフォルニアの先住民が作ったものの、ほとんどすべてだ。所蔵品は通しナンバーが振られていて、じつを言えば写真とデータをオンラインで見ることができる。だがそのただ中に立ってみるのはまたとない経験だ。籠がある。縄があり、かきまぜ棒や竿、罠、弓と矢があり、木製の枕に輪投げの輪や槍、雪ぐつ、ボートにスカート、そして、そうした用具を飾るための植物の茎をぐるぐる巻きにしたものが山ほど。宝の家だ。一目見ただけで、先住民の暮らしがわたしたちのものと引けを取らないほどに豊かだったことがわかる。ただ、現世での彼らの住まいは内も外も、端から端まで木製なのだ。

籠という文化

ある通路に差しかかると、円錐形をした風変わりな陶器に出くわした。わたしは学芸員のナターシャ・ジョンソンに尋ねた。「これは何です？」

「鉢です」ナターシャは淡々と答えた。

わたしは絶句した。陶器の円錐はどちらかといえば、鍔《つば》のないトップハットに見えた。鉢としてはわたしがそれまでに見たものの中では最高に不格好だったのだ。

学芸員はこちらの思いを察したのだろう。「カリフォルニアの先住民は陶器づくりにはあまり長けていなかったのです。実際にそれほど作られなかったですし」

「どうしてです？　陶器がなくて、食料を保存するのには何を使っていたんでしょうか。調理はどうやって？」

「籠を使いました」彼女の返事は、言外にわたしが救いがたいもの知らずであるとにおわせる口調だった。

「籠！」わたしは叫んでいた。てっきり、自分の息遣いが荒すぎて聞き違えたかと思った。「調理をするのにですか？」

「そうですよ」とナターシャ。「防水になっているんです。細かく挽いたドングリの粉を籠に入れて、水を足して、そこに熱した石か陶器の『ゆで石』を放りこむんです。するとドングリが煮えて、こってりしたスープかお粥ができます。ゆでたものをビスケットに塗ることもありました」

ここでナターシャはにっこりとした。わたしがその情報を咀嚼するのを待つみたいに。

博物館はクローバー・ホールの中にある。人類学者のアルフレッド・クローバーにちなんで命名された人類学部の建物だ。博物館の所蔵品の大半は彼の手で救い出されたものだし、学生や助手を伴って、先住民の文化について手当たり次第に情報を収集した研究者である。だが、ドングリ練り粉を塗ったビスケットの遺物は、バンクロフト図書館にはないだろう。こちらは一九世紀の高名な歴史家、ジョージ・バンクロフトを記念して命名されている。バンクロフトはカリフォルニアの先住民について――「木の根食い（ディガー・インディアン）」などと呼ばれて物笑いの種にされていたのを、一九五〇年代にカリフォルニアで子ども時代を過ごしたわたしのような者でも知っていた――、愚かで怠惰、「原始の暗愚に足を踏み入れかけている」ものとみなしていた。

だが、彼らが実質的に陶器を持たないという事実を、どう解釈すればいいのだろうか（わたしの友人は、このことを教えると「何かできない理由があったのかな。土が手に入らなかったとか？」と言ったものだ）。歴代の歴史家たちは、彼らが農耕に携わらなかった理由、あるいは白人と初めて接触したときも農作物を植えることにほんのわずかの関心も示さなかった理由を、どう解釈してきたのだろうか。多くはそれが、彼ら先住民の愚かしさと後進性を如実に示す証拠であるという。土地から手に入るもので生き、明日のことなどまるで考えない、と。作陶と農業は進歩のしるしなのだ。

だがそれとは異質の考え方もある。ある民族が農耕を行わない、それは必要がなかったからだとしたらどうだろう。部族の小さな集団がそれぞれ意図的に垂直経済、すなわち少なくとも二カ所の高度の異なる収穫地を持って生活しているとする。その二カ所に、自分たちの採取できる植物と動物がある。一カ所は通常もう一カ所より高いところにあるので、垂直と言うわけだ。例えば海浜部と丘の上、谷間と谷の上、高い山に抱かれた低層の山など。こうした二段階の生態系があれば季節ごとに手に入る植物や動物、薬や手仕事の材料のバラエティは大きく広がる。砂漠地帯でさえもこれは成りたつ。砂漠の真ん中の湧水が原生のワシントンヤシを育て、そこを中心に発展した文化が周辺の山岳地にも広がった実例がある。そんな中で、トウモロコシや豆、カボチャは必要とされるだろうか。駆け出しだった頃クローバーはそう考えていたのだが、カール・オルトヴィン・サウアーに、先住民がトウモロコシを栽培しなかったのは、カリフォルニアの乾燥した夏のせいだと言われて納得した。だがカリフォルニアには今七〇万エーカー以上のトウモロコシ畑がある。それほどの規模で農耕を行うのは無理としても、先住民の人々だって川沿いの土地を灌漑して畑を作ることは可能だったのではないか——。

じつのところカリフォルニア先住民は、世界でも類を見ないほど豊かな狩猟採集文化を育んできた人々だ。一万二〇〇〇年という時をかけて築き上げられてきたその文化は、乗りこんできたヨーロッパ人に理不尽に踏みにじられたときも、決して衰えてなどいなかった。クローバーの推計によればカリフォルニア先住民の言語は一〇〇を数え、当時の北米全域の言語の二〇パーセントを占めるが、その話されている地域の広さは全体のわずか二パーセント以下だ。

先住民社会には大都会もなければ戦争の英雄もいない。ひとつの部族の人口は平均で一〇〇〇人以下、それでいてカリフォルニアには二七万五〇〇〇人の先住民が住んでおり、これはメキシコ以北では最も密度が高い。中心になって祭祀を行ったり大きな事業を手がけたりする層はもちろんいて、必ずしも利他主義に貫かれてなどおらず、たいていは自分の利益第一で不正も汚職もないわけではない。だが全体としては、膨大な数の集団がありながら、互いにうまく折り合いをつけていたし、何より自分たちが住んでいる世界とうまくやっていた。

彼らの食事は五〇〇種以上の動物と植物からなっていた。ドングリは多くの部族にとって主食で、一方海浜部の部族は主に貝やサーモンを食べていた。シカも重要な食料源だったが、同様に大事なのが炒ったイナゴだった。シロツメクサは好んでサラダで食べられたが、それ以外にも、何十種という植物の種子や球根や塊茎《かいけい》が食料になった。砂漠地帯では、メスキート豆にユッカ、ワシントンヤシを食べた。食料源のひとつが

家で使うために作った籠に囲まれたカルーク族の女性

手に入らなくなっても、代わりになるものが五、六種類はあった。

籠が、家を家庭にしてくれた。一九三〇年にB・F・ホワイトが撮った写真では、カルーク族の女性が一家の籠に囲まれて写っている。

籠は全部で四一個ある。指の先でくるくる回せるほど小さいものから、中に座れるほど大きなものまでさまざまだが、大人が収まるほど大きな穀物貯蔵用の、持ち運べないタイプの籠はひとつもない（もっともそういうタイプの籠は、写真撮影の場所まで運んでくるのも難しいだろう）。

荷運び用の、収穫した木の実とか球根とか種子とか、家族の手作り品とかを入れる籠がある。水をかき出す籠もあれば、調理用の籠、食べ物や薬品を保存する籠、赤ん坊を寝かせる籠——ひとつは生まれたばかりの赤子を、ひとつはもう少し成長した赤子を入れる——やゆりかごもある。

カリフォルニアデイジーやレッド・メイド、野生のエンバク、ポップコーン・フラワー、ヒマワリ、フクロウ・クローバー、ゴールドフィールド、ヤナギランといった植物の熟した種子を脱穀するのに使う籠もあれば、脱穀した種子を集める籠もあり、火にかけて、種子をあぶるための籠もある。細かく挽いたドングリを篩《ふる》う籠は、畝で粉を受け止め、大きな塊はカスミソウのブラシで根元のすり鉢状のところから掃きだせるようになっている。

篩《ふるい》にする籠あり、食事のトレイにする籠あり、客用の籠もある。量を測るひしゃく代わりの籠があり、水汲み用の籠もある。挽いたドングリの粉を濾すための籠があり、底のない籠は、粉を囲っておいて、風で飛ぶのを防ぐものだ。家の中で食品を保存しておく籠もあれば、大きな籠はたいてい木の根元に置かれていて、長期の保存に用いられた。帽子を入れる籠、鳥かごを入れる籠、罠にする籠、魚捕りの簗《やな》、中にはサンダルにする籠まであった。もちろん、贈り物を入れる籠とか、そのものを贈り物にする籠もある。籠作りの名手は、嫁ぐときに花嫁の家族に支払われる結納金が二倍に跳ね上がった。

女性たちは灌木や樹木の枝、草花の茎や根を使って籠を作る。ツルコケモモやアメリカハナズオウ、ハシバミ、セアノサス、マンザニータ、ジジファス、ヤナギ、ブラックオーク、ヒロハカエデ、ベアグラス、チュール・リード、ワラビにトウヒやセコイアの根などだ。カリフォルニアでは、七八種の植物が籠作りに使われた。籠作りは、経糸《たていと》と緯糸《よこいと》を巧みに、いたって複雑に組み合わせる作業で、カット・アンダーソンは素晴らしい著作『野性と暮らす（Tending the Wild）』でこれをコンサートピアニストの演奏になぞらえている。とほうもなくたくさんの、長くてまっすぐな枝、「スティック」が必要だ。

スティックをとるために火を放つ

今日、先住民の女性が籠編みの材料を集めにいくとき、「スティックを拾いに」行く、と言う。ゆりかごの台を作るには、ツルコケモモのスティックが五〇〇から七〇〇本、脱穀用の籠を作るにはバックブラッシュのスティック一八八本、中庸サイズの調理籠を作るには、ディアグラスの茎を三七五〇本、シカ獲りの網を編むには、三万五〇〇〇本の茎が要る。標準的な籠を六個ほど編むのに一万本の茎を使うこともあり、ある集落で年に二五個の籠を作っているとしたら、そこでは毎年二五万本の茎を使っていることになる。そしてこの中には、矢や槍、銛、おもちゃ、魚網、笛、鳴子、菜箸、火掻き棒、熱い石をつかむ棒、かきまぜ棒といった、そのほかの日用品の材料の分は勘定に入っていない。

茎は、木からとるものでも草のものも、長くてまっすぐで、余分な枝はなくしなやかでなければならない。自然に生えてきて、人の手がかけられていない植物は、決してそうはならない。籠の編み手は、たった一年のうちで、そういうスティックをどこで拾ってくるのだろうか。まして、何千本も。もちろん、芽吹きを期して刈るのである。短く刈り込んでおけば、次の年にはまさに欲しかったスティックが手に入る。草の茎でも同じことだ。切り戻すことで、枯れた茎や弱った茎を取り除き、次に元気な茎が生えてくる下地ができるからだ。それにしても、必要なだけのスティックを手に入れようとしたら、どれほどの切り戻しをしなければならないか。そこで彼らはうまいやり方を見出した。

初めてこの地に来たヨーロッパ人はすぐそれに気づいた。とはいうものの、それが何のためのものなのかはさっぱりわからなかった。一五四二年の一〇月、アルタ・カリフォルニアに到着した最初のヨーロッパ船団の指揮官フアン・ロドリゲス・カブリリョは、現在のサンタ・モニカに近い海岸を野火らしきものが走っているのを見かけた。そこで彼はその場所を、バイア・デ・ロス・フモス、煙湾と名づけた。それから五〇年以上経った再び一〇月、セバスチャン・ビスカイノがカリフォルニアの海岸で安全に寄港できる場所を探していて、海から現在のサンディエゴ付近の海岸に火が出ているのを発見する。彼は、「先住民たちが本土に多くの煙の柱を立てており、夜にはまるで炎が行進しているように見え、日中は空が曇って見えた」と報告している。のちに内陸への探検が主になってくると、ヨーロッパ人は馬に食べさせる飼料に事欠くようになる。というのも、一七七二年、ポルトラ隊とともに現在のサンフランシスコを探査したファン・クレスピ神父が何度も記しているように、先住民が草木を燃やしたばかりで、何マイルにもわたって馬や荷を運ぶロバが食べられるものが残されていなかったのだ。

それからまた一世紀後、ナチュラリストたちが、この風景は炎によって形成されたものなのではないかといぶかるようになる。ジョン・ミューアは公園然としたシエラの木立について、「人を誘いこむように開けた間隔が……ここの最大の特徴のひとつだ。木々はどの種類もそこそこ間をおいて立ち並ぶか、小さく固まって点々と生えているので、合間を縫って歩くのは造作もない。柱廊のように陽を受けて立ち並ぶ木々に沿って歩いてもいいいし、公園の緑地さながらに開けたところを歩くのもいい」と評している。カリフォルニアの偉大な植物学者ウィリス・ジェプソンは、セントラル・ヴァレーのナラ林に、同様の印象を持った。木々の間隔はゆったりしていて、目を見張るほど高く伸び、遠くまで枝を広げた丈夫そうなナラが見事なまでに等間隔に並んでいて、しかも地面はすっきりしているため、ジェプソンはここを「ナラの果樹園」と呼んだ。この林地の成り立ちを詳述するのはあきらめたものの、「木と木の間隔が一定なのが、毎年の野焼きの結果であるのは明らかだ」と書いている。

火による萌芽更新。カリフォルニアの先住民の間でそれが始められた時を知るには、どれほどの時代をさかのぼればいいのか誰にもわからない。それは、白人によって禁じられ、終わりを迎えた。先住民たちは平均しておおよそ一万八〇〇〇平方キロから四万六〇〇〇平方キロに及ぶ林地、州全域の四ないし一一パーセントを毎年燃やしていたと試算されている。一つひとつは激しく燃え上がる大きな火災ではなく、ゆっくりと地面近くで着実に燃える。そしておおむね、選んだ部分のみを燃やすのであって、林地全体ではなかったと思われる。同じエリアに火を放つのは、一年から五年に一度だ。火が燃えるには材料がいる。前回燃えたあと、まだ充分に枝が生えそろっていなくて、次に火をつけるまで、期待したよりも長く待たなければならないこともあったかもしれない。通常火を放つとしたら秋、枝を収穫した直後にするものだが、火を放つ狙いが草本類を伸ばすため灌木の生育を抑えることだとしたら、春に燃していたとも考えられる。開けた土地や常緑低木群であるシャパラルだけでなく、ナラや針葉樹の林にも火がつけられたようだ。

　カリフォルニアの先住民は、炎を管理するすべに長けている。風や気温、降雨、季節を考慮に入れるのはもちろん、望む方向に火の勢いを変えることもできる。目的の方向に粗朶《そだ》を積んでいくのだ。炎は、だいたい前年に燃やした区画に到達するように方向づけられた。そこまでくると燃料になる植物がほとんどなく、火が自然に消えるのだ。時には、周縁から中心に向けて燃やすこともあった。それは土地を伐開したり籠の材料を収穫したりするためだけでなく、シカやウサギを追いこんだり、何千というイナゴを蒸し焼きにするためだった。チュクチャンシー・モノ族の籠作りの名手であるロイス・コナー・ボーナが、オーストラリアで現在もまだ野焼きをしているマルチュの人々を訪ねた。「空から見たら、彼らの土地はパッチワークみたいだった」と彼女は言う。自分の住む山々もかつては同じように見えていたのだろうと考えたという。

　ベアグラスやチュール・リード、ツルコケモモの若い枝やアメリカハナズオウの枝を、長くてまっすぐで、細くてしなやかな状態で手に入れられることだけが、野焼きの恩恵ではない。林地で生えていてほしくない植物を絶やしたり、成熟した木を刺激して根元から芽を出させたり、シロツメクサをはじめとする食用の草を増やしたり、ハナズオウのような火を追いかける植物の種子を刺激し、発芽させたり、ハシバミなどの木の実の結実を促したり、漿果植物の生育をよみがえらせたり、マダニなどの害虫を駆除したりするほか、炎に舐められてまっさらになった土地に芽生える柔らかな新芽を食べようとして、食用になる動物がたくさん惹きつけられてくる。野焼きする前に一四種の植物が見られた土地で、野焼きの後には八〇種になっていたところもある。

野焼きによる豊かな恵み

早い時期に先住民の土地にやってきた侵入者たちは、しばしば煙や炎に気づいていた。その次にほとんどの記録に見受けられるのが、狩猟動物の数の多さだ。実際、一九六〇年代に歴史を勉強したとき、ヨーロッパ人たちはすっかり疲弊した土地からやってきたので、新世界の植物と動物の豊かさに腰を抜かしたと教わった。

カブリリョはサンディエゴ湾に着いたとき、「広大なサバンナがあり、草はスペインのものと似ている。……牛に似た動物（おそらくはプロングホーン）の群れを見たが、ひとつの群れが一〇〇頭余りで一緒に移動する。見たところ、足運びや長い被毛からして、ペルーの羊のようだ」と記している。それから三〇年後、サー・フランシス・ドレークも同様の報告をしている。「とても大型で太ったシカの数は無限とも見え、ひとつの群れと聞いたが、それも数千という数である。そのほかにウサギの大群がいる。これは数ではシカをはるかに上回る」

フランス人のラ・ペルーズ伯爵はこの土地を「言葉では言い表せないほど豊穣」と考え、またヨクート族と暮らすようになった若い青年は、「何千羽ものハトが争っていて、太陽が見えなくなるほど」と書いている。カリフォルニア北部を探査したロシア船のドイツ人船長オットー・フォン・コツェブーは、「シカは、大型小型問わず陸地のどこでも見られる。また、川べりにはそこかしこに、ガン、カモ、ツルがいる。狩りの獲物が溢れているので、これまで一度たりと狩猟をした経験のない者も、ひとたび銃をとると、経験者に劣らず夢中になる」ことを記している。

こうした記述はいずれも誇張ではないが、そのじつ、ことの機序を取り違えている。資源が豊富なのは事実であって妄想ではない。だがそれは人の手の入っていない自然の賜物なのではなく、少なくとも二五〇〇年にわたって、この地で暮らしてきた人間の巧みな維持管理の賜物なのである(二五〇〇年というのは、カリフォルニアのナラ文化がそのくらいの年代を経ていると推定されているからだ。ただし植物と動物資源の管理の歴史はそれよりずっと古いと思われる)。

野焼きによって、常に変化し続ける遷移帯、つまり生態系と生態系の境界が次々と生まれ、そこでは異なる種の生物が生まれては栄えていく。人間が垂直経済を営んでいるためにすでに多様になっている生物資源が取りこまれ、相乗効果で多様性が倍加する。すると狩猟採集に依る生活は安定し、以前にもまして健康的で豊かな暮らしが続くのだ。それは、いわゆる先進国の都市生活とは正反対だ。わたしたちはごく限られた主食を世界中の生産者から買い集めるが、その生産者たちが耕作地をどのように扱っているかはまるで気にも留めないし、できる限り安価に買い求めることばかり考えている。

一方カリフォルニアの先住民たちは、自分たちの生活の場からできるだけ近いところで、充分に熟れたものをできるだけ多くの種類手に入れ、余った時間(彼らにとってはお金のようなもの)は自分たちの資源をよい状態に保ち、いつでも使えるように整えることに使っていた。それだけに、どんな小部族にも、人間たちが自分たちの収穫物の世話を怠り感謝を捧げるのを忘れてしまうと、人間は破滅するという言い伝えが必ずひとつはある。

「植物は使われたがっているのよ」ボーナのおばは言う。「使ってやらなければいなくなってしまう」。といっても、自分で植えなければいけないという意味ではない。植樹を受け持つのはもっと大きなコミュニティの責任だ。あるモノ族の女性は、ナラを植えたことがあるかどうか尋ねられると、「育つ前に死んでいるわ」と答えたものだ。「植えるのはアオカケスにやらせておけばいいの。それが仕事だからね」。つまり、ドングリ文化の部族はどこも、植えるより手入れするほうに全霊を傾けてきたということだ。森林管理局の人間と米国農務省林務部の植物学者がボーナと一緒に、山のふもとにある三〇エーカーに及ぶブラックオークの林を視察したときのことだ。植物学者が「予備知識がなければ、ここは果樹園に違いないと思っただろうね」と言うと、

「言いえて妙だわね」ボーナが答えた。

「まあ、ここに人の手が入っているはずはないけどね」植物学者が言い返す。

「母も、その母も、その母親もここに住んでいて、ドングリが主食だったの」ボーナは言う。「ナラは、おばあちゃんのお母さんが幼い頃から、ここに植えられて、手入れされてきた。ここは曾祖母の果樹園よ」

ナラの手入れには、野焼きがカギになる。そして野焼きは、収穫の直前、毎年秋に行われる。炎には多くの目的がある。ゾウムシをはじめとした害虫に食われたドングリは、普通ほかより早く落ちる。そして害虫は、さなぎになって地中で冬を越す。炎は格好の殺虫剤になるのだ。食い荒らされたドングリを灰に変え、地面を熱してさなぎを絶やす。シャスタに住むクラマト・ジャックはこう表現する。「炎は地面に落ちた古いドングリを燃やす。地面の古いドングリには虫がたくさんついている。古いドングリを燃やさなければ、古い樹皮を燃やさなければ、古い葉を燃やさなければ、毎年虫がやってくる……インディアンは毎年同じように燃やす。だから地面は全部きれいで、樹皮もなければ枯れた葉も落ちていない」

野焼きは、ほかにも多くの役目を果たす。競合する植物——例えばポンデローサマツとナラは、光を求めて背伸びし合うので、ナラが高く育ちすぎてしまう——の若芽を間引くことができる。また、リンゴ果樹園

の林床と同じように、野焼きによってナラの根により多くの水が回るようになる。さらには、根っこに栄養を押しこむこともできる。炎は、ナラを傷つけないように、慎重にコントロールしなければならない。ことに、繊細なタンオークの林であればなおさらだ。だが炎のおかげで樹木の基部から新芽がいくつか出てくればしめたものだ。ブラックオークの基部から生えた枝は熱に強く、かきまぜ棒や石つかみ用に重宝される。熱した石を調理籠に入れたり取り出したりするのに都合がいいのだ。

もうひとつ、炎は地面を一掃して収穫をたやすくする。次にくるのが枝叩きだ。地面から、あるいはそれぞれの木の枝に陣取り、棒でもってナラの枝を叩く。完熟一歩手前のドングリを落とし、小さないらない枝を払う。これも一種の更新である。というのも払われた枝は分枝して翌年新しい芽を出すので、樹冠は広がり、理屈の上では収穫を増やすことができるからだ（レッドオークを枝叩きするときには気をつけなければならない。レッドオークのドングリは二年かけて成熟するからだ。間違って翌年の収穫分を落としてしまっては目も当てられない）。

ドングリは炎に舐められてきれいになった地面に落ちるので、素早く拾い集めることができる。これは単に、収穫時間を節約するためばかりではなく、収穫を護るためでもある。アオカケスにキツツキ、ハトといった連中もドングリには目がない。勤勉なアメリカカケスに至っては、一時間で四〇〇個ものドングリを集める。枝叩きをしておくと枝が軽くなり、冬の雪で折れるのを少しでも防ぐことができる。ただし、実際に枝叩きをしている人になぜやっているのかを尋ねたら、おそらくその人物は、自分が教わった通りに言うだろう。「叩けば木が目を覚ます」と。これは、人とナラのコミュニティをつなぎ続ける手段なのだ。ほとんどすべての集落で、その年最初の収穫の一部が、人間が口にする前に、感謝のしるしの供物になる。

現在のカリフォルニア先住民の人々――ボーナもそのひとりだが――は異口同音に、ご先祖はほぼ毎年、ナラの林から充分な食料を得ていた、と話す。「そう言うと嘘つき呼ばわりされるのよ」ボーナは顔をしかめてそう言った。ひとつには、どの集落にも複数種のナラがあったため、ひとつの種で実つきが悪くても、別の種が豊作だったかもしれないからだ。だがもっと重要なのは、手入れだ。例えばリンゴも、手を入れてやらなければ二年に一度しか実をつけようとしない。ある年にはたわわに実るのに、次の年にはほとんどあるいはまったく実がならない。しかし土を清潔に保ち、適切に剪定し、肥料と水を与え、実のつく枝にふんだんに太陽が降り注ぐようにしてやると、ほとんどのリンゴは説得に応じて毎年実をつけてくれる。先住民たちはナラを同じように扱った。だから同様の結果が出たとしても驚くにはあたらない。

火入れの禁止による木々の変化

半世紀以上もの間、モノ族、チュクチャンシ族ほか、今も残る部族の人々は、野焼きを許されなかった。白人がやってきたあともしばらくの間は、秋に地面を焼くのは普通のことだった。牛や羊の所有者は、夏の間家畜を高地で放牧し、カウボーイにはよく先住民を雇った。彼らも、秋に家畜を低地に戻すとき、牧草地や周辺の丘を焼いたものだ。そうしておくと翌年、間違いなく新しい草が生えているのだ。やがてそれがすべて禁止された。炎の抑制が金科玉条となり、それは今も続いている。

風景は変わり始めた。先住民の目には、大地が死に向かい始めたように映った。人と植物に活発な交流がなければ両者ともに傷つく。ボーナの住まいに近い高地にあるジャッカスやビーソアといった広大な牧草地までもが、コントルタマツのような先駆植物や灌木に覆われていった。山腹の草地は森になっていく。ナラの群林はポンデローサマツなど成長の早い樹種に侵食されていき、ナラはやむなく背を伸ばしたため、ドングリには手が届きにくくなっていった。実ったドングリの大半は——野焼きによる管理がなくなったため——、ゾウムシなどの害虫の取り分になり、木々は振る舞いを変えていった。

ツルコケモモもアメリカハナズオウも、それまでのように一年か二年おきにまっすぐなスティックを提供しなくなった。ボーナに言わせると、使い道のない枯れた枝や側枝、こぶだらけで元気のない材木に成り下がってしまったのである。野焼きをしないと、ソープルートの塊茎は――針金みたいな毛が生えていて、家の中で使うブラシにちょうどいい――毛が生えない。「ビリヤードの玉みたいにつるつるになるの」とボーナはため息をつく。ディアグラスはしおれ、用をなす茎は一株から一、二本しか取れなくなる。ブルーオークやブラックオークの長い枝は、寄生性のヤドリギがあちこちについてぼこぼこだ。といってもこれは外来種というわけではないし、新しく発生した問題というわけでもない。今深刻な事態になってきているのは、ひとえに野焼きによる管理がなくなったからだ。

わたしたちは、かつてボーナの祖父母が所有していた土地を歩いた。彼女と夫はつい最近、そこを柵で囲い、家と納屋を建てたばかりだ。ボーナはわたしを連れ、ハナズオウの枝を探しに出かけた。充分な長さの枝が見つかったら、裂き方を見せてくれるというのだ。まず、ツルコケモモの灌木があった。ナラの葉に形の似た、淡い緑色の小さな葉が茂る低木だ。ボーナは数年前、赤ん坊用の籠にするスティックをとるために、チェーンソーで伐採をしたというが、その後伸びてきた枝が絡まり合い、ネズミの巣のようになって、生きている枝もあるが、枯れてしまった枝もある。ボーナが枝を一本折り、わたしの鼻先に近づけた。「嗅いでみて」。ツルコケモモの別名はスカンクブッシュ。じつに当を得た命名だ。ツルコケモモを扱う際、最初にしなければならないのが樹皮をはぐことだ。ボーナは樹皮をはぐのに、黒曜石のかけらか刃の鋭いナイフを使う。手を目いっぱい伸ばし、ナイフなり石なりをスティックに沿って手前にひたすら引いてくる。ナイフを行ったり来たりさせると、スティックを傷つけてしまう。

「先週コースゴールドで友達に会ったの。わたしが『あらあんた、ツルコケモモを剝いてたんでしょ!』って言ったら、彼女、『剝いてないわよ!』って答えたんだけど、顔を赤くして『そうね、剝いたかも、でもそのあとお風呂には入ったわよ』って言うんで、『だけど、きっと体のどこかにまだツルコケモモがついてるのよ』って言ってやったわ」

ボーナは知識と経験が豊富なだけではない。生まれながらの語り部だ。ふたりでしゃべっていて、もう話は尽きたろうと思っても、彼女がなにかしら話のタネを見つけてくる。さて、久しく手入れされなくなった風景の中を歩き続けていると、村の生活ぶりが周りに現れてきた。どうしたらいい状態が保たれ得たか、目に見えるようだった。「以前、このあたりはとっても開けていたの。おばのロージーが言ってたわ。誰にも見られずにおしっこする場所がなかったって」

ボーナは、背の高い木がうっそうと茂っている中で、枯れかけている三本のサビンマツを指さした。「あそこの木はみんな枯れていく。何本も、何千本も」。北米大陸のマツの例にもれず、この木々もキクイムシにやられているのだ。「あなたがたはキクイムシにはどう対処するんですか?」わたしは尋ねた。「あいつらは、そもそも前にはこのあたりにいなかったの」と彼女は言う。「このへんのものじゃないの」。野焼きしていれば虫は抑えこまれていただろう（アメリカ西部とカナダのキクイムシの大発生も、野焼きで抑えられたかもしれない）。「あの木は育ちすぎたわね。地面の上の寄生虫とおんなじ」

ボーナは、手入れされずに育ちすぎたマツが、ふもとの干ばつの一因であると考えている。「火と水は一緒に動く。火がなければ水も豊富でなくなるわ」。マツの巨木の根はたくさんの水を求めて地面を涸らす。冬には重なりあった樹冠が雪を受け止めてしまい、水分が地面に届く前に大半が蒸発してしまう。また仮に雨や雪が下まで届いたとしても、深く降り積もった枯れ葉の層につかまる。ここでも、地面に浸みこむ前に大半が蒸散してしまうのだ。「水が、本来あるべき地中に戻れないの」。同じことは丘の上の広大な牧草地でも起こっており、高地の草原はもはやスポンジのように水をためこんでふもとに滴らせるという役割を果たせていない。

ボーナは、涸れた小川を見せてくれた。そのそばにワラビが少しだけ群生している場所があった。「ワラビは、もっと高いところで生えるものなの。多分わたしのおばさんたちがこっちに移したのよ」なぜ？「ドングリを篩う籠を見せたでしょ。あの籠に入っていた黒い筋がこのワラビなの。だけど根っこは掘ってみると赤さび色をしてるのよ。黒く染めないといけないの」彼女お得意の方法があるという。ドングリの殻とさびたくぎを鍋に入れ、一緒に煮る。その鍋を一週間、ストーブの裏に置いておくのだ。「日一日と黒くなっていくわ」そう言うボーナはうれしそうだ。「ワラビをくるくる巻いてお鍋に入れると真っ黒になるのよ。ずうっと。ワラビの根を染める、白人流のやり方よ」。カリフォルニアではここにしか生えない植物が多くある。だがワラビは違う。世界で最も広く分布している五大植物のうちの一種だ。地下茎が、地面の下でサッカー場より大きく拡がることもある。定期的に焼かれていれば、ひとつのクローンが一〇〇〇年も生き続けることもあるのだ。

幼い頃、ボーナは一週間に一度くらいドングリを食べていたが、ボーナの母親は、一日に一度食べていた。母の母、ヘイゼル・ヘレン・ハリスは、一九一〇年、スギの皮でこしらえた家で誕生した。大人になってからは、日がな一日、ドングリを挽いては篩って細かい粉にし、次の日に粉を濾して調理して、その繰り返しだった。五ガロン、およそ一九リットル入る籠で調理すれば、六人家族を一週間食べさせることができた。籠に挽いたドングリ粉を入れて水を足す。それから熱した石を一度にひとつずつ入れていく。「最初の石が入るときは、火山が噴火するみたいよ」ボーナが言う。「ドングリが籠の中で煮え立つの」

祖母が作っていたのはユマナという薄い粥だろう。チョコレートミルクくらいのとろみがある。さらに石を足して煮立たせるとイキバになる。もっと粘っこくてプディングくらいの固さのものだ。もう少し煮こむと、タネは充分かたまって、コノウォイと呼ぶ薄くてかたいビスケットができる。小さな籠を使ってタネを掬い取り、冷水にとって丸めると、ビスケットになってそのまま食べられる。「そうすると、大きな籠をすぐキレイにできるの」ボーナは言う。「一週間ドングリを入れていても臭くならないわ」。病気の人や年老いて自分でドングリ粉の調理ができなくなった人がいると、ボーナの祖母は材料を二倍にして、一度に五ガロンでなく、一〇ガロンのタネを作ったそうだ。

籠作りにこめられた知恵

ボーナが、ソープルートの生えているところを見せてくれた。「頑張ればまだいいブラシがとれるのよ」そこを通り過ぎながらボーナが言った。「自分のうちの庭に生えていて、草刈機を使うなら、うまくいくのよ。どうしてだかわからないけど、地面の上に伸びているところを切ってやると、塊茎に毛が生えるの」。セッジの茂みも見せてくれた。ほとんどすべての籠作りに経糸として使う大事な植物だ。「毎年切り詰めてやらないとなくなってしまうの」。刺々したバックブラッシュは、淡い緑色の、ネズミの耳みたいな形の葉が特徴だ。こちらは、ちゃんと野焼きをしてやれば、赤ん坊用の籠作りの経糸になる。

しおれかけたハナズオウの茂みの脇を抜け、所有地の境界に新しく建てた柵を目指した。柵を建てたのは春だ。ボーナが急に足を速めたので、ブーツが石をはねてこつこつ音をたてた。「見て！　見事でしょ！　これのことだけど。きれいにまっすぐに生えてる！」。柵をこしらえる場所をあけるためにハナズオウをチェーンソーで切ったところ、びっくりするほど元気に茎を伸ばしたそうだ。赤さび色の茎は、あるものは一八〇センチ、茎によっては二一〇センチもあった。枝の出ている茎はほとんどなく、出ていても一本だけだ。「友達に教えなくちゃ」ボーナは声を弾ませた。「赤ちゃんの籠はね、籠の真ん中で糸を継いだらいけないの。矢印型のデザインにするときは真ん中から編み始めるんだけど、縁まで行ってぐるりと一周できる長さのスティックがいるのよ！」。このハナズオウはちょうどいい長さになっていて、ボーナはご満悦だった。

今、一年の終わりが近づいているこの時期が、ハナズオウの刈り込み時だ。この時期に切ってやれば色が保たれる。一月まで待つと、樹皮の赤さび色は抜けてしまう。「普通はね、切ったら防水シートに包んで数日寝かせてから、裂いていくのよ」。ボーナは茎を一・八メートル刈り取り、太いほうの端をナイフでこそげた。そしてまったく予想だにしていなかったのだが、切ったほうの端を口に入れたのだ。

カット・アンダーソンは籠の編み手をコンサート・ピアニストになぞらえた。それを言うなら、ボーナはオーケストラの指揮者だ。彼女は頭を高く上げ、スティックの太いほうの端のうち、幅のまん中の三分の一ほどが、四本の前歯に咥えられている。両手を口元に近づけ、残りの三分の一ずつをそれぞれの手の親指と人差し指で挟んだ。そして、まさに指揮者がオーケストラの注意を惹きつけるときのようなしぐさで、腕を広げて歓迎の意を表すような形で、両手をゆっくり口から離していった。するとどうだろう、スティックはほぼ同じくらいの太さで裂けて三本になっていく。両手を伸ばせるまで伸ばすと、三本のうちの一本の端を脇に挟み、両手をスティックの途中の裂け目まで戻し、さらにそっと裂いていく。その間、最初に口に入れていた部分は噛んだままだ。

一本のスティックを三本に裂いて籠編みの糸に作り替えながら、ボーナは自分のやっていることを言葉で説明してくれた。といっても聞き取るのには苦労した。何しろ彼女はスティックの端を噛みしめたまましゃべるからだ。「おれをおと側にうといいおよ。あんなかであいてくかあね（これを外側にするといいのよ、真ん中まで裂いていくからね）」ボーナは目を閉じる。「ことぅあんないいかあでいっあること（こつは、おんなじ力で引っ張ること）」と続ける。「あんなかあでいたあ、うおくいんちょうにああないといえない。おおどあんうんにいたいあね（真ん中までできたら、すごく慎重にやらないといけない。ちょうど半分にしたいからね）」

スティックの細いほうの端に近づき、ボーナは、普段スティック裂きは目をつぶってやるか、映画を見ながらやるのだと話してくれた。スティックの様子が見えないほうが集中しやすいのだという。肝心なのはできた繊維がどれも同じ太さになることで、太すぎたり細すぎたりする箇所があってはいけない。編みこむ準備ができるまではナイフを近づけたりもしない。端までくると、スティックは三本のほぼ同じ繊維になった。「一度やり方を覚えたら、見ないほうがうまくいくわ。親指が教えてくれる。引っ張りすぎてるかどうかをね」。一本のスティックが三本に分かれると、籠によってちょうどいい太さになるまで同じ要領で繊維を裂いていく。カリフォルニアの先住民の女性たちは、亡くなると前歯の間に溝ができているのが見つかることがよくある。スティックを裂くために咥えていたあとだ。

籠を編む繊維を作るためだけにも、なんと多くの知恵がつぎこまれていることか。しかもそのあと、女たちはさまざまな形と大きさに、繊維を編みこんでいかなければならないのだ。平らなもの、鉢状のもの、深いもの、浅いもの、水を通さないもの、篩になるもの、子どもの背より高いもの、背負い紐のついたもの、赤ん坊のゆりかごとして、覆いのついたもの、鮭を捕まえるもの、ウサギを捕まえるもの、水を汲むためのもの……。籠に模様を編みこむつもりなら——同心円や稲妻型、ガラガラヘビや人間など——編む前に図柄の間に編み目をどれだけ入れれば図がうまく浮き上がるか、計算しておかねばならない。「おばあちゃんたちの世代はまるで数学者だった。ボウルの周りに人の柄を入れたいとするでしょ。幅は何目になるか数えなきゃならない。それから最初の一周の編み目も計算するの。それぞれの編み目を分けていって、何人の人間が入るかを導き出すのよ。わたしは計算機を使うけど、おばあちゃんたちは頭の中でやってたわ」

だがそれはさぞかし大変な作業だったに違いない。重さが五・五キロもある石でドングリを粉にすることも。自分が使った碾《ひ》き臼は、通常本人と一緒に墓に埋められた。自作の籠が埋められることもあった。残りは儀式として焼かれた。

こういう厳しい暮らしは、なくなってよかったと喜ぶべきだろうか。炎は燃やす相手が必要だ。そして愛も。籠も、彼らの人生もうまく編みあがらないこともあっただろう。籠の作り手たちはたぶん往々にして人を出し抜こうと競い合っただろうし、あるいは一抜けて、おざなりな仕事をし、お茶を濁していたこともあったかもしれない。だがここで物を作り、一緒に働くことは、愛を育むきっかけになっただろう。そして愛情には特有のしるしがある。見る間に平らげられてしまうけれども、ずっと感謝される食事や、作り手と同じくらい長持ちする籠のような。

しかも彼らの仕事は、決してわたしたちよりつらいものではなかった。労働時間は短かったし、食べ物や家賃をどうやって賄おうかと心配することもほとんどなかった。お祭りをする時間もあったし、火の周りに集まって物語を語ったり、ゲームをしたり、実りに感謝したりする余裕もあった。ハースト人類学博物館の収蔵品が素晴らしいのは、工芸品にまじってたくさんの玩具があることだ。

カリフォルニアの先住民たちはおそらくわたしたちより賢かったに違いない。定期的に野焼きを行っていたおかげで、現在州を悩ませている壊滅的な山火事は起こらなかった。遅きに失した感はあるものの、二一世紀に入って森林管理局もようやく気づいたようだ。定期的な野焼きは山火事の自然発生を防ぐのみならず、多様で丈夫な生態系を生み出す役にも立つのだということに。カルーク族が野焼きを再開し、別の部族の人たちにもこつを伝授している。カリフォルニアだけでなく北アメリカ全体で管理された野焼きが増えているのは、火による萌芽更新へのオマージュだと言えよう。一〇〇を超える彼らの文化は遅れているのではなく、多分先端を行っているのだ。

芽吹きの楽園

カリフォルニアのセコイアの森で

前回ビッグ・ベイスン・レッドウッド州立公園に行ったのは、四歳の時だった。セコイアは大きすぎて、たくさんありすぎて、どれもが太すぎて、正直まともに視界に入っていなかった。両親やその友人たちと比べてさえ、自分が途方もなくちっぽけな気がしていたくらいだ。ぼくはこんなに小さいから、食卓テーブルにも隠れちゃえるんだぞ。そして父さんたちはとてもでかいから、踏み台がなくたって冷凍庫を開けられるんだ。大人たちはずうっと話し続けていた。木について、そのほか子どもにはわからないあれやこれやについて、成層圏の高みから声がしていた。子どものぼくの役割は、彼らの陰からそっといなくなることだった。

根元のあたりに真っ黒な空洞のできた木があった。わたしは空洞の中に潜りこんだ。向こう側に小川が見えたので、わたしはそこへ走っていった。父はよく、渓流で奇妙で面白い生き物を釣ってきたものだった。ある時は大きな嚙みつく幼虫だったし、ある時は大きくて嚙みつくザリガニだった。わたしは、渓流から出てくる生き物はみんな大きくて嚙みつくものだと思っていた。おっかなかったけれど、わくわくした。

わたしはバシャバシャとしぶきをあげて冷たい流れに入っていった。つかまるのは小石くらいだったが、そのうちに背後から何やらうめくような声が聞こえてきて、気づいたときには脇の下から抱えあげられていた。わたしを背後から抱き上げた父が腕の中でわたしの体をくるりと回し、もう一度しっかり抱きかかえられたわたしは父と鼻を突き合わせていた。「こら、ぼうず。勝手に走って行っちゃだめじゃないか」父はしかめ面を作ろうとしたがうまくいかなかった。わたしは父を見てにっこり笑った。

六〇年ぶりに、わたしはビッグ・ベイスンに来ていた。その一〇年前、父の遺灰をエンジェル島の付近でサンフランシスコ湾に撒いていたし、母の遺灰はそれよりもっと以前に――じつに早すぎる最期だった――金門海峡から太平洋に撒いていた。ふたりの魂は今頃、太平洋をぐるりと周回していることだろう。今、わたしも大人の一員になり、セコイアの存在をちゃんと認識できているし、その大きさや樹齢、そして針葉樹としてはいっぷう変わった習性――巨大な妖精の環の中で再生するという特性に目を見張っている。自分の子どもも成人した今、自分が縮み始めていると感じているので、正確にはあの日の父親と同じ立場ではない。わたしは父親というよりは祖父で、新芽の粘り強さと奔放さに目を細めている。

それはクリスマスの二週間ほど前で、乾いたカリフォルニアにはありがたい雨が降っていた。高いところでは標高約九〇〇メートルの太平洋海岸山脈を走る昔からの自動車専用道路スカイライン・ドライブを上がっていくと、わたしは雲の中に突っこんだ。セコイアはこれが好きなのだ。冬は雲の中、夏は霧の中を好む。それ以外の季節はどんなに乾燥していてもかまわない。セコイアが、六五〇〇万年前には、当時はつながっていた北米とユーラシア大陸全域に当たり前に分布していながら、現在では北米大陸の太平洋岸のごく細長いエリアと、中国の峡谷部にしか見られないのは、これが理由だ。雲の中での暮らしは、かつて地球がもっと暖かかった頃にはどこででも可能だったが、現在は難しいのだ。山の尾根で、「雲の休み場」と書かれた標識を見つけた。そう。こんな天気にドライブしていると、なんだか潮だまりの生き物になったような気がしてくる。というのも、白濁した渦が頭の上で波打ち、高くなったり低くなったりして、霜のついたガラス板に覆われているようだからだ。

わたしは心細くなってラジオをトーク番組に合わせた。このあたりに住んでいたのは随分昔のことなので、このラジオ局のことも、軽口をたたき合っている男女のことも知らなかった。ふたりはクリスマスツリーのことを話していた。男性のほうはつい最近、ツリーを手に入れたという。彼がトラックを運転し、奥さんが植木業者と話をした。「妻が交渉係さ。『根元のほうにぐるっと枝を残して切ってくださいね』って店の人が言うんだ」。相手の女性が笑った。「何のため?」「さっぱりわからないよ」男性が答える。「そこからもういっぺん、芽が生えてくるのかな」男性はしばし考えこみ、「変なの!」と言って次の話題に移っていった。

本能的に、わたしは男性に同意していた。針葉樹は普通、基部からは芽を出さないからだ。ただ、どうやら男性は、どんな木であれ新芽を出すことそのものを変と表現したようにも聞こえた。また、クリスマスツリーの業者の中には、根元の枝を残しておこうとする人たちがいるのも事実だ。切り株から芽が出ることはまずないが、基部に近い枝は空に向かって伸びようとする。その中からいい枝を選べば、同じ根からもう一本クリスマスツリーをとることができる。こうしてできる木をlimb treeと呼ぶこともある。実生から作るよりも数年は早く成木になる。中には、前のクリスマスツリーと同じ根から新しいクリスマスツリーができてほしいという顧客もいる。悪い考えではないだろう。これもまた、古《いにしえ》の針葉樹が生き抜いてきたすべのひとつだったのだろう。いわば芽生えずして芽生えたとでも言おうか。セコイアは大いなる例外だ。

セコイアの妖精の環

スカイラインの頂上は、サン・マテオからかなり南までくると、樹木のない草原が広がる。やがてまた木々が迫ってくる。ビッグ・ベイスンに行くには、右へ折れて海へ向かって山を下らねばならない。山頂をはずれると、セコイアの森が始まる。特に小川の脇に多い。普通セコイアは一本また一本と見えてくるのだが、下るにつれて特徴がわかってきた。三本一組、六本、八本、時に一二本や一六本がひとかたまりになって生えている。場所によっては車輪のスポークのように並んでいるところもある。中心にあるのは古びて腐りかけた切り株だ。また、ところによっては中心がなくて、地面にくぼみだけが残っている場所もある。車輪がゆがんでしまっているところもあり、また、きれいな円を描いているところもそうでないところもあるが、木々がいくつかの同心円を描いているところもあって、そういう場合、内側の木のほうが外側のものよりり濃く茂っていた。

ここを見たら、例のラジオのパーソナリティはどう思うだろうかと考えた。じつにヘンテコだ。わたしはそれこそ世界中で木々の妖精の環を見てきた。ニューヨーク州北部の自宅近くで、この手で手入れしたバスウッドにもあった。親木が枯れたり、枯れかけたりしたとき、また時には枯れる兆候を見せもしないうちから、親木の幹をぐるりと縁どるように若い芽が生えてくることがある。原因はリグノチューバだ。リグノチューバは一部の植物が備えている特別な器官である。実から芽を出したばかりの瞬間から、最初の葉、子葉の葉腋中で休眠芽が形成され始める。木の成長につれて休眠芽も増殖し、頑丈で自己再生する新しい木の萌芽が、親木の基部の周りを取り囲む環になる。

セコイアは、基部から何度も何度も繰り返し、確実に、そして数千年にわたって新芽を出し続ける。その環はちょうど菌類の作る妖精の環のように見える。ただし新芽といってもセコイアの場合、それ自体六〇メートルほどの高さがあり、樹齢も一〇〇年を超えている。一九七七年に伐採業者が見つけたセコイアのリグノチューバは直径が一二メートル以上あり、重さは五二五トン以上あった。このリグノチューバがくっついていたもとの木は、どれほどの大きさだったのだろう。今このリグノチューバが支えている七本のセコイアの大きさは言わずもがなだが。

狭くてかろうじて舗装されたビッグ・ベイスン・ハイウェイが、パークへと導いてくれる道路だ。路肩の土砂が流れ、セコイアの根が一部露出している。時としてわたしは、自分が泥の世界へと車を進めているような気がすることがある。わたしはいつも、その隠された世界を見たいと思っていた。あらゆる生命が生まれいづる世界を。多分、セコイアの梢――マダラウミスズメの巣や、太陽に向かうように適応したいっぷう変わった葉をひっそりと抱えこんでいる梢――と同じくらいに、美しくて独特な場所だろう。わたしは常に、ごく身近にある謎に惹かれるのだった。

それは、もう駐車場からすでに始まっていた。わたしは四歳だったときとほとんど同じ心持ちだった。木々の梢はもちろん、中ほどくらいまでが雲に隠れていた。駐車場の周りのセコイアは大きさも太さも、ブロンクスで手入れをしているユリノキの約四二メートルよりもずっと大きいが、このユリノキにしたって、ニューヨーク市では二番目に背の高い木なのだ。セコイアは一一二メートル以上に達する。わたしにしてみれば息をのむほどの高さになっているユリノキの、さらに三倍近い。

だがセコイアがすごいのはその大きさだけではない。彼らは林床に幾何学模様を描くのだ。セコイアは倍々ゲームで円を増やしていく。基部から一度新芽を出すだけでは満足せず、多くはそこからさらに芽を出し続け、森に入ったときに見た同心円と同じようなものを、何世代にもわたって作り続ける。駐車場のすぐ脇にも格好の実例があった。一六本の新木が完璧な環を作っていた。最も大きな三本は、それぞれ直径が一・五メートルはあり、ほとんどの木が、直径九〇センチ～一・二メートルだった。そして、太さ四五センチほどの木が数本あり、最も若い赤ちゃんが、一五センチと一〇センチだった。歩道を進むと、最も広いのが直径一・八～二・四メートルで狭いのが七・五センチくらい、という組み合わせの環も見つけた。こういう環の中で最大の木は、まず間違いなく樹齢八〇〇年は超えている。驚くことに、それが以前の木々から生

セコイアの妖精の環

えてきた芽なのだ。この命の連なりは、いったいどこまでさかのぼれるのだろう。

その場で最も古くて最も大きな木も、すでにない親木からの萌芽だと思われる。「森の父」と呼ばれる大木には銘板がつけられ、その大きさを誇示している。銘板に記すために計測されたとき、大人の胸の高さの直径が五メートル、高さは七五メートルだった。だが地面に目を移して根の生え方を見てみると、この木がかつて根の描く円周の一部であったことがわかる。つまり、もっと古いセコイアを取り囲んでいた妖精の環の一本だったのだ。もしこの木が樹齢一〇〇〇年だとして、別の樹齢一〇〇〇年の木から生えてきたものだとしたらどうだろうか。そしてもとの一〇〇〇年の木も、また別の一〇〇〇年の木から生えてきたのだとしたら。セコイアの森のどこかには、六四〇〇〇万年以上連綿と続く血統があるかもしれない。

ただ幾何学模様は、同心円がすべてではない。よくあることだが、まだ若い枝が地面に落ちると、落ちたところから芽を出して、直線状に子孫を作

倒れた幹から発芽し、一直線に並んだセコイア

る。植物学者のピーター・デル・トレディチが、「地面の下の永遠の命(Immortality Underground)」という副題をつけたセコイアの本に写真を載せている。それは、地面に横たわる直径五〇センチの丸太から、直径二、三〇センチにまで成長した六本の新しい木が、陽が差したようにまっすぐに並んで伸びている光景だ。ビッグ・ベイスンを歩いていると、最近の嵐で落ちた枝によって折られた若い幹を二本見つけた。地面に倒れた幹からは、すでに二〇から三〇余りの新芽が出始めていた。新芽は一年で一・八メートルほど伸びる。ほとんどは枯れてしまうが、わたしが神の御恵みで二〇年ほど経ってからまたこの地に戻ってこられたとしたら、きっとまっすぐに二列並んで樹冠を目指すセコイアを見かけることになるだろう。

セコイアは基部からだけ芽を出すわけではない。幹に傷ができると、その上に大きなこぶができ、少しずつ滴《したた》って地面に到達する。そこから根が出て新しい木が生えてくることがある。一見、水が沸騰したまま凍りついたような形状をしていて、まるで幹が休眠芽で溢れかえっているようだ。わたしが子どもの頃は、このこぶから一部を切り取って、端を水につけておく人をよく見かけた。アボカドの種並みによく発芽したもので、わたしの家にもセコイアのこぶの芽とアボカドの芽が出窓に並べてある。ごく身近に見る奇跡だ。セコイアの土地では、道端の土産物店に行けばセコイアのこぶのかけらを買うことができた。今は人間が増えて木々が少なくなったため、人々は自分で勝手に切り取ったりはしなくなったものの、これもまた、簡単には枯れないセコイアの子孫残し術のひとつだ。

ビッグ・ベイスンで車を降りている間、雲が低く垂れこめてきてすっぽり包まれてしまった。まるで曇りガラスの文鎮の中に閉じこめられたかのようだ。わたしは、父と一緒に潮だまりで釣りをしているときやハイキングをしているときによく議論したのを思い出していた。「雨降ってるよ!」と、わたしがレインコートのフードにたまった水滴を払いながら文句を言うと、「違うよ」と父が言う。「ただ霧がすごく深いんだよ」。雨であろうと霧であろうと、湿っぽくて視界はかすんでいる。わたしはしぶしぶ歩き出すのだが、一分も経たないうちに水滴が不愉快だったことなど忘れてしまうのだった。

登山口にはとりどりの色を使った大きな看板があって、「驚異の生きたセコイア」を謳っている。だが、看板のすぐ後ろに立っている、同じくらい驚異的なものには言及していなかった。入り口に樹冠が、虹の橋のように遊歩道を覆っていたのだ。人の手がしつらえたものではない。橋を架けているのは二本のキャニオン・ライブ・オークだ。この種は通常、四方八方に枝を伸ばすたちだが、芽を出したところが日陰になっていたのだろう、そこを逃れて遊歩道の上へと伸びてきたものと思われる。セコイアの森の日光透過率は平均して樹冠部の一二パーセントであり、ここで生き延びるには工夫の才に長けていることが第一だ。遊歩道があるためにいくらか開けて明るい場所に向かって傾斜した二本の木の虹のてっぺんからは、それぞれ四本ずつ枝が出ていた。八本の枝は、親木を踏み台にして空に向かって直立し、あたかも新しい木が八本育っているかのようだ。これが、植物が作り出した、芽吹きの楽園への歓迎の門だった。

ある意味、セコイアの驚異はさほどのものではない。彼らは最有力者であり、巨大な勝利者であって、周辺の競争相手の優に五倍の高さがある。セコイアの妖精の環の中で育つものなどないし、大きな枝の落とす陰の下で成長できる植物は少数だ。その中で大きくなれる植物たちの生命力は、セコイアそのものに劣らず驚異的だ。四歳の自分は、巨人の中で生き延びるすべを見つけた小さき者たちに途方もなく親近感を感じたものだ。ちょうどわたし自身が、大きな大人たちの陰からあの手この手で逃れようとしたのと同じように、巨木の陰の隙間で成長する姿に。

巨木の陰で生きる

タンオークを例にとってみよう。わたしは遊歩道を外れて森に踏み入ったが、すぐさまブーツにツタの葉のようなものが絡みついてきた。瞬間的にアイヴィーだと思ったのだが、なぜこんなところにアイヴィーが？　いや、よく見ると葉は大きくて楕円形、やや革のような手触りで葉縁は小さく鋭いのこぎり状になっている。この匍匐植物はタンオークだ。通常は二四メートルかそれ以上にもなる木だが、ここでは地面からほんの一五センチほどしか持ち上がっていない。

たどっていくと、タンオークの狙いがわかった。こいつは光の入ってくる空隙を見つけるまでは地面に張りついているのだ。空隙は遊歩道の縁であったり、小川の際であったり、あるいはセコイアのような背の高い木が倒れた跡であったりする。そこにくると、光に向かってすっくと立つのだ。あると思った光は幻かもしれないし、そうでなくとも、最初に想定したのとは違う方向から差してきている可能性もある。タンオークの幹は、命を与えてくれる光源に合わせて、臨機応変に伸びる方向を変えていく。

タンオークもキャニオン・ライブ・オークのような大きな枝を作ることはあるが、大きな枝はたまに、豚の背中のように丸まってしまうことがある。この丸まった大枝から新しい茎が勢いよく伸びだす。一方で、タンオークはまったく見当違いのほうに伸びてしまう場合もあれば、新たな倒木に日射を遮られてしまうケースもある。そのようなとき、幹は急激に方針を変更し、やや上向きながらほぼ水平方向に伸びていく。ちょうどジェイムズ・ジョイスが『ユリシーズ』の主人公レオポルド・ブルームに、「四五度の……シャベルから放り出された土塊のような角度で」天国へ昇ると想像させたように。日射が増したと感じるとそちらに向けてまっすぐに芽を出し、新しい芽が木の持つエネルギーのほとんどを使うため、古い樹冠は細って消えていく。白亜紀の初め頃、針葉樹が優勢だった森で新興の広葉樹がやったことをそっくり真似しているわけだ。

次に現れたのはカリフォルニア・ハックルベリーだ。これは灌木で、上へ上へではなく、基部から横に広がっていく。ハックルベリーが根幹部から新しい芽を出して広がっていくさまを記していけば、ビッグ・ベイスン公園を流れるワデル・クリークの森の光の地図を描くことができる。カリフォルニア・ハックルベリーの、ちんまりしているが勢いのいい、明るい緑の葉と白い花は、セコイアの木陰でもおいしい黒い実を実らせる。ハックルベリーはセコイアの木陰を好んで生えるのだ。茂みは、高さはせいぜい一・八〜二・四メートル程度にしかならないが、くねくねとうねりながら何エーカーという地面を覆って広がっていく。ビッグ・ベイスンのハックルベリーの茂みひとつにどれだけの数のクローンがあり、樹齢がどの程度になるのか、測定されたことがあるのかどうかはわからないが、一説によると、ペンシルヴェニア州ハリスバーグにほど近いジュニアタ川の川っぷちでは、一マイル（一・六キロ）にわたってハックルベリーの茂みが続き、樹齢は一万三〇〇〇年になるという。

セコイアの森で最も美しいお追従派のひとつが、在来のアザレア（山つつじの一種）だ。背丈は三・六〜

四・五メートルくらいまでにしかならず、タンオークやハックルベリーに比べるとずっとたおやかで、いかにもすぐはじき出されそうに見える。そのくせ、森を歩いていて林床部で最もよく見かけたのが、ひとつには、このアザレアだった。地面が湿り気を帯びていて、少しばかり余分に光があるところならどこででも、すっくとした茎のアザレアのコロニーが立ち上がっていて、冬の初めには黄色い落ち葉をかぶっている。初春、アザレアは葉を出す前に白やピンクの花をつけ、あえかな芳香を振りまく。これは園芸種であるエクスバリーアザレアの親株のひとつだが、観賞用になるずっと前から、セコイアの森の内外で暮らしていた先住民たちに日常的に、また薬品として利用されていた。

歩けば歩くほどいろいろな命が目に入ってくる。この風景には、幅広の刷毛でひと撫でしたものがあり、流星花火のごとく空へと飛び出しているものもある。低木は少しでも陽が当たる地面を撫でるように這い、木々は、遊歩道や小川、倒木、道路、駐車場などでできた隙間を埋めるかのように天に飛び出す。芽を出すことのできる生き物には楽園だ。

合衆国東部にあるわたしの森では、動物にかみ砕かれたり、倒木でなぎ倒されたり、病気でやられたりした若木から新芽が出ているのを数多く発見する。だがここでは、そんな若木が見られたのがいったいどのくらい前だったかわからないくらいだ。芽は全部、茎や根から出てきたように見える。この土地はいったいどのくらい古くて、どのくらい長い間ここにこういう姿で存在していたのだろう。白亜紀までさかのぼるのだろうか。かつてアメリカ西海岸から中国南部まで延々と連なっていた植物相の、最後の生き残りなのだろうか。わたしたちみんなが霧に包まれ、文鎮の中の一場面になる。芽吹きの楽園という場面に。

火で作られたセコイアの森

セコイアの森は手つかずではない。むしろ絶え間ない再生の産物であり、終わることなく続いていく森だ。「老いたる成長」という表現に、まったく新しい意味を与えている。二〇世紀中は、セコイアの森では火事はほぼ起こらなかった。だがそれ以前は、火事はごく頻繁にあった。デル・トレディチはビッグ・ベイスンの古い幹に残る火傷痕とその周囲の芽吹きとの関係から、ヨーロッパ人が入ってくる前には二五年周期で火事が起こっていたと推定している。一九九二年、マーク・フィニーとロバート・マーティンが古い切り株に残る一四世紀から一九世紀半ばにかけての火傷痕を調べ、木々が六年ごとから二三年ごとの間隔で火災に見舞われたことを割り出した（多くは基部や節こぶのところから芽を出していたが、中には幹に沿ってびっしり葉を出したものもあり、あたかも葉っぱで火柱ができているかのようだ）。ごく一部、二年ごとに火傷を負った木もあった。

太古には、火を受けたあとに芽を出す力は落雷に対応するものだっただろうが、ここ数千年は、人間との交わりによってその能力が磨かれたと言えるだろう。前に書いたように、当時からカリフォルニアに住んでいた人々は、繁《しげ》く土地を焼いて（249頁参照）、食用になる植物を刷新し、狩りのために見晴らしをよくし、まっすぐで具合のいい新枝をとるために火で植物を更新したからだ。実際、今わたしたちが目にしているセコイアの森は、数千年にわたる火とのやり取りによって作られたものなのだ。

先住民はセコイアの森を利用した。下層のハックルベリーを食べ、ハックルベリーやアザレアの茎を弓矢や籠に仕立て、タンオークの実を粉にして粥にしたり、樹皮を湿布に用いたりした。エルクの角でこしらえた楔《くさび》でセコイアの板を切り出して家にしたし、時には大きな木のうろそのものを住まいにもした。森の一部を焼いて新鮮なハシバミやハックルベリーの枝を手に入れ、トウヒの根やセコイアの若木、ワラビなどを収穫した。先住民はまた、白人が「プレーリー」と呼ぶものを整備した。山腹や山頂にあるプレーリーは森が後退して開けた土地で、草やシダ、ヒマワリといった草本を育てるのにいい場所だった。案内なく深い森に迷いこめば餓死してしまうかもしれない。だがプレーリーに出会えれば別だ。そこには食用になる草が生えているし、シカやエルク、クマがいくらでもいる。先住民はこのプレーリーから次のプレーリーまでの道を、自分の名前と同じくらい知り抜いていた。彼らの考える健全な森は、自分たちが活動できる余地のある森だ。先住民は森の与えてくれるもので生きていたのだ。

木が芽吹かないとき

人の手が産んだ八〇〇歳のダグラスファー

新芽を出さない木をどう使うか。針葉樹では、切った枝や基部から新芽を出すものはほとんどない。枝や幹を切ったら、それでおしまい。北米大陸南西部の先プエブロ人たちには選択の余地はあまりなかった。ハコヤナギやヤマナラシといった広葉樹の小さな木材も使ったが、主としてポンデローサマツ、ダグラスファー、セイヨウネズ、ピニョンマツ、トウヒ、モミといった針葉樹を一通り使っていた。常緑樹は丈夫で長持ちする。人々が必要としたのは主に薪だった。さらに、屋根の梁や出入り口の横木にも木材が必要だった。できるだけまっすぐで節の少ないほうがいい。差し渡しは一〇〜三〇センチくらいで、二・四〜三・六メートルの長さがあればよかった。

一度切ったら二度と生えてこない木から、どうやって木材を得ていたのだろうか。ほとんどの場合、彼らは単にちょうどいい太さのところで若い木を切っていただけだ。新石器時代に入って革新的に鋭くなった石斧が使われた。石斧は、木材をただへこませるだけでなく、切り溝を刻むこともできた。多くの枝がおそらくはこのようにして伐採された一方、薪用には、枯れた木だけを集めたと思われる。だが針葉樹は実生からしか再生しないため、風景を丸裸にしてしまうこともたびたびだったろう。

メサ・ヴェルデに断崖集落があった時代の終わり頃には、おそらく想像力と観察を駆使した結果だろう、人々は解決策を見出していた。針葉樹であるかどうかにかかわらず、高くなる木も灌木も共通して面白い癖がある。垂直方向に伸びている幹を水平方向に曲げると、幹の表面付近にある休眠芽が活性し、すでに出ていた側枝が心変わりする。つまり側枝ではなく、それぞれが新しい一本の木になろうとして、親木の来し方をなぞろうとするのだ。この新たに解放された枝はまっすぐに伸びていく。まるで若い苗木になったかのようだ。その過程をフェニックス再生という（68頁参照）。

メサ・ヴェルデの住人の中にこの再生に気づいた者がいた。折れた枝に倒されたか、嵐で倒れたかしたダグラスファーの再生を見たのかもしれない。往古の人々は、この再生過程を人間の手で再現してみようとした。一九六〇年代、メサ・ヴェルデで最も古いダグラスファーを見つけ、年輪順に古い木から新しい木までを並べようとしてみた研究者たちは、どうやらかなり昔、何世紀も前のまだ若木だった頃に、意図的に、それもほとんど地面と平行になるくらいにまで曲げられたとみられる非常に古い個体群に遭遇している。興味深いことに、その古木はどれも、曲げられた幹のてっぺんに、石斧でつけられたような傷跡が見られた。

メサ・ヴェルデに住居が作られていた時代の末期、かの地が放棄されるわずか数十年ほど前の住人たちは、どうやら側枝をまっすぐ上に伸びる若木に仕立てることに成功していたらしい。このようにして、人々はかつて、木を絶やすことなく梁や横木にするまっすぐな木材を手に入れていたのだ。主木にとって代わった支配的な枝を収穫すると、次に丈夫な枝が主枝になり、成長の速度を速めて、その次の収穫期に木材になってくれる。くだんの研究者たちは年輪年代学者だったので、当然ながら年輪を読むことにかけては名人だった。彼らは、気候条件に特段の出来事はなかったはずなのに、年輪の成長が著しくなる時期があることに気づいた。成長幅が増えたのは、主幹が折り曲げられてその枝が新たな主木にとって代わったことによるものと、研究者たちは確信した。

いったん刈り取られた枝は、滑らかな柱にするために樹皮を剥かなければならない。ダグラスファーの樹皮を剝くのは、春、樹皮がまだ緩んでいる時期でもかなりの難業だ。だが大工たちは、キクイムシが飛びまわる時期に伐採した木材を数週間放置しておけば、キクイムシが樹皮と幹の間に入りこんで樹皮を浮かせてくれることを思いついた。そうすると樹皮を剝くのがずっと楽になる。先プエブロ時代の柱には、キクイムシの幼虫が開けたとわかる空洞の見られるものがある。

素晴らしい着想、いやむしろ、素晴らしい観察力と言うべきか。だがその観察はささやかにしていささか遅きに失した。メサ・ヴェルデ時代の末期、家屋の横木は木材でなく石で作られ、補強も石でされるようになっていた。繰り返し木材をとれるように手を加えられた三本の古木は、非常に急峻で近づくのが難しそうな斜面に立っていた。断崖集落が放棄された理由は明確にはなっていないものの、木材が不足するようになったことも原因の一部と考えられる。先プエブロ人たちは自らの手で住まいを築き、疲弊したのだろう。とはいえ、単に姿を消したわけではない。川沿いの、もっと水に恵まれ木も多い断崖の上へ移動したと思われる。そこはピニョンマツやネズが豊かで手に入りやすかったのだ。

ナバホ族をはじめ、五〇〇年以上にわたって近隣の土地でプエブロ人たちの競合相手であった南西部の部族は、いずれも、乏しい森林資源を大切にして少しずつ使わなければならなかった。かつて先プエブロ人を指す語彙だった「アナサジ」は近年ほとんど口の端に上らなくなった。というのも、これがナバホの言葉で「われらの敵」を意味するからだ。

ナバホ族の人々は、ゆりかごを作る材をとる木を、特別なやり方で守っていた。そのようにして、その木は物質的な意味でも、また精神的な意味でもナバホの人々の願いを満たしていたわけだ。木が長生きするように赤子の命も永かれ、と祈ったものだからだ。

ゆりかごをこしらえるのはたいてい父親だった。父親は背が高くまっすぐな木を選ぶ。ポンデローサマツが好まれたという説もあるが、セイヨウネズなども使われた。木は、材を切り取っても枯れてしまわないくらい幅のあるものが必要だった。健康で、一度も雷に打たれたことのない木でなければならなかった。人があまり寄りつかず、間違っても他人に刈られる心配のない木がよかった。父親は東側、つまり日が昇る方角に横に二本切れ目を入れ、九〇センチだけ幹を切り取る。

取り終えると、こんな歌が歌われた。

赤んぼの板を切り取ったよ、息子よ
おまえが末永く生きるように
陽の光で背板を作り
虹で枠を作り
幻の日で足板を作り……

木が、ひいては木材ができるのは太陽や雨、大気が織りなす光合成の結果なのだから、歌は間違いではない。木はやがて傷口を閉じ、何食わぬ顔で成長を続ける。ゆりかご作りにはまことに、木の長寿にあやかり、損なわれても立ちなおる柔軟さに倣おうとする思いがゆだねられている。

興味深いことに、人間が敬意をもって取り扱うことによって、じつは木の命のほうこそ引き延ばされることが多々ある。メサ・ヴェルデのダグラスファーを見つけたとき、年輪年代学の研究者たちは人の手が入っている樹木を探していたわけではなかった。年代順配列を完成するために、とにかく古い木を探していたのだが、人の手が入っていなくてそこまで古い木は見つからなかった。建築に使われた古い木材の年輪は見つかったし、現存する木の年輪も見ることができた。木材と生きている木の間をつなぐ年代を探しに探した。考古学的年代、つまり遺物から見つかったのは西暦一二七五年が最も新しい。生きている木で最も古かったのは一二八五年だった。近いけれどもあと一歩足りない。あと一〇年の間を埋めなければ年代の切れ目がなくならない。

一年後、パークレンジャーがとても古びた木を見つけた。彼は年輪のサンプルをとり、年輪年代学者のひとり、エドモンド・シュルマンに送った。シュルマンは取るものも取りあえず現場に来て、同じ木からさらに二六個サンプルをとった。このダグラスファーは、西暦一一七〇年に初めて芽吹いたことがわかった。木々の樹齢がすべてつながったうえ、一〇〇年以上の重なりができた。

その後一六年も経ってから、博物館展示を準備している最中に、学生たちがくだんのダグラスファーは先史時代に石斧で切られた跡があることに気づいた。学生たちはさらに、近くにあった二本の木も同じように曲げられ、再生枝が収穫されていたことを発見した。年代順配列の間隙を埋めた八〇〇歳のダグラスファーは、人間の手によって手なずけられ伐られていたのだ。人が木を利用すると木の寿命を縮めるのではない。むしろ引き延ばすのだ。

サーミ人のマツ

針葉樹を生活の糧に

北方の亜寒帯林。

ここでこそ、人の手の入らない未踏林が見られる。

ほんとうか？

もう何世紀もの間――少なくとも、植物学者のリンネがサーミの土地を旅してからあとには――、ノルウェーやスウェーデン、フィンランド、ロシアでサーミの人々が暮らしている、あるいはかつて暮らした近辺に生えているヨーロッパアカマツには、北向きのちょうど胸あたりの位置に傷跡がよく見られることに、この地を訪れたヨーロッパ人たちは首をひねっていた。楕円形の傷跡は、一九世紀に入植した農民によってつけられた何かの印だと結論づける者もいた。だが傷跡に近い年輪を調べてみると、それが一九世紀よりはるか昔につけられたものとわかった。傷をつけたのはサーミ人だ。神聖な印だろうか。道しるべだろうか。トナカイの数の記録だろうか。いったい何の目的で、これだけたくさんの印がつけられたのだろうか。

議論百出したところで、情報を提供してくれていた地元の人が恥ずかしそうに認めたことには、その昔彼らのご先祖は、飢饉の時おいしくて栄養のある師部を収穫し、粉にしてパンを作ったかもしれないということだった。師部は光合成により針葉で作られた栄養分を運ぶ、樹皮の内側にある器官だ。だがこの習慣はほかの民族から教わったもので、現在は受け継がれていない、とこの情報提供者は強調した。自分たちが劣った人種であるとの思いこみは、これほどまでに深く、彼らの胸に刻みこまれていたのだった。神の賜物である穀物を食べるという、人としての彼らの起源と同じくらいに古い習俗を、ごく最近まで手にしていなかったからというだけで。

同じような振る舞いに、一九九〇年代のニューヨークで出会ったことがあった。公立小学校のバイリンガルのクラスに詩を教えに行っていたときのことだ。わたしはスペイン語で授業を始めた。「スペイン語を話すのは誰かな?」とわたしはスペイン語で尋ねた。誰ひとり手を挙げなかった。スペイン語が母語のように見える子どもたちに、順に尋ねていった。「きみは、スペイン語は?」「Yo? Yo no」九歳の少年が慌てて応える。おお、自分が、クラスメートの前で少年に恥をかかせたことに気がついた。

早急に手を打たなければ。わたしはスペイン語と英語両方の早口言葉で関心を惹きつけようと考えていた。その代わりに英語でこう言った。「二〇世紀の素晴らしい詩は英語ではなく、スペイン語で書かれています」。偉大な詩人の名前を挙げていく。フェデリコ・ガルシア・ロルカ、パブロ・ネルーダ、ガブリエラ・ミストラル、ラファエル・アルベルティ、アントニオ・マチャド、オクタビオ・パス、セザール・バジェホ。名前を出すたびに、きっとほんとうはスペイン語を話すと思われる子たちの耳がぴくぴくするのがわかったが、その子たちが授業を怖がっているのも見て取れた。

「スペイン語の二重Rを発音できる人はいるかな?」

最前スペイン語は話せないと言っていた少年が、意を決して「errrre」と言った。音は唇を震わせ、上口蓋へと転がっていった。幼い頃、自転車の後輪にトランプの札を括りつけてみたことはないだろうか。そうするとカードがスポークとぶつかって、まるでバイクみたいな音をたてるのだが、あれが二重Rだ。

「そうそう！」

「Rrrrrapidos rrrrrapidos corrrren los carrros del ferrrocarrril!（速いぞ、速いぞ、列車は速いぞ）」

みんなに、わたしの早口言葉を真似するように促した。ためらいながらも全員が声を出した。クラス中が遠慮なく大きな声で唱えるようになるまで、わたしたちは繰り返した。

ひとりの少女が自分から言い出した。「El perro de San Rrrroque no tiene rrrrabo……（聖ロークの犬がしっぽをなくした）」

わたしは正しい「下の句」で応えた。「Porque Rrrramon Rrramirez se lo ha rrrrrobado（なぜなら、ラモン・ラミレスが盗んだから）」

わたしたちはこちらも大声で復唱した。

しまいに、スペイン語を話す子はたくさんいるとわかり、初心者の子たちもスペイン語を話したがるようになっていた。ここまできたら

おお、ジプシーの街よ
すべての角に旗は翻り
月とカボチャ
そしてサクランボジャムの瓶

ガルシア・ロルカのこんな詩をスペイン語で暗唱するのも難しくない。全員が上手にできるようになった。

サーミ人たちも、先祖の行動を、厳しい北方で長く栄えるために不可欠だった深甚な智慧を、誇りに思えるようになってきている。マツの師部はおいしくて栄養があるだけではない。師部は、木全体を損なうことなく収穫できるので、何年も利用可能な資源なのだ。

ある習俗が、記憶にないほど大昔に始まったと言うと、学者は怒るかもしれない。だが時代の測定がさほど重要ではない出来事もあるという事実に、学者諸氏にもそろそろ慣れてもらわないといけない。実際のところ、サーミ人が内樹皮を収穫して食用にし始めたのがいつ頃なのかは誰にもわからない。彼らは樹皮を剝き、褐色がかった金色の内樹皮を細長く切り取る。収穫するのは春だ。樹皮も師部も柔らかく、簡単に剝けるからだ。木の立場からしても好都合だ。春なら傷がふさがるのも早いからだ。細胞をどんどん作って育てる季節だ。切り取った内樹皮は、樹皮でくるんで埋め、そのうえで小さな火を焚いてゆっくりと調理する（最近では直火でゆっくり温めるようになった）。火を通した師部を挽いて粉にする。ライムギや小麦同様、内樹皮の粉もありとあらゆるものとまぜ合わせる。サーミ人はクラウドベリーやトナカイの血とまぜて食べる。

針葉樹を生活の糧にしてきたのは、サーミ人だけではなかった。北極を中心にコンパスで円を描いてみると、土地があり木が生えているところではおよそすべての場所で、人々は針葉樹に生かされてきたことがわかる。アディロンダック山地でも、ノースウェスト準州でも、そしてシベリアでも。

木の実の収穫

野焼きで楽をする

アメリカ先住民は手つかずの大地の恵みを享受してきたと思われがちだ。緑したたる自然の懐で育った彼らは、大地の恩恵で生きる幸運に恵まれた。わたしたちはその幸運とやらを称えつつも、正直なところやっかまずにはいられない。このような神話には少しばかりの真実も含まれてはいる。というのも、北アメリカ大陸では山脈は南北に走っている――ヨーロッパでは東西に連なっている――ため、氷期にいったん姿を消した植物も、ヨーロッパよりも北アメリカでのほうが復活しやすかったのである（ヨーロッパの種子や花粉は山を越えなければならないが、北アメリカでは卓越風の向きも手伝って、木々はやすやすと北行できた）。北アメリカ東部には八〇〇種以上の固有樹木がある。ヨーロッパは八〇種余りだ。

とはいえ、先住民の人々が自然の懐で一方的に恵みを受けていたとする見方は、偏見が入りまじり、正しくない。彼らはノルウェーの農民やバスクの杣人《そまびと》たちと同じように、自分たちの土地を隅々まで手入れし、維持してきたのだ。ただ、彼らがそれによって得ることのできた賜物が、彼らに独特のものだったというだけだ。

北アメリカでは果実や木の実はほとんどの場所でたやすく手に入る。ドングリは簡単だ。帽子をとり、殻を破れば栄養たっぷりの実が出てくる。クリも同じくらい楽にありつけるが、ドングリよりは幾分でんぷん質が多い。ヒッコリーの実になると、それほど簡単ではない。まるで難解なからくり箱めいて、しかるべき手順が必要だ。

ヒッコリーの実、つまりペカンナッツを食べようとすると、まずは裂けて四つのとんがりができている外皮を剝いで実をむきだしにし、固い殻を割って中の種子を取り出さなければならないが、これが殻にがっちりと張りついている。くるみ割りでペカンを割ろうとしたことがある人は、それが必ずしもいい作戦でないことがおわかりだろう。先住民が食べるペカンナッツは、主にシャグバークやモッケーナッツといった種類で、彼らはまず石か木づちで殻を叩く。ひしゃげたところを沸騰した湯に放りこみ、熱と振動によって可食部を殻と分離させる。あるいは割ったあとできるだけ殻を取り除いて、残りをカヌーチーと言う脂っぽい塊にまぜる。これを水に浸すと殻は浮いてくるので、取り除くことができる。クログルミとバタグルミ（シロクルミとも）には両方ともべとべとしてぐんにゃりした外皮があり、まずはそれを取り除かなければならないが、そのあと実はスムーズに出てきてくれる。

実を取り出すのに手間はかかるものの、ヒッコリーもクルミも食べるのはドングリよりずっと簡単だ。ドングリの場合はタンニンを除くためにあく抜きしないとならないのだ。ペカンもクルミも、殻から出したらそのまま口に放りこむことができる。そのうえ脂肪もたっぷりだ。例えばバタグルミを口に入れると名前の由来が納得できる。脂肪分が口いっぱいに広がり、おいしいのかくどいのかわからなくなるほどだ。いずれも、ドングリとは違い、油を抽出できる。とれた油は料理や薬に使える。

およそ八〇〇〇年前から二〇〇〇年前、大雑把に言えば約八〇〇〇年間、ここに挙げた主だった木の実をはじめ、二、三〇余りの樹木や灌木の実が、北アメリカ東部森林地帯に住む先住民たちの主食だった。先住民は木に登るわけではなく、木の実が自然に落ちてくるのを待った。森林地帯の河床部にある集落跡からは、焦げた木の実の殻がよく見つかる。こうした植物の利用を通して、先住民は、どう加工し、どう保存すれば食料の最も乏しい冬の終わりまで持たせることができるかを学んでいった。そのような関係も終わりに近づく一八世紀後半、植物収集家で文筆家のウィリアム・バートラムは著書『旅行記(Travels)』で、クリーク族やチェロキー族の村々は多くがヒッコリーなど実をつける樹木に囲まれ、まるで果樹園の中にあるようだと書いた。バートラムは先住民たちが木々を植え、育てたことを露疑っていなかった。あるクリーク族の家では、冬に備えて乾燥させたペカンナッツが一〇〇ブッシェルも用意してあった。一ブッシェルはおよそ三五リットルだから、三五〇〇リットルの木の実ということになる。

とはいえ、野焼きをしなければ木の実の森も八〇〇〇年はおろか一〇〇年と続かない。実をつける木々はみんな陽の光が好きだ。手を入れてやらないとカエデやツガ、ブナといった日陰をものともしない樹種に負けてしまう(森林火災予防キャンペーンのキャラクターのスモーキーベアのおかげで、東部の森の中には、かつてナラやヒッコリーが優勢だったのに、いまやアメリカハナノキとサトウカエデに占拠されつつあるところもある)。

北の端と南の端を除いて、東部の森のほとんどでは、先住民が一~一五年の周期で森の一部を焼いていた。年老いた木の焼け跡の調査や証人の木——野焼きの時に焼くのはここまでという境目になった木——の調査から、実をつける樹種が集落の近くにある場合がほとんどだったことがわかってきた。「インディアン・サマー(小春日和)」が指しているのは、秋の野焼きで赤くかすんだ日和を言うのであって、先住民の狩りの季節を表す言葉ではないように思われる。

森の下層部を定期的に焼き払っても、大きな木はダメージを受けない。せいぜい根元近くから新芽を出したり根を出したりする程度だ。広葉樹の休眠芽は、解放される時を待っている。ヒッコリーの場合、基部から新芽が出るのは大変いい兆候だ。というのも、ヒッコリーの材は弓や道具の柄の材料として求められることが多かったからだ（ヒッコリーは現在でも斧の柄に好んで使われる）。野焼きをすると、枯れかけた枝や虫の食った実を取り除くことができた。競合相手を減らし、落ちた木の実を拾うのにじゃまになる匍匐《ほふく》植物を一掃できた。何より下層部にたくさん光が注ぐようになる。さらに、将来実のなる木を脅かすかもしれない日陰に強い樹種の若木を絶やすこともできた。

火による伐開では、人間にも動物にも果実をもたらしてくれる灌木の上部や、時には樹冠部までも燃やしてしまうことがあった。ハナズオウにサービスベリー、サンザシ、アロニア、ポポー、プラム、エノキにチョークチェリー、エルダーベリー、サッサフラス、クラブアップルやブラックホー。どれもみんな実を食べられる木だ。野焼きはいわば伐採であり、多くの植物を根元近くまで切り詰めるが、そこからまた芽が生えてくる。人間にとっては、低いところに楽に収穫できるまっすぐな材ができることであり、シカなど、これも人間の食料になる動物には手頃な餌ができることでもあった。

周期的な野焼きは、北アメリカ東部に最初の農耕をもたらした。東部の森に住む先住民たちがトウモロコシ栽培を取り入れたのは、南西部の先住民に遅れること一四〇〇年あとだった。必要がなかったからだ。川沿いの低地に毎年生える草――アカザにシロザ、カボチャやトウナス、タデやオオムギ、メイグラス――どれも、大きくて食べ応えのある種子ができる。シロザは種一粒から五万粒、アカザは五〇〇〇粒ができるのだ。

わたしたちには雑草でも、彼らにはごちそうだ。日光が届けば芽を出す日和見主義の木がつける実は、粉にすれば粥やパンになる。秋、女性や子どもたちは植物を刈り、翌年の春に蒔くための種子を貯蔵する。実のなる木の一画を焼いたときには、日当たりのよくなった場所に新しい作物を植えることができた。こんなふうに、森の先住民は豊かで長続きのする文化を育んだ。食料不足や人口増加の圧力によってではなく、こうすれば糧を手に入れるのがけた違いに楽になるとわかっていたからだ。

流れ橋

日本の里山再生

わたしは芽吹きや古いもの、木々と人の生活との関わりにすっかり夢中になり、もはや聖杯を探す勢いで探求を重ねていた。ある場所にたどり着くと、必ず誰かが次なる場所へといざなってくれる。カリフォルニアで先住民の方々と火による萌芽更新について話していたときは、日本のドングリの萌芽林について教わった。教えてくれた人たちの言うことには、日本古来の文化は萌芽林を基礎としているそうだ。この話はわたしには衝撃で、すぐ日本へと旅立つことになった。

昔の日本では、自然の要素は四つではなく五つあると考えられていた。土、空気、水、そして火までの四つは西洋と同じだが、五番目の要素は木だ。「火はそれだけでは長くはもたない」。一七世紀の将軍は、そう理由づけたという。「燃え続けるには木が必要だ。この故に、木こそ民草の住まいの中心である。木は山からとれる。木は竈にとってなくてはならないものであり、竈は民の中心をなす」。これ以上ないほど明晰な説明だ。

遠野の川にかかる流れ橋

遠野市は、日本の本州北部、冬の厳しい岩手県にある。その遠野市の近郊、気仙川《けせん》にかかる人道橋は、一見、何を考えて作られたのだろうと仰天する。幅も充分で丈夫そうなスギの板が渡してあるのだが、板の端が次の板の端とつながっていないのだ。橋の踏み板は三つの部分からなり、前の区画の板と次の区画の板の端を縦に継ぎ合わせるのでなく横に並べ、交互に重なるようにして支柱に乗せてある。最初の板をまっすぐ歩き、継ぎ目のところで横にずれ、次の板を歩いたらまた、さっきとは逆に横にずれ、というのを繰り返しているうちに対岸に着く。川幅はおよそ六〇メートルだ。

上から見るとダンスのステップを図解したみたいに見えるかもしれない。支柱は水の中に立っていて、昆虫の肢を思わせる。クルミやクリのてっぺんから、二股に分かれた枝を切ってきて逆さに使っているのが、水底から今にもとびかかろうとしている肢に見える。一カ所に二、三本の肢は、かつては梢の枝だった。この蜘蛛の肢みたいなのがペアになって川を横切っている。肢と肢とをつなげているのが鉋《かんな》がけした板で、ほぞ穴で肢を受けている。踏み板はこの上に無造作に乗っけられていて、竹の手すりが片側に張られている。

橋は、ざっと一七世紀頃からここにあった。これを「投げれば」橋（流れ橋）という。「投げれば」は、日本語の動詞「投げる」の変化形だ。研究社の「New Japanese English School Dictionary」によると、「投げる」の定義は「throw,hurl,fling,cast,pitch,toss,thrown down, or throw away」とある。投げればと変化したときの意味はおおむね、「投げたとしたら……」だ。

嵐に見舞われて川の水が増水したり濁流になったりすると、投げれば橋は分解する。「オズの魔法使い」の案山子《かかし》よろしく、支柱が上流に、横板は下流に向いたりする。大きな板は岸につなぎ留められている。橋

「投げれば」橋。踏み板と横木、伐採した枝を使った支柱

の部材は流れに任せ、翻弄される。嵐が終わるまで、川は橋の上をとうとうと流れていく。嵐が収まると地域の人々が両岸に現れる。どこかに流れ着いている支柱や横木を探し、必要とあれば新しい枝を切ってくる。踏み板を縄でくくる。地域の人たちは一体になって橋をもとに戻すのだ。

　ナゲレバ、モ——流れれば、もとに戻すだけ。

狛ネズミの神社

　おおよそ一〇〇〇キロ離れた京都には、哲学の道がある。疏水沿いの気持ちのいい散歩道で、ここを歩けば次々と荘厳な寺院に行き当たる。立派な禅寺では、庭師が島に見立てた岩の間を埋める砂を箒で掃いて流れを生み出す。石の庭は苔むした地面やカエデの淡い緑色の葉によく映える。地方の人々は流れ橋を作るためにクリやクルミのてっぺんを伐り取っていたが、庭師たちはそれと同じことを、何の躊躇も見せずにこの美しいカエデにしてのける。樹冠を分枝するために新しい枝が欲しいときは、選び抜いた枝先を剪定する。するとどうだろう、新しい枝が三、四本も、切り口のすぐ後ろから生えてくる。地面では土を掃いてコケに筋をつけるので、根の一部があらわになる。樹冠と根はまったく生き写しとは言えないが、呼応し合っているようで、異なる扱いを受けながら同じような姿を見せている。

　妻のノラとわたしはこの京都の小径を歩いていた。正直なところ、寺院見物にいささか疲れてきていた。どこもあまりにも壮麗で隅々まで隙がない。そこで見かけた何人かの植木職人がうらやましかった。息をのむような素晴らしい庭で、手作りの三脚脚立を持って木から木へと移動しては、ちまちまと植木を整えて一生を終えるのだ。

　疏水にかかる小橋に神社への案内板があった。どうやら坂を上っていくらしい——わたしたちはため息をついたが、行こうじゃないかということになった。きっと気分転換になる。

日本ではかつて、神道と仏教は融合していた。だが近代化を目指した明治期、日本政府は力ずくで神仏を分離することにした。この神仏分離令が及ぼした悪影響はあまたあるが、そのひとつが天皇の過剰な神格化だ。天皇は実際には台頭する軍部の傀儡とされたにすぎなかったのに、神に祀り上げられた天皇の名のもとに、日本は戦争への道を突き進むことになったのだ。「宗教」という言葉を導入したのも明治期の知識人たちだった（religionという語は一八六八年に調印されたドイツとの修好通商条約で初めて見られる）。それ以前は禅寺に神道のご神体がいたり、神社に仏像があったりしたが、誰も正そうとはしなかったし、「宗教」という名で呼ぶ者もいなかったのだ。

わたしたちは息を切らしながら坂道を上った。途中、一、二ヵ所で足を止め、息を整えながら（あるお宅ではアジサイ二本と南天という簡素な組み合わせで、小さなソファくらいしかない軒先を愛らしい庭に仕立てていた。夏にはアジサイの白、冬には南天の赤、丸くてぶ厚いアジサイの葉の明るい緑色から先端の鋭くとがった南天の葉の濃い緑色と色調の変化も楽しめる）、とうとう鳥居にたどり着いた。そこはもう街のはずれで、家々が山に飲みこまれていく。神社には必ず一対の番人がいる。一方は背を伸ばして口を開いており、もう一方は口を閉ざしてうずくまっていることも多い。それぞれが異なる方法で邪鬼に対抗しているのだという。攻撃と防御、あるいは一方が受容し、一方は改心を迫る。番人は獅子か犬、あるいは狐の姿をとっているところが多いが、ここではネズミだ。

ネズミ様。狛ネズミ。名誉あるネズミ。守り尊としてのネズミ。開基、大国主命《おおくにぬしのみこと》が美しい娘に恋をした。娘の父親は嫉妬深く、草原の中に放った矢を拾ってきてほしいと大国主命に頼む。ところが大国主命が草原に入るやいなや、父親が草に火を放った。大国主命が炎にのまれようとした刹那、一匹のネズミが現れ巣穴にかくまう。炎は大国主命を焼き払うことなく通り過ぎていった（ついでに言うと、これは野火で生き延びる最良の方法なのだ。浅くていいので穴を掘って身をひそめる。今も世界中の森林火災と戦う消防士たちに伝授されているサバイバル術だ）。炎がなくなると、ネズミは大国主命に矢を手渡したという。

この神社の狛ネズミの片方は口を開いて立ち上がっているが、面白いことに手に巻物を持っている。もう一方は口を閉じて子どもの独楽《こま》のようなものに向かって頭を垂れているが、これは水を供えるための盃（水玉《すいぎょく》）だという。吽形《うんぎょう》のネズミが表しているのは赤子の健康と長寿、そして幸運だ。若いカップルや妊婦がよくここにお参りする。マグダラのマリアに捧げられた南フランスの教会でも同じことがある。若い人妻たちが、教会を訪れては、マグダラのマリアの聖遺骨が納められている地下礼拝堂の湿った暗闇の中で、壁に逆さUの字を書くのだ。礼拝堂で、彼女たちは、欲しい子どもの数だけ壁に横線を刻む。

南フランスでは何かが聖別されるのは、聖書に出てくる聖人と結びつくからだ。日本では、少なくとも理屈の上では、魂を持たないモノがない。石も、川も、丘も、洞窟も、木も、キツネも、ネズミも、鶏も、男も、女も、天然痘も、がんも、がんの治療法でさえも。すべてが魂を帯びている。大きな神社に行くと、それが地方の神社でも、漫画の稲妻を思わせる、四角を連ねた白い紙の垂れ下がった縄を目にする機会があるだろう。この縄はスギの巨木や大きな岩、彫像、灯籠、行列の通る筋道などに張られている。一番よく目にするのが神社の境内だが、外でも見る場合がある。そこが神の宿る場所であることを示しているのだ。

神の種類には事欠かない。東京のある神社は、二〇〇万もの神々を祀っているという。この神様たちは絶対神ではないし、抽象的な霊的存在でもない。それが何なのか、じつのところ厳密に説明するのは難しい。どことなく、量子力学に関するハイゼンベルクの不確定性原理に似ていなくもない。神の居場所と神の通り道を、同時に確定することはできないのだ。日本の神たちは、おそらくエネルギーであり、それによって物質は、ほかのものの間で動くことができる。「エネルギーは永遠の喜び」と書いたのはブレイクだ。常に、ある特定の物、場所、あるいは人物を通してのみ表現される。神は大いなる影響を及ぼすこともあれば、ささいな影響しか与えないこともある。そうした組み合わせが日本と、それを構成するすべてを作り上げてきた。例えばある神は歯痛を治すというが、また別の神は歯痛を起こすのだ。

だから人は、自然と遊離した領域では行動することができない。あらゆるものが魂を持ち、エネルギーを持っていて、すべてがすべてと絡み合っている。そのために日本人は、周囲の世界に働きかけるのをためらわない。手つかずの、人間とまったく隔絶した自然という考え方はあまりなく、ネズミに祈るのも、そうした世界観の一側面だ。庭木を強剪定することも。流れ橋もそうだろう。自然界に対し、上でもなければ下でもない。一部なのだ。嵐の強大なエネルギーは橋の一部をもぎ取るが、町の人々の包みこむエネルギーがそれをもと通りにする。

ネズミ様の神社は京都市街のはずれにある。街へと道は下るが、そこから上は険しく人通りのほとんどない林野だ（実際には、参拝者が向こう側に落っこちてしまわないよう、神社の裏にはベニヤと鉄骨でこしらえた間に合わせの柵がある）。街中にあるものを除いて、神社の多くはこうしたロケーション、つまり険しい山道と平坦な土地との境目に位置している。日本ではそういう場所は至るところにある。郊外の土地の七〇パーセントは狭い谷から続く急峻な山だからだ。それが地方の原風景であり、そういうところから日本人は作られた。

田んぼと里山

日本で水田による稲作が始まったのが正確にいつかはわかっていない。稲作の技術は間違いなく中国から朝鮮を経由して入ってきている。それも一度にではなく、五月雨式に移入してきたのだろう。稲作の最初の痕跡は六〇〇〇年前で、新石器時代の縄文期だ。だが日本人にとってとび抜けて重要な主食であるコメを水田で作ることが農耕として普及するようになったのはおよそ二五〇〇年前だ。コメがどれだけ重要な主食だったかといえば、例えば食事のことを「ごはん」というが、これは文字通りの意味はコメの飯だし、「平和と繁栄」を表す「五穀豊穣」とは、「コメ〔など五種の穀物〕の豊作」という意味なのである。

農家の人たちは、日本人がクロワッサンだのスパゲティだのバターを塗ったパンだのに飛びついてコメを食べなくなったと嘆くかもしれないが、それでも日本全土にしめる水田の面積は驚くほどだ。広い谷地には一〇数枚の田んぼが並び、狭い渓谷でも作れるだけの田んぼが作られる。谷間の斜面にさえも一枚、二枚と田んぼが見受けられるのだ。海岸に向かって山が落ちこんでいるような場所は棚田になっているところもある。小さな町でも、家の周りに庭を造る代わりに五分の四くらいは田んぼが作られている。光の加減によって田んぼの水が明るくなったり暗くなったりするせいで、微妙に異なる緑のグラデーションを浮かべた田んぼは、日本人の目に焼きついた光景になっている。田んぼの色が風景の中にないと、何か違和感を覚えずにはいられないはずだ。

少なくとも二〇〇〇年の間、田んぼは日本の文化の中心だった。だが田んぼだけがあったわけではない。田んぼの周囲の草地では、折々に屋根葺きの材料や敷き藁、飼い葉を刈り取った。山林の木々は、集落の家々を温めたことだろう。古代の歌集「万葉集」では、日本を「葦原の瑞穂の国」と呼んでいる歌がある。山の斜面に降る雨は木々や草原を通って地面に浸みこみ、ふもとで湧水となって地上に出てくる。これが水田にとってなくてはならない水源だ。丘は、地下水を湛えておく貯水池なのだ。成長しつつある木々、特に日本の代表的な二種のナラ、コナラとクヌギが、葉から地面にしずくを滴らせる。水は流出せず土に浸みこんでいく。農家は落ち葉や草を集めた。緑肥にするのと、家畜の飼料にするためだ。糞尿と緑肥はどちらも肥料として水田に撒かれた。有機肥料による窒素以外に必要な成分は、水田の水に棲む藻や魚、カエルや昆虫が提供してくれた。

コメを食べるには、主にコナラとクヌギから作られる木炭で調理する。山林は区画ごとに一五年から二〇年の周期で伐採され、木々の一部分は、地面すれすれまで切り戻された。この森は萌芽林と呼ばれる――芽吹きの森、芽吹きの地だ。木が再生するとき、その間では別の植物も芽を出している。鳥や風に運ばれて、あるいは眠っていた種子が目覚めて。それは不毛の地とは程遠い、地上に現出した最も豊かな風景だ。伐採されない森の植物種が一七六であるのに対して、萌芽林では三五一種に達する。手つかずの森の、じつに二倍多様性に富んでいる。

木々の根は土中にとどまり、保水して地下水脈に水を供給する。伐採された木々の再生は早い。刈り取られた枝は薪炭になる（一九四〇年当時で、二七〇万トンの木炭が生産されていた）。先端の細い部分は焚きつけになり、藻塩づくりに使われたほか、水中に投棄されて魚やカキの養殖に使われたかもしれない。幹の部分は切り分けられ、シイタケ栽培の原木になった。年ごとに、住民たちはその年の区画を伐っていく。そのため森林には、常にさまざまな成長段階が混在していた。これは境目を作る手立てであり、境目の中に境目が作られ、幾通りもの成育環境が入れ子になった風景ができあがる。だから、ある環境を好む生物も、それとは異なる環境が望ましい生物も、みんな満足できた。

伐採したての林地にはオオムラサキ（日本の国蝶）が棲み、子どもが大好きなカブトムシやクワガタもくる。トンボが田畑をかすめ飛び、若々しい林に迷いこむ。田んぼには、メダカやカエル、タニシがいる。ミツバチと野草は共進化し、開花の順番や花の形も、いつどのハチが現れ、生活環のどの段階にいるのかに呼応する。女王バチだけが花粉を集めている時期の花は長く幅広いが、働きバチが活動するようになると、花弁が短くてぽってりした花が咲く。

木々が育ち、田んぼに木陰を落とすようになると、サシバやイヌワシが頭上を旋回し始める。カエルが顔を出すのを待っているのか。それとも、波打つ草の間の巣に駆けこむ前のネズミを捕まえようというのだろうか。あるいは刈ったばかりの草地を横切るウサギの、その一瞬の動きを逃すまいとしているのか。草の丈が高くなり、稲が穂を垂れる頃、猛禽類は狩場を求めて森に戻る。八五種の蝶と蛾が、再生したコナラとクヌギの森に養われ、繁殖した。日本の詩歌に謳われる二大鳴鳥、春のウグイスと夏を告げるホトトギスは、両方とも萌芽林や丈高い草地に棲む。六月、田んぼの畦道を歩くと、ホトトギスがひっきりなしに啼く合間に、ウグイスの最後の歌が入りまじる。その歌声は、法華経という仏教法典をうたっているとも言われる。

芽吹いたばかりの新芽は、リクガメのコロニーよろしくあちこちで顔を出していて、日当たりのいい場所を野草と分け合う。人々は、一部の野草を特に大切にした。言葉がしめ縄の代わりに一部の野草を特別な存在にするのだ。新年、一月七日には、七草の節句（五節句の人日《じんじつ》）を祝うため、春の七草を集める。七草は春先にいち早く芽を出す草花の代表で、人々は調理器具を並べて歌を歌い、野に出て草を摘んでくる。収穫はちょっと酸っぱい汁になる。

古今集、新古今集という官選の二大歌集では、春の野での若菜摘みを題材にした歌がそれぞれ一〇余りも選ばれている。現在でも、日本には先進国の中では図抜けてたくさん、季節ごとの野生の食べ物がある。田んぼの周辺や山林の中に生えている野草がよく天ぷらになる。ヤマウド、タラの芽それにコシアブラの葉や茎に粉をまぶして油でさっと揚げたものが、三大山菜天ぷらと言っていいだろう。特にタラの芽は、癖のある苦みで珍重されている。カタクリは伐採されたばかりの林によく生える多年草で、塊茎を粉にしたものが揚げ物の衣や蒸し物のあんに使われる。春の訪れとともに、再生し始めた林の中で赤紫色のラッパ型の花が林床をびっしりと埋めつくす。

秋の七草もまた、料理や文化にしっかりと根を張っている。中でもハギは、コメの香りづけやお茶に使われ、クズの根は粉にして料理のつなぎに用いられる。だが、秋の七草の最大の活躍の場と言えば、何と言っても和歌だ。万葉集、古今集、新古今集といった古典の中で、秋の花々は季節を彩るカギである。秋の花は、俳句で季節を提示する季語にもなっている。ハギは優雅に枝垂れるが、分枝は旺盛だ。たおやかな美しさと多年性の豊穣が好まれる。葉が紅葉しかかる頃、シカがつがいを求めて鳴く季節に白い花をつける。「もののあわれ」の象徴となり、人生や愛のはかなさを暗示してきた。万葉集の秋の歌のうち一三七首に歌われていて、その後の歌集ではさらに数が多くなる。

オミナエシは黄色くて香りのいい花で、秋の空気に芳香を添えるところと、波立つように咲く姿が愛でられた。秋、人々に愛を思い出させる花で、仏僧にさえ貞操の誓いを忘れさせたようだ。平安期には亭子院《ていじいん》女郎花合《おみなえしあわせ》など、オミナエシの花と歌を持ち寄る歌合せがあった。

萌芽更新されたナラやクヌギも、歌集のあちこちに登場している。萌芽林は「柞《ハハソ》」と呼ばれた。ある歌で、山腹の林が「ハハキ」と呼ばれている。ハハソと母の木の掛詞だ。

季節や歳月とともに次々に形を変えるこうした風景は、近年「里山」と呼ばれるようになって、里と山とのつながりを表現している。里も山も日本の風景の中心となってきたので、一九世紀末に庶民が姓をつけるよう求められたとき——近代化を急ぐ明治政府にとっては、課税のために必要な措置だった——、多くの人が里山のどこに自分がいるかを表す姓を選んだ。田中なら田んぼの中だし、柴田は焚きつけをとる丘から、池田は田んぼの用水池、木村はナラの林のある村だ。西村は村の西、長谷川は長い渓谷のある川のそば、山口なら登山道の入り口に住まいがある。森田は森の際の田のそば、前田は町を外れて最初の田んぼがあるところ、山田は一番山側の田のところ。高田ならあたりで最も高いところにある田んぼのことで、山本は山麓、小山なら低い丘の近く、高山は小高い丘のそばだ。西川が表す西にある川は、西山の表す西の畑を潤す。大平や平山が示すのは、広々した葦原。大雨が降ると、内田は上方にある上田から流れてきた土砂に埋まる。和田は平和な田であり、本田は中心にある田。川崎は河口近くに住んでいて、中川は中流。高木は高い木のそばに住まいがあった。小沢の畑は小さな沼のほとりにあり、浜田の田んぼは海岸近くにあった。日本の姓で数が多いもの一〇〇〇のうち、三分の一には山か田がつく。

里山の危機

日本では、田と森が二五〇〇年続く文化を形成した。問題が起こらなかったわけではない。早くは西暦六〇〇年代、金属加工が盛んになり、そのために木炭が大量に必要とされて萌芽林の過剰伐採が進んだ。森そのものが失われ、泥土が田に押し寄せたところもあった。人々は森林の再生に取り組む。八二一年の文書には「保水の基本原理は森と樹木の組み合わせが必要」とある。人々は、自分たちに何ができ、何ができないかを学んだのだ。江戸後期、日本が西洋社会に向け開国する少し前には、人口爆発が森林破壊を招いた。顚末は同じだった。明治政府が過剰な伐採を禁じ、里山が復活した。

里山の第三の危機は現代だ。第二次世界大戦後、日本は風土までが荒廃した。焼け野原に奇跡のように登場したのが石油だ。灯油で家を温め、調理することができる。水田の肥料にまでできる。そうなると、手間暇のかかる萌芽林には誰も見向きもしなくなる。柞など必要としなくなる。もっと言えば、万葉集だの古今集だの新古今集だの、気取った和歌の書など、誰の役に立つのか。人々を畑から引き離し、工場へ集めなければ！　すぐにでも近代国家になるのだ！　あらゆる工業製品を世に送り出さなければ。破壊と飢餓を覆すために。

萌芽林は急激に衰退した。年間の木炭生産量は一九四〇年の二七〇万トンから二〇世紀末には二万八〇〇〇トンにまで、じつに九九パーセント減少した。一九六〇年代、一九七〇年代には、大都市周辺の里山は、一年間に一五万エーカーの規模で、ニュータウンや郊外住宅地に変貌した。例えば横浜周辺の里山は一九六〇年から二〇〇五年の間に三分の二が失われた。日本人は従来、食料自給にかけては自負してきた。今日まで、農家は全体として保護され、農地は基本的に農家の間でしか売買できない仕組みになっていた。だが、同じ一九六〇年から二〇〇五年の間で、日本の食料自給率は七四パーセントから三四パーセントに下がっている。また里山は、宅地には変えられなくとも植林地になっていった。日本の北部と西部の広大な地域が、コナラとクヌギの森からスギやアカマツといった商業樹林にとって代わられていったのだ。

戦後大規模開発の典型例が多摩ニュータウンである。東京の無秩序なスプロール化を防ぐため、大勢の人々が東京西部に移り住み始める中、東京都庁は一九六五年、都心から三〇キロほどに位置する多摩丘陵を、郊外都市を結ぶセンターへと開発する綿密なプロジェクトに着手した。それまで多摩丘陵は全体がほぼ里山だった。高層住宅やショッピングセンター、鉄道駅、駐車場などを建設するために、山を切り崩し、残土で谷を埋め、平らにした高地には住宅や施設を、低地には駐車場を作った。二〇一七年時点で多摩ニュータウンはおよそ一三キロ×三キロの土地に二五万人が暮らしている。

商業の中心が多摩センターだ。新宿から電車でここまでくると、その先はバスや別の鉄道で四方八方どこへでも行ける。だが無理に歩こうとしないほうがいい。駅から高層ホテルのあるショッピングセンターまでは五、六階分も階段を上り下りしなければならず、道路わきには防護壁があって、歩行者が車道を横断できないようになっている。設計の手違いではなく、考え抜かれた構造なのだ。安全のために、車と人の流れを分離することを考えた。だが自動車のほうは階段を上がったり下りたりと苦労する必要はなく、難儀するのはわれわれ人間の側だ。

妻とわたしは、六月のある金曜日にその道路を渡った。渡ったところで、わたしたちはかつての里山に立っていた。駅舎から渡ってくる道は、現在パルテノン大通りと呼ばれている。石造りの歩行者専用道で、盛り土した花壇に五〇本ほどの木が植えられ、両側にはホテルやデパート、店舗などが並んでいる。ゆるやかな登りになっているのはハハソだった頃と同じだが、てっぺんは山頂ではなく、三列に分かれた階段の先にコンクリートの列柱がそびえる、どこかの神殿の模造品だ。屋外に構造がさらけ出されているところは、ストーンヘンジのつもりなのか、ギリシャ神殿の入り口なのか、はたまた鳥居を意図したのか、判然としない。ムッソリーニならさぞや気に入っただろう。多摩市はハローキティの街として知られている。パルテノン大通りから分かれる横道のひとつがハローキティのテーマパーク、サンリオピューロランドに通じている。初夏の夕方、沈んでいく太陽がピューロランドの入り口の虹の形の門に隠れていく。白いブラウスに黒いスカートの女子学生たちがそぞろ歩いていた。

　多摩の樹林帯には、かつて三五〇種以上の植物が生えていた。今、多摩センター周辺に見られるのは、おそらく一〇種か一二種といったところだろう。いずれも広い歩道を区切る長いプランターにお行儀よく収まっている。その一方、販売されている工業製品は何千種となく溢れている。三越多摩センター店〔二〇一七年三月閉店〕の入るビルだけでも、まるまるワンフロア、レストランだけの階があるほどだ。ここは、ある種の多様性が、別の多様性と引き換えにされた場所だ。刻々と移り変わる生きた生態系の多様さは、人間が叡智をもって守らねばならない。それを放棄して、膨大な商品の山から取り放題の生活を選択したのだ。

　里山では、人間にはさまざまな役割があった。森を守る人、農地を耕す人、籠を作る人、タケノコを掘る人、キノコ狩りをする人、餅を作る人、陶芸家、鍛冶屋、炭焼き、家を建てる人——。多摩センターのショッピング街にある役割はたったの三つだ。売る人、買う人、サービス係。素晴らしいデパートだが、この引き換えはどうも公平でないように思えてならない。

名作「平成狸合戦ぽんぽこ」と「となりのトトロ」

日本人の多くも同じ考えのようだ。在野では、さまざまな抵抗が試みられている。アニメの傑作二本が、里山を守ろうという気運を後押しした。そのうちの一本、英語圏では「Pom Poko」というタイトルで公開された「平成狸合戦ぽんぽこ」はまさに、多摩ニュータウン開発をめぐる物語だ。タヌキは小型の哺乳類で、日本の伝承では、ほかの生き物に化けられることになっている。映画では、強欲な人間によって自分たちの棲み処が破壊されるのを阻止しようとするタヌキたちの姿が描かれる。里山だった頃の多摩丘陵の姿を偲ぶには、格好の資料だ。萌芽林と田んぼが共存している風景がはっきりと描かれている。ある場面ではタヌキたちがうちそろって化け術を駆使し、高層団地群をもとの里山に戻そうとする。団地の部屋の窓からその光景を見た人々は喜んだり仰天したり。村の畦道に佇む母親の姿を見つけた者もいた。だが、変化《へんげ》は一時的なものだった。

二本目のアニメは日本映画史上屈指の人気を誇る名作、「となりのトトロ」だ。物語は、サナトリウムで療養中の母親のそばで暮らすため、東京郊外の狭山丘陵にある里山に姉妹と父親が引っ越してきたところから始まる。里山で、姉妹のうちまず四歳になるメイが、次に一一歳（原文ママ）の姉サツキが、卵型をした紫色のお化け、トトロに出会う。トトロと名づけたのはメイだ（お化けはほかにも、そこらじゅうを走りまわる小中のトトロや、木炭の塵が丸まったマックロクロスケことススワタリなどがいる）。

姉妹が初めて一緒にトトロに会うのは、雨の晩、バス停でのことだ。バスの到着を待つふたりのとなりに、トトロが現れる。姉妹はトトロに傘を貸した。トトロは、傘を打つ雨の音が気に入る。トトロはどうやら、姉妹が自分に楽器をくれたものだと思ったらしい。父親は娘たちに、きみたちは運がよかったね、森の主に会ったんだよ、と伝える。トトロに助けられた姉妹は、森で一番大きな木のところへ行って礼を言っている。「となりのトトロ」は、現実の世界に溶けこんでいる精霊の物語だ。トトロは「カミ」である。開発に反対するデモではよく横断幕にトトロが描かれ、「里山を破壊すればわれわれはもう日本人ではなくなるぞー」とシュプレヒコールがあがる。

まさか。だが誇張ではないのかもしれない。田んぼがなくなり、そこで鳴きかわすカエルの声がなくなり、メダカがいなくなり、季節になっても山菜を採りに行かなくなり、ネズミを狙うトンビやタカがいなくなり、田植えも稲の成長も稲刈りもなくなったら——萌芽林がなくなり、キツツキもウグイスも春の七草も秋の七草もなくなって、秋に紅葉するハハソもなくなったら——畑地の草を刈り、野焼きすることもなくなったら、ホトトギスの歌も、穂先で揺れるカヤネズミもみんななくなったら、人々を結びつけられる物語は何が残るのだろうか。

一〇世紀初め、歌人で歌集撰者の紀貫之は古今和歌集の序に「やまとうたは人の心を種として　よろづの言の葉とぞなれりける」と記している。人々が周囲で見聞きしたものを表現することで、四季の移ろいの中で変わりゆく人の心のさまを謳うことができるのである、と言っているのだ。だが歌うのは人間だけではない。「花に啼く鶯、水に住む蛙の声をきけば、生きとし生けるもの、いづれか歌をよまざりける」と序文は続く。生き物たちの鳴き声が絶え、詩人の言の葉がぼんやりとしか思い出せない回想の彼方に消えてしまったら、日本人はどこに行ってしまうのか。歌に歌われた事象が消え去った後、「天地を動かし、目に見えぬ鬼神をも哀れとおもはせ、男女のなかをも和らげ、猛き武人の心をも慰むる」歌はどうなってしまうのか。ショッピングセンターを埋める商品はどれも素晴らしいけれども、果たして失われたすべてを補うに足りるのだろうか。

桜ヶ丘公園、ボランティアの活躍

日本人の多くがそうは思っていない。開発に反対する人たちは、抵抗から運動へと進んでいる。モデルになるのが流れ橋だ。「ナゲレバ、モ」「流れてももとに戻せばいい」。多摩ニュータウンのおひざもと、桜ヶ丘公園で、ボランティアの活動が始まっている。東京都立で、一九八四年から市民に開放されている公園は、全体が丘陵と谷からなり、かつて雑木林と田んぼだったところだ。現在林の中に入っていくと、何百本というクヌギやコナラと出会うことになる。半世紀以上手入れされていない木々は四方八方に枝を張り、幹は樽かと思うほど太くなっている。今刈り込んだとしても、木々の反応はあまり芳しくないだろう。あまりにも長い間放置されてしまったからだ。木々の作り出す森はうっそうとしている。

だが、そうした木立のはずれ、よく陽の当たる場所に細長い育苗箱が三基置かれている。それぞれに、ここがかつて里山だった頃に見られた多年草や灌木が植えられている。花の咲く時期によって、春咲きの花、夏咲きの花、秋咲きの花と植え分けられている。ここは研究庭園なのだ。一九九〇年に発足した桜ケ丘公園ボランティアの、現在八五名ほどいるメンバーが、ここで植物について学んでいる。森を再生させようとするとき、切っていいものといけないものを判別できるようにするためだ。

その土曜日の朝、わたしがグループのメンバーに会いに行ったとき、公園事務所にあるボランティア控室には人の気配が充満していた。椅子を引く音、道具を研ぐ音、足音、笑い声、森の近況を教え合うおしゃべり、やってきたガイジンに挨拶する声、竹製の籠を比べっこする声、今日の自分の割り当てを確かめる声、水筒を水でいっぱいにする音。

岸本剛一は定年退職するまではソフトウェアのエンジニアで、ボランティアを始めた一〇年前には植物の名前などひとつも知らなかった。それが今はグループのリーダーだ。季節を見て、グループでは樹木を伐り込む。それ以外の時季には、珍しい、あるいは貴重な植物を探して印をつける。そしてほとんど一年を通してやらねばならないのが草刈りだが、中でもしつこいのが笹だ。笹は竹の仲間で、小さいがものすごく生命力旺盛で伸びるのが早い。無用な草を日本語では「雑草」という。草のザクザクした感じがよく伝わる言葉だ。

わたしたちが準備をしている間に、ボランティアのほかのメンバーたちは早くも作業に出かけてしまった。岸本とわたしは、アスファルトで舗装された園内の遊歩道を進んだ。突然、岸本が左に向きを変え、最近二区画分植えつけたばかりらしいサツマイモの畑の間に入っていった。「わたしたちが植えたんです」通りすがりに彼は言った。彼はまっすぐ、かつては定期的に伐採されていたと思われる、古いナラの巨木がうっそうと覆いかぶさっている竹の柵に向かっていった。竹の戸を押して雑木林に入っていく。「どうぞこちらへ」岸本に言われて林に足を踏み入れると、整然とした未舗装の道が続いていた。遊歩道からはまったく見えなかった。小さな標識があり、この一画——四〇エーカーの公園のうちの四エーカー分——は、ボランティアのために保全されたものだという。わたしが近づくと、岸本はにっこりした。「わたしたちの秘密の庭ですよ」

ボランティアグループが復元しようとしている土地は丘を上り、下り、日向になり、日陰になる。グループは萌芽林を作る植物のすべて、特にコナラとクヌギの再生を目指している。活動を始めた一九九〇年代には、竹もナラも、とにかく端から切り倒していった。大惨事だった。笹が樹木よりも先にはびこってきたのに、笹を払う準備はできていなかったのだ。グループは、萌芽林の適切な管理法を学ぶまで、手ひどい失敗をいくつか犯している（この話はぐっときた。メトロポリタン美術館前の作業を始めたときのわたしたちとおんなじで、マニュアルもなく、オンラインで情報が手に入るわけでもなかったのだ）。

現在グループでは、考え抜いて全体を三七の区画に分けている。一部では伐採が行われ、一部は手入れされている区画とされていない区画が互いに入りまじらないようにするためのバッファーゾーンになっている。年単位で演じられるナラと笹とのバレエだ。毎年グループでは一五の区画のうちのひとつを伐り、その区画に樹木を再生させる。一五年後、同じ区画の手入れにあたる。並行して、ボランティアたちは現に枝切りしている区画に、少なくとも年一回は入り、笹などじゃまになる草を刈る。

あちこちに見慣れない青や白の小さな円弧状のプラスティックが挿してあって、地面を囲っている。ボランティアたちが見つけた珍しい植物や更新中の樹木を保護しているのだ。

ボランティアが活動を始めて以来、六〇種以上の植物が戻ってきた。ほとんどすべて育ちすぎた森の休眠種子からだ（戻ったのは植物だけではない。首都東京では絶滅したと考えられていたイモリが、最近公園の小川で見つかった）。岸本が、自分たちが復活させて育てているやや丈の高い灌木を見せてくれた。「ウグイスカグラ」と呼ばれるスイカズラの一種だ。細かく枝分かれしたこの木は、春先に濃いピンク色の花を咲かせる。ちょうどウグイスの啼き始める頃だ。そして夏には楕円形の真っ赤な実をつける。ウグイスはこの木の枝に止まり、枝をゆすりながら啼くのが好きで、だから「鶯が聖なる舞＝神楽《かぐら》を舞う場所」という意味の和名になった。まるで合図を受けたみたいに一羽の鳥がわたしたちの周りの木々を飛び交い、歌いだした。ドドリードー、ドドリードー。ドゥー・ディードー・ディードー。啼き声はこの後、半時間もわたしたちをついてまわり、時にはお互いの声が聞き取れないほどだった。ウグイスだ。そろそろ彼らが啼く時期も終わりだ。

ボランティアたちは日陰になった窪地にいた。手に手に木鋏や小さなのこぎり、ヘッジトリマーを持ち、水も大量に用意している。蒸し暑い朝だったのだ。おしゃべりは控えめで、作業は地味なものだった。主として侵入種の雑草を抜き、残すべきものは抜かない。だが一緒にやるとはかどる仕事で、彼らは見るからに、仲間との共同作業を楽しんでいた。区画の境目、バッファーゾーンになっているあたりを見ると、作業の成果は明らかだ。バッファーゾーンの中も、枕の詰め物みたいに笹がぎゅうぎゅうに密生している。午前中二時間、午後三時間、ボランティアはこの作業を続けた。この区画のコナラやクヌギは五年前に切り戻され、今は三・六メートルの高さまで戻っていて、幹はいずれも大人の腕くらいの太さになっている。白いアーチで四角く囲った中に、ソロモンシールによく似た背の低い植物が守られていた。きっと同じ属（アマドコ

日本、多摩ニュータウンに近い桜ヶ丘公園で見たコナラやクヌギの再生

ロ）のものに違いない。「ミヤマナルコユリです」岸本が言う。「このユリも戻ってきてくれました」
桜ヶ丘公園ボランティアが再生させた区画は広くはない。園内のほとんどには、装備の点からも契約上も手をつけることができないのだ。それでも彼らは何百という人々と土地との、あるいは過去とのつながりを再生させた。公園では毎年何回か祭典が行われる。ある年の七月の祭典では、雑木林の陽がよく当たる場所に、大きな金色のショウキズイセン（鐘馗水仙）が戻ってきたことを祝った。ボランティアはスイセンを探しに行くガイドつきツアーを行った。秋にはドングリ祭りがあって、クヌギとコナラを植樹する。二月はお米祭りで餅つきをする。精米してでた米ぬかはサツマイモ畑に埋めて肥料にするほか、ぬか漬け教室にも使われる。「以前はもっとボランティアさんがいたんですよ」岸本が残念そうにこぼした。だがボランティアの数が減ったのは創意工夫がつきたからではない。東京だけでもいまや同様の団体の数が二〇〇〇を超えるまでになったためだ。

トトロのふるさと基金

東京都と埼玉県の県境には、関東地方でも大きな保全地区が多摩のほかにもうひとつある。狭山丘陵だ。スプロール現象は多摩丘陵を瞬く間に飲みこんだように、狭山丘陵にも急速に襲いかかった。航空写真を見ると、建物や道路の銀色や灰色、白の波が、保全地区や川を縁どるわずかな緑を今にも洗い流しそうだ。ここ狭山丘陵が、宮崎駿監督が「となりのトトロ」の舞台とした場所だ。二〇一七年の今、トトロは開発反対の旗頭ではなく、里山保全の中核になっている。

トトロのふるさと基金は、英国のナショナルトラストをモデルに設立された。宮崎監督も資金を拠出した基金では、狭山丘陵に残存する田と萌芽林の開発を食い止め、手入れされずに荒廃した田地と森林の再生を目指している。多摩ニュータウンのような大規模開発への反対運動を受けて、日本政府は大手開発業者が一帯全部を取得して開発することにはさまざまな制限を設けるようになった。一方、中小業者への規制は一切なかった。その結果、細切れに残されていた里山が五月雨的に破壊されていった。特に問題だったのは、東京の別の場所で行われている開発の残土や汚染土壌が一度に少しずつとはいえ繰り返し持ちこまれたことだ。とりわけ貴重な山麓の湿地帯は、土砂の廃棄にも都合のいい場所だった。

トトロのふるさと基金は、業者よりも高く土地を買い取ろうとするところから始め、業者があきらめそうもなかったときには、地主に交渉し、自分たちの土地をごみの山に埋もれさせるくらいなら、将来も守り続けられるようにと、基金に売却してもらった。基金は荒廃した野山を買い入れることもあり、そこを再生していった。二〇一七年現在で狭山丘陵にはトトロの森が四一ヵ所ある。総計しておよそ二〇エーカー（八万平方メートル）にしかならないが、購入資金は五〇〇万ドル以上に及ぶ。かつては定期的に伐採されていた森を、手をつけずにそのまま保存しているところもあれば、新たに伐採を始め、必要に応じて若いナラを植えつけている森もある。荒れた田に堆積した土を取り除き、田として再生させた場所もある。

わたしたちは基金の対馬良一、安藤直子とともに田植えを控えた再生田の脇を歩いた。傍らには家が並ぶ。シュロの木々は、庭からはみ出してきたのだろう。一方にはクリの木の林もあった。そんな中、カエルが耳を聾するような声を上げている。「カエルはわたしたちにお礼を言っているんでしょうね！」安藤が言う。『入ってくるな、田んぼを返せ』と鳴いていたら、わたしたちが田んぼをもとに戻したから」。頭上の枝に止まっているオオタカもきっと感謝しているだろう。餌になるカエルを山ほど連れ戻してくれたことに。それに復活したホタルやタヌキたちも。棲み処を追われたタヌキにとって、少なくともここは安全地帯のひとつなのだから。

こうした試みが成功するには、ボランティアの存在が大きかった。そして地元行政の力も。森を見まわっているとき、基金の理事である対馬がふらりとやってきた人を見つけてボランティアに登録していた。田を再生するには堆積してしまった土砂を取り除くだけでなく、もとの土壌に戻し、田の生態系が確立するまでしつこい雑草を抜き続けること——一度ならず年に三回は——が必要だ。「田んぼをもとに戻すには、人類というバイオマス・エネルギーが山ほど必要なんですよ」新たに登録された若いボランティアが歩き去るのを目で追いながら、対馬が軽口をたたいた。

基金は農地を買うことは認められていないため、場合によっては狭山市や埼玉県が耕作放棄地を購入し、管理を基金に委託してくることもある。市や県がトトロの森の隣接地を買い上げて保全地区を広げている場所もある。市民団体の協力もある。ゴルフ練習場のオーナーが隣人たちに働きかけ、開発を食い止めて里山の保護に乗り出した例もある。「このあたりにトトロの森があるのは、そのオーナーのおかげなんですよ」

早稲田大学が狭山丘陵にサテライトキャンパスを建設することになったのは、ひとつの試練だった。当初は丘を切り崩し、ふもとの田地を埋め立ててキャンパスを作る計画だった。基金は反対した。行政も反対した。地元市民も反対した。大学は戦うのではなく、市民と歩みを共にすることにした。建設予定地を見なおし、湿地を守った。早稲田大学は毎年、再生された田、葦原や草地の維持管理計画を立て、さらに維持費を負担することになった。当初基金ではいったん田を整備し、一〇年休ませて資金を温存しようと考えていた。だが田を生き返らせると、眠っていた種子バンクから六〇種を超える植物がよみがえったのに、耕作をやめるとそのほとんどがまた姿を消してしまった。多様性は人間の活動あってこそ保たれるのだ。

丈が一・八メートルほどになるススキの原の隣に大学の新しい研究棟があるが、開口部は湿地とは異なる方向に作られ、窓はすべて遮蔽されている。夜の照明が湿地に棲む生き物の生活リズムを乱さないようにという配慮だ。「研究者たちは暗いと文句を言っているようですよ」対馬はそう言ってかすかに笑いかけたが自制した。かつて、屋根葺きの材料や飼い葉にも使われたススキをかき分けて野原を進んでいくと、鳥の啼きかわす声が絶え間なく聞こえてくる。今はちょうど、ホトトギスが啼き始め、ウグイスは啼き終わる時期だ。ホトトギスはカッコウの仲間で、西洋のカッコウと同じように托卵をする。このあたりでは、ホトトギスの卵をよく抱かされるのはウグイスだ。どちらも、林野でよく見られる鳥である。

最近基金では、カヤネズミの復活を目指している。カヤネズミは小型の在来種だ。命名者は「小型」という点をくれぐれも伝えたかったらしい。学名の *Micromys minutus* はおおまかに訳すと「小さいネズミ」。とにかくほんとうに小さい」というように受け取れる。実際とても小さいので、草の茎に巣を作るほどだ。カヤネズミは草を剝いて小さな玉にし、茎の上のほうに巣を作る。巣は初めのうちは緑色をしているが、やがて茶色く褪せていく。

京都の神社ではネズミは守り神だった。トトロの森ではネズミが守られている。人間が施すだけでない、一種の共生関係がここにはあるわけだ。神社の絵馬――神社で購入して願い事を書き、境内に吊るしておく木片――に描かれているネズミは、生物図鑑に描かれる *Micromys minutus* とほぼ同じだ。どちらも立っているネズミの傍らにうずくまっているネズミがいる構図だ。偶然だろうか。そうは思わない。むしろ生き物はなべてこのふたつの体勢を取りうるという、共通理解があるのではないだろうか――科学においても、詩においても、祈りにおいても。一方では立ち上がって敵に真っ向から対峙し、一方では悪を取り囲んで降参に追いこむ。

能登半島の炭焼き――「ハハソ」の再利用

大都市の近くでは、建物と廃棄物がこれ以上増えないようにするだけで精一杯だ。地方では、萌芽林の多くが切り払われ、スギやマツ、ヒバの森にとって代わられている。切られないところではただ打ち捨てられているのがほとんどだ。だが本州日本海側のほぼ中央に位置する能登半島では、ハハソを再生するだけではなく、再利用しようとする動きもでてきている。

大野長一郎は、能登半島珠洲《すず》近郊の森で父親が始めた炭焼き業を受け継いだ。この一帯も、戦後の利益優先の植林事業の波を免れたわけではなく、多くの森林が当時人気のあったアカマツの植樹林にとって代わられた。だが土壌が良すぎた。アカマツは豊かな土壌を好まない。病虫害が発生してアカマツが絶えると、ナラが戻ってきた。

大野は自分の事業をハハソと呼んでいる。規模は大きくはない。従業員が三人、トラック三台、破砕機一台、チェーンソー、草刈り機、それに炭焼き窯が二基。炭焼き窯は、木骨に樹脂の波型板で壁を張り、波型鉄板で屋根を葺いた小屋に据えられている。中に入った感じは、素人がこしらえたイヌイット小屋の再現展示を思わせる。そこにコンクリート製のそっくり同じイグルーが二基ある。大野が、中に入ってみてはどうかと言ってくれた。「中に入れば、炭焼き原木の気分になれるよ！」。窯は窮屈だった。内部には焼きあがった炭が三〇〇〜四〇〇本ほど壁に立てかけられている。それぞれ長さは九〇センチほどだ。今は冷却中だ。炭を焼くのに一週間、冷やすのにさらに一週間かかるという。

炭の一部は都会へ行ってバーベキューに使われる。これがなかなかの人気だ。冷えて切断された木炭——およそ二〇年から三〇年齢の萌芽枝から作られる——をいっぱいに詰めた袋が小屋の棚にすぐにも出荷できそうな状態で並んでいる。一番の資金源は茶道で使われる炭だ。茶道の炭にはクヌギしか使わない。より高温で燃える炭になる。そのためにはかなり若いうち、一〇年齢でまっすぐな上にもまっすぐな枝を切る。焼かれて、冷えて、一五センチの長さに切りそろえられた炭は芸術品だ。どこから見ても黒曜石と見まがう黒なのだが、切った端から眺めると、髄から樹皮に向かって日輪花火のように広がっていく年輪が、はっきりと判別できる。大野は毎年四平方キロの範囲で木を伐り、約二万トンの木炭を生産している。

未舗装路の脇にある切ったばかりの林を見に行った。道の反対側は田んぼだ。最近までこの林は九〇歳になる男性の持ち物だった。老人は薪とシイタケ栽培の原木用に、周期的に木を切っていた。老人が亡くなったとき、薪も原木も必要としない子どもたちは、隣人である大野に林の管理を依頼した。今回は、老人が亡くなって初めての伐採だった。遠くから見ると決して麗しい光景とは言えない。丘の斜面が虎刈りにされたみたいで、一面切り株だらけのところどころに灌木が残り、下草だけが我が物顔に伸びている。

だが近づいてみると、美しさが姿を現す。九割方の切り株から新芽が出ていた。真新しい葉は瑞々しい緑色に赤がまじり、紫がかった茎は少しずつ木の枝らしくなっている。主にコナラだがサクラもまじり、どちらも同じように伐採されていた。大野が切り開かれた地面に顔を出しているタラの芽とカタクリを示した。タラの芽は天ぷらに、カタクリはつなぎの粉になる。大野が自分の作業のあとを見渡した。「ここはあと二〇年手をつけない。二〇年後にもう一度伐採します。運がよければ、生きている間にあと二回は切れるかもしれない」

近くの一五年齢の林では、海藻の森にいるような心持ちになった。ゴールデンゲートパークの萌芽林の時のようだ。それぞれの切り株から手首ほどの太さの幹が五、六本出ているさまが、ブルケルプそっくりなのだ。丘の上でも下でも、幹の束がゆらゆらと揺れている。樹冠部は閉じているはずなのに、まだ開いているように感じられる。明るい色の葉が日差しを跳ね返す。下生えを埋めるのは、絶滅が心配されるユリの仲間ササユリとシャクナゲだ。ここは大野の地所で、父親が四五年前に初めて伐採した。それから三〇年後、息子である大野に技術を伝えた。「一番厄介な場所に行かせたんですよ」当時を思い出し、大野は笑った。

萌芽林の管理はいくつもの世代が引き継いでいかなければならない。大野の後継者はまだ定まっていないが、彼は手を止めようとはしていない。インターネットを積極的に活用しているので、次世代から関心を持ってもらえるかもしれない。また近隣の斜面を最近買い取って、すでにクヌギを植え始めている。茶道用の炭の生産を拡大するのが狙いだ。新たに購入した斜面にはクワやクリがあったが、少なくとも一〇年は放置されてきた。伐採し、土壌を整えるのに、大野はボランティアも試してみた。「とにかく大変な作業ですよ！」ボランティアの一員として参加していた若い杣人《そまびと》のイフミ・ユウホが嘆くほどだ。そこで新しい区画の土壌改良には、プロの手を借りることにした。そのためのクラウド・ファンディングには、二週間で一万八〇〇〇ドルが集まった。ファンドを使った作業は間もなく始まる。

彼の事業はささやかなもので、かつてはハハソだった土地を針葉樹林で埋めていった植林事業に比べればごく小さな試みにすぎない。とはいえこれは始まりだ。波型板を張った小屋の双子の炭焼き窯の上には神棚がしつらえてある。神棚には神の存在を示すしめ縄が回され、仕事の場を見下ろしている。祠にはコナラとクヌギの小さな模型が置かれていた。「親方はここで火を使います」イフミが説明してくれた。「危険が伴う大事な仕事なんで、神様にこの場を浄めて、見守ってもらっているんです」

森の中へ

岩手県の三つの試み——植樹林に里山の手法を生かす

日本で里山を再生し、保全することは、多くの土地、とりわけ都市近縁ではまだ可能だ。東京都心から四〇キロも離れていない場所にも、周辺に四〇〇六カ所ものクヌギやコナラの林を有するニュータウンがある。林はいずれも、一万二〇〇〇平方メートルほどの広さだ。ここでは二〇年に一回の周期で林の一部が伐採されている。その規模だと毎年およそ三万トンの木材がとれ、地域の一万戸を温め、冷やし、明るくするのに充分な量である。

だが、地方では、かつて多用途に利用された広葉樹の薪炭林はほぼ根絶されている。戦後、燃料としての木材の価値が下がると、国は林業を近代的な一大産業に生まれ変わらせようとした。日本だけではなく、スカンジナビアなど豊かな森林地帯の多くで、台伐りして繰り返し利用してきた森が引き剝がされ、広大な土地に、成長が早く生産性の高い針葉樹が植林された。日本では主としてスギとアカマツが植えられた。狙いは国内の木材需要をすべて賄うことと、海外市場を創設することだった。今スウェーデン西部を旅すると、どこまでもトウヒの自然林が続いているような錯覚を起こすが、同じような感覚が北日本でもあって、こちらではてっぺんからふもとまであらゆる山肌がスギに覆われているような気がしてくる。どちらも自然にそうなった森ではない。人間が植えつけたのだ。

マーケティング構想のご多分にもれず、この目論見も狙い通りにはいかなかった。一九六〇年代、日本では建築資材の八〇パーセントを自国内で賄っていた。二一世紀の初め、自給率はその四分の一以下だ。木材を育て、収穫する人たちの生計を成り立たせようとすると、東南アジアやカナダから木材を輸入するほうがずっと安くつくようになったからだ。スウェーデン人とまったく同じで、日本人も延々と続く針葉樹林に囲まれて、途方にくれることとなった。

木材の地産地消

「ナゲレバ、モ」、流れたら作りなおせ。二〇一八年現在、日本にはおよそ一〇万平方キロの人工林がある。日本でもスカンジナビアでも、広さをいたずらに嘆くのでなく、萌芽林が、再生樹の芽吹く土地が、文化としてわたしたちに何をもたらしてきてくれたのか、今ある針葉樹林の森を同じように活用することはできないものかと考え始めている人たちがいる。スギもトウヒも萌芽更新による再利用はできないが、よく似た利益や文化的価値が生まれるような森林活用法があるのではないだろうか。

そこから得られる利益とは何だろうか。木材は地域の需要を満たすことができる。燃料として、工芸材料として、建材として、飼料として、地産地消が可能だ。そこで生計を立てる人材を巻きこむこともできる。骨の折れる作業はたくさんあるかもしれないが、人が、自分の暮らす土地と近しくて豊かな関係を紡げるかもしれない。文化の詞《ことば》——詩や伝承、舞踊など——、森の暮らしによって育まれてきたものを守ることができる。

本州北部、岩手県盛岡市の近郊に紫波町《しわちょう》のニュータウンがある。郷土の森、郷土の農業、郷土の恵みが合言葉だ。あらゆる点で多摩ニュータウンとは対極だ。二〇一七年に訪問したとき、紫波町には五七軒の民家と町役場、図書館とコミュニティセンター、ホテルと食堂がそれぞれ一軒ずつあった。病院と町営プール建設のための基礎作りが行われていた。建設資材の木材は、すべて周辺の針葉樹林からとられていて、集成材の柱や梁も、全部県内産だった。

エネルギーステーションは町の中心だ。赤い波型鉄板を張った小屋で、大きさはアメリカの標準的な車庫と同じくらい。内部は整然として、滑らかな壁面はアルミニウムの銀色と緑色で塗られている。ちょうど高級住宅のウォークインクローゼット程度の広さだ。扉のすぐ外には巨大な容器が半分くらいまで地面に埋めてあって、ウッドチップがいっぱいに詰められている。容器には赤い波型鉄板の蓋があって、雨が降ると滑らせて閉じることができるようになっている。週に四日、ダンプがやってきて容器にチップを詰めこむ。冬にはダンプの来る頻度は一日に四、五回にもなる。夏場は多くて二回だ。チップはウォークインクローゼットで燃やされる。その熱が、町中の民家と公共の建物を一年三六五日温め、冷やしている。わたしが訪ねた日、スタッフが一カ月分の灰をきれいに片づけたところだった。灰は透明なビニール袋、二四個に納められ、平らに積んであった。その日のうちに、農家に提供され畑の肥料になる。

ここまでのところは、効率最優先の役人の理想通りと言えるかもしれない。端材で町じゅうを温め、冷やす。素晴らしい！　これだけでも大したことだが、紫波町がすごいのは、チップ材の入手方法だ。ステーションの近くにはボイラーを燃やす木質チップを製造する工場がある。紫波町農林公社と呼ばれるこの工場は官民共同体だ。

工場敷地の大部分に長いままの丸太が積まれている。一部はアカマツだった。温暖化のせいでとうとう岩手にまで到達した病害虫のせいで枯れたのだ（以前の岩手は寒すぎて、媒介昆虫が生きられなかったのである）。一部はやせたスギだ。すぐ近くの丘や遠くは岩手県北部の森からとってきたものだ。最近の山火事で焼け残った木もある。福島県内の津波に襲われた森の木々までまじっていた。その木々は工場敷地内で乾燥され――病害虫に侵された木は燻蒸される――、そのうえでチッパーに入れられる。チッパーはピカピカのオーストリア製で、工場の建物をそっくりふさぐほど大きかった。出来上がったチップのほとんどは町のボイラーに搬入されるが、一部はペレットストーブ用に出荷され、ボイラーのつながっていない建物を温める。

原料になる木はどうやって採取されるのだろうか。林業業者によって持ちこまれるものもあるが、半分ほどは紫波や盛岡、その近郊の市民が持ちこんでくる。持ちこんだ木材一〇〇キロにつき五〇〇円になる。町では運搬手段を組織化していて、林業業者が売り物にならない細い木を道路わきまで運んでくると、市民が拾って町まで持ってくるという仕組みだ。スカンジナビアのやり方をモデルにしたこの仕組みを開発したひとり、原科幸爾《はらしなこうじ》は、自分でも何度か木材を拾い集めに行っている。一日で五〇〇〇円稼いだこともある。ただし対価は円で支払われるのではない。原料がエコbeeクーポンと名づけた地域通貨で支払われる。

エコbeeクーポンは、紫波町のほとんどの店舗で通用する。そもそも紫波町は戦後、一町八カ村が合併して誕生した。それぞれの町村にあった直売所がいずれもまだ現役で商売を続けていて、さらに地産のワインを扱う一〇カ所目の直売所もできている。直売所はどこも広々として明るく、彩り豊かだ。採れたての野菜もあれば乾燥野菜もあり、新鮮な魚介や干し魚、肉や穀類、漬物、酢、大豆、ワイン、飴となんでもある。そして目を引くのが紫波の名産、餅だ（紫波はもち米生産量日本一なのだ）。餅は元来新年を寿いで食べるものだが、和菓子の基本材料でもあり、イチゴからヨモギまでなんにでも合う。近年ではもち米を牛の飼料とする試みがあって、紫波町はジューシーな〝しわもちもち牛〟生産の先進地になっている（これも掛詞で、ひとつ目の「もち」が餅を、ふたつ目が動詞「もつ」の変化形で、「含む」を意味する）。

クーポンの狙いはまず、時間の流れに大きな円を描くことだった。その円は、例えばハハソのように、地域を繰り返し潤してきた仕組みをとらえこむ。それから空間に小さな円を描いていく。例えば里山のように、製品や利益を共同体の中で循環させる円だ。クーポンは現金を地域にとどまらせる。列車が来ては乗客を乗せ、盛岡やもっと先まで運んでいく紫波中央駅にはペレットストーブがあり、屋根はソーラーパネルつきだ。ストーブのペレットは農林公社が納めているものだし、ソーラーパネルの屋根は地元の出資で製品化された。紫波の太陽光発電産業の出資者は一〇〇パーセント地元の人で、パネルが発電して出た利益を享受しているのだ。

これは、共同体再生のひとつの道だ。食品となる作物を育て、収穫し、加工して製品化する住民もいれば、木を集めて得た地域通貨で食品を購入したり、太陽光発電に投資したりする住民もいる。原料が最近行った調査によれば、岩手県の農村部でも薪を集めて燃料にしている人はわずか六パーセントしかいなかったが、紫波の人々は今もって、森や畑と直に密接な関係を結んでいるのだ。

曲がりくねった道を一時間半分け入って、北の山脈の頂へと山の深みへ入ったところに岩手県住田町がある。第二次世界大戦後は植林事業で成り立ってきた町だ。多田欣一は、一六年にわたって町長を務めてきた。町長が先頭に立って進めてきた改革は、町役場の新旧の建物の対比から見て取ることができる。

旧庁舎はコンクリートとガラスでできた要塞だが、うずくまったヒキガエルよろしくどっしり構えた旧庁舎からわずか二〇〇メートルほどのところにできた新しい町役場は、すべて木とガラスだ。この新しい建物は支柱を必要としない。壁と屋根はレンズ型トラス梁とラチス耐力壁に支えられているからだ。トラスの梁は北海道産のカラマツだ。建設現場からすぐの製材所で切りそろえられ、重ねられ、糊づけされて強度の高い合板に加工され、トラスに組まれた。壁材になったスギはすべて地元のものだ。内部は息をのむほど広々として、トラスがまるで森の樹冠のように頭上を覆っている。外光が、適度にまばらになった樹冠からこぼれる木漏れ日のように、床に差しこんでいた。

製材所の木材は、別の意味でも建物全体を支えている。工業用カンナからはカンナくずがでる。くずはタンクに吹きこまれ、そこからぶんぶんガタガタ言っているやけに手のこんだ機械《ルーベ・ゴールドバーク・マシン》に送りこまれる。吸いこまれたカンナくずは木質ペレットに化けてキロ単位で吐き出される。新庁舎に敷設された三台のボイラーは、そのペレットを燃焼させて、建物を冷やしたり温めたりするのに必要なエネルギーのすべてを賄っているのだ。ここには、地域のモデルたろうとする意図もある。実際ペレットは袋詰めされ、五〇〇キロ単位のパレットになっていて、岩手県全域から需要があるのだ。里山に生息するサシバの保全研究の第一人者である東《あずま》淳樹《あつき》も、ペレットの値段を確認して盛岡の自宅用にパレットをひとつ注文したという。製材所は自分たちの町を支え、自分たちの努力をあがなう手段になっている。

町は当初、ボイラーの灰を水田に戻す計画だったが、それはできなかった。住田町は、二〇一一年の津波によって被災した福島第一原子力発電所から一六〇キロと離れていない。木材を燃やした灰には、空中から森に落ちた放射性セシウムが凝集されていた。大地に戻すには放射性が高すぎたのだ。住田の人々は、長い歴史の中で培われてきた教えを忘れてはいなかった。与えられたものを使えばいい、自分の場所で、自分たちのために、奇跡に頼ろうとはするな、と。

森の手入れに一般の人をまきこむ

紫波でも住田でも、住民は林地から利益を得、その維持に関わっている。とは言えその関わりはわずかなものだ。岩手県遠野市の街の中心からやや外れたところに、小さなNPO団体遠野エコネットがあり、一般の人が森の手入れに携われる活動を始めている。設立者で現代表の千葉和《なごみ》は、助成金を得て使われなくなった製材所をリフォームし、五〇人のボランティアからなる団体の事務所をそこに据えた。私有地にある森を間伐し、弱った木を取り除いて森に空気と光を送りこむ。そうすることで動植物の多様性が増すのは、ハハソと同じ理屈だ。千葉は炭焼き窯を作り、炭焼き教室も開いている。

ボランティアの中には、炭焼きをしてみたくて活動を始めた人もいる。教室の生徒たちは煙を見分けるすべを学ぶ。初め白かった煙がやがて黄色っぽくなり、青くなり、ついには透き通る。透き通ってきたら炭が焼けたしるしだ。教室では自分たちが間伐したマツやヤナギを炭にする。古いハチの巣やニンジン、ダイコンなどまで炭焼きしてみる。ヤナギの枝で絵を描き、教室に飾る。間伐材で家具を作り、フジの蔓やクリの樹皮で籠を編む。年配の女性が草を編んで炭を入れる箱を作ってみせた。薪をこしらえて持ち帰ったグループもある。

NPOの活動の中心は枝打ちだ。枝打ちされた森の明るさと手が入らない森の暗さとには驚くほどの違いがある。手入れされた林にはより多くの種類の植物が育つ。多くの動物が暮らし、獲物をとったり子どもを育てたりする。空気と光は森の木を病害から守ってくれる。

間伐には専門家の手は借りていない。とはいえ、彼らが相手にしている木々は高さが一五メートルかそれ以上もあるうえ、同じくらい背の高い木々がびっしりと生い茂る森に生えている。八〇歳になる杣人《そまびと》が定期的に盛岡からやってきて、チェーンソーの扱い方と木の倒し方を教えている。道具は、なくてはならないスチールのチェーンソーひとつあればいいというものでなく、フェリングレバーや、持ち運びできるウィンチ、ロゴソルの簡易製材機など多彩だ。教わりにくるボランティアの半数近くが女性で、「若いお嬢さんも年取ったお嬢さんも」千葉は言葉を選びつつ話してくれた。「みんな枝打ちを心から学びたがっているんですよ。活動日の朝には森は暗くて先も見通せない。終わる頃には明るくて開けた森になっているんです」

それを示すために、わたしたち四人を今枝打ちしているスギの林に案内してくれた。原科と東と一緒に、わたしたちは間引いたほうがいいと思われる木を選んだ。わたしたちが選んだ木は直径三五センチ、高さ一五メートルほどのスギだ。樹皮に白い筋が入り、菌に侵されているのが見て取れた。選んだはいいが、最初は、このこみ合った森でこの木をどう倒せばいいのか見当もつかなかった。この木が倒れられる空間はどこにあるだろう。わたしたちは木の周りを三六〇度ぐるりと歩いて、ようやくきれいに倒せそうな細長い空間を一筋見つけ出した。ここでダンスの始まりだ。

まったくの偶然だが、東がその少し前に、同じ杣人から木の引き倒し方を習っていた。そこで東が倒し役を引き受けた。千葉が木を引き倒すさいの五原則を復唱するよう促した。東は言葉に詰まる。思い出せなかったのだ。そこで千葉の助けを借りながらひとつずつ唱えていった。

1　上方確認　倒す方向に、交差する枝などじゃまになるものがあってはいけない。枝を揺らすほどの強い風が交差する方向から吹いていてはいけない
2　足元確認　草など、刃入れのじゃまになるものがあってはいけない
3　周辺確認　木の丈が二〇メートルだとしたら、周囲四〇メートルの範囲で木が倒れても安全であることを確かめる
4　退避場所確認　不測の事態に備え、すぐ逃げられるじゃま者のない退避経路を確保する
5　伐倒方向確認　倒す方向に障害物があってはいけない

東はヘルメットを被り、笛のストラップを首から下げた。千葉に手を借り、チェーンソーを起動した。刃が六〇センチもある代物だ。正真正銘、伐倒作業が始まった。千葉が五原則の頭の部分を問いかける口調で繰り出すと、東が一つひとつ「よし！」と確認していく。

上方？——よし！
足元？——よし！
周辺？——よし！
退避場所？——よし！
伐倒方向？——よし！

東は、笛を吹いて、全員に下がるよう促した。そして幹に三角形の切り込みを入れていく。この切り込み——受け口が倒れる方向を決定づける。受け口を入れ終わると、東は木の反対側に回った。チェーンソーの柄を腰骨にあて、反動がきても刃が自分の体に食いこむことのない体勢を確保して、反対側から切り込み——追い口を入れ始める。受け口側の三角形が閉じ、木は倒れたが、別の木にひっかかった。

千葉は少しも慌てず、まさにこのような不測の事態に備えて幹に結わえつけてあった縄を握り、木の根元をフェリングレバーで回すよう東に指示した。その間も、ひっかかりが取れたときに倒木が跳ねるのを見越し、退避場所をしっかり心に留めておく。数十回ほどギシギシいわせた末に、ふたりはどうやら木のてっぺんをひっかかっていた木から外すことに成功し、木はバキバキと小気味よい音を立てながら地面に倒れた。それから居合わせた者総出で二・四メートルの長さにカットし、ポータブルのウィンチで製材機に運び、板にしていった。スギの板は美しい。淡いクリーム色の辺材に、芯は赤さび色。樹皮の部分はチャコールグレイだ。板はどれも、巨大なベーコンみたいに見えた。

作業を終えると、昼食である。そこで千葉がごく軽い口調で、午後は早池峰《はやちね》神社の祭りの練習をしなければならないのだが見たいか、と訊いてきた。わたしが舞ではなく森を見たがるのは承知のうえだ。「来るのはみんな、林家か農家なんだ。好きなだけ質問できますよ」と誘いかけてくる。

「ぜひとも」わたしは答えたが、この先に何が待っているのか、まったくわかっていなかった。

早池峰の神楽《かぐら》

早池峰山は近隣で最も標高が高い。くしゃっとつぶしたフェドーラ帽よろしく、低地にそびえたっている。山はそれ自体神であり、また神々に満ちている。神社の起源は遅くとも八世紀までさかのぼるのは確実で、それ以来、人々は神楽を舞ってきた。すべてスギだ。風雨に晒され、緑がかった茶色の木製の鳥居をくぐると、境内は巨木と巨木の切り株の世界だった。木々にも切り株にも、神の所在を示す稲妻型の白い紙片を下げたしめ縄が巻かれている。西側に神楽殿があった。舞い手たちが練習したり、装束や道具を納めておく場所だ。神楽殿の中は広間になっていて、わたしたちが腰を下ろすと、誰かが飲み物を運んできてくれた。千葉が手を振って離れていった。舞台の幕のようなものの向こうに入っていく。幕は濃い紫色と濃灰色で、向き合う鶴の刺繍が施されている。

神楽は神に捧げる舞だ。そのほとんどは、第二次世界大戦終結とともに実施されなくなり、舞い手も大半は鬼籍に入っている。たったひとりだけ生き残った舞い手が神楽を復興させた例もある（ある人は練習に来たら食事をおごると言って参加者を増やすことに成功したという）。当時は知らなかったが、後になって、神楽には里神楽と御神楽があり、早池峰神楽はそのうちの里神楽であると知った。こうした芸能が政府などの仰々しいお墨つきを頂くケースはままあるが、早池峰神楽もユネスコの無形文化遺産に登録されている。舞い手は、観光客や参拝者にも喜んで神楽を見せるし、時にはツアーも行う。

だが神楽の本来の使命は——現在日本にはおよそ四〇〇〇以上の神楽座がある——神の招魂、鎮魂、そして魂振《たまふり》だ。神楽の起源はアメノウズメという女神が、太陽神である天照大神《あまてらすおおみかみ》の気を引いて、隠れてしまった岩戸から出てきてもらうために踊った舞だと言われている。大胆にしてエロティック、情熱のみなぎる舞に、集まっていた八百万の神々が大笑いした。なんのバカ騒ぎかとアマテラスが岩戸を少し開けて覗くと、神々がすかさずアマテラスをなだめすかして天の岩戸から出てきてもらい、世界は闇から救われたのだった。

かつて神楽はそれを専門とする家系に受け継がれたものだったが、終戦後、神楽を守り、支えてきたのは山で働く人々や農家の人々、地元で店を開いている人々などだ。かつては選民の伝承だったものが、今は民衆に引き継がれている。なにしろ、若い舞い手の中には、高校のクラブ活動で神楽を学ぶ者もいるのだ。

三人の男性が横手のドアから入ってきた。ひとりは高齢で、火の前で乾かしたようなしぼんだ顔をしている。あとのふたりは壮年で、ひとりは神社の管理人、ひとりは地元の杣人だ。ひとり目の男性が小さなシンバル、鉦《かね》を、ふたり目が打面のふたつある太鼓を、三人目が無地の布袋を持っていた。袋の中から横笛を二本出すと、男性は笛をわたしたちに渡してきた。どうやらその人の手作りの笛のようで、仕上げはさほど精緻ではなく、竹の一節分から作られていた。聞いたところでは、以前岩手大学の人が神楽の音楽を採譜しようとしたができなかったという。横笛は奏者が自分で作るので、音調も音程も独特なのだ。わたしたちが笛を当人に返すと、男性は仲間の楽員のところに戻っていった。

わたしたちは炭酸の飲み物に口をつけた。三人の楽員は舞台を歩きまわり、幕の脇に一列に腰を落ち着けた。太鼓の音とともに始まった。三人は、たったの三人で、能や歌舞伎を思わせる荘重な音楽を奏で始めた。わたしたちは飲むのをやめ、舞台に見入った。太鼓が低くリズムをとる。笛は信じがたいほど高い音を繰り出し、鉦が要所要所を締める。

幕が開いて、舞い手がふたり現れた。どちらが千葉なのか見当もつかない。ふたりとも足元まである真っ白な装束に身を包み、象の耳をつけたヘルメットのような被り物を被っていた。ヘルメットのてっぺんは鶏の形をしていて、白い体に赤いとさかがある。わたしが危うく噴き出しそうになったところ、ふたりが動き始めた。

ふたりはしゃがんだ格好で舞を舞う。背筋をまっすぐ伸ばし、頭は六メートルばかり離れた遠くを見つめ、腿を深く落としている。片手で扇を高く掲げ、もう一方の手には竹の木切れを握っている。足を踏み鳴らしては歩き、歩いては足を踏み鳴らす。一回に歩く歩数は三歩ずつ、聖域を示すため、ふたりがそれぞれ別々の方向に向かって円を描いていく。その後の二〇分間は、ふたりが互いの後を追って、出会うとまた分かれて互いを追いかける。舞が終わったとき、ふたりは実際に何かをし終えたように見えたが、それが何なのか、わたしにはわからなかった。あと一時間続いたとしても、きっと見飽きることはなかっただろう。

一〇分後、千葉と夫人がやってきた。このふたりがついさっきまで、イザナギとイザナミ――いざなう男女――の神楽を舞っていたのだ。イザナギとイザナミによってこの世界は創造された（ふたりから生まれた八人の子どもが、日本列島の八つの島になった）。ふたりはただ舞っただけではない。イザナギとイザナミを体現し、男神と女神がここに来られるよう、ご招待したのだ。ただわたしたちは、この時はそんなことは何も知らなかった。妻が千葉に、神楽の意味を尋ねた。「男と女」彼はゆっくりと、慎重に英語で答えた。「陰と陽。感謝です」

その時わたしは、午前中、木を倒す前に五つの質問で確認していた千葉と、イザナギに成り代わっていた午後の千葉の間にさしたる距離はないのだと感じた。どちらの千葉の中にも、世界に向けられた動きがあり、その動きには一種の魂の息吹がこめられ、一つひとつが感謝をもたらすものだ。ここに、森林を中心に据えた活動が、単なる商業主義に終わらず文化的影響力を持ちうるモデルがある。里山の在り方を見習うことによって、ひとつの道が見える。

ナゲレバ、モ。流されたら、戻せばいいっしょ。

きみといつまでも

個体とはいったい何だろう

エッサイの株からひとつの芽が出、
その根からひとつの若枝が生えて実を結ぶ
――イザヤ書一章一節

地際からにしろ台伐りするにしろ、強く刈り込まなければならないときには、ネヴィル・フェイが請け負ってくれたように「木には不死に向かう傾向がある」と思うといくらか罪悪感が薄れる。ヘブライの預言者イザヤは、連綿と続こうとする生命について、萌芽になぞらえて明確に記している。アブラハムの予言した救世主の誕生に至るに違いない系譜を途切れなく示し、「緑の芽がエッサイの株から萌え出、その根から若枝が生える」と書いている。救世主が、株から生える若枝なのか根から生える若枝なのか、どちらなのかまでは確信が持てなかったようだが、いずれにしても、同じ木のどこかから萌え出す若枝であるはずだった。まさにヨブが願った（38頁参照）フェニックス再生だ。木は世代を移るとき、必ずしも死ぬ必要はない。古い木に、新たな命を宿すことができるのだ。

樹木は機能としては死に絶えることがない。最も芸のない針葉樹ですら、環境がどんなに厳しくても、なんとかして樹生を一新するすべを見出すことがある。ロング・アイランドのあるサワラは、さる泥棒男爵の庭で一本立ちの美しい木として世に出たが、歳月が過ぎ、庭が見捨てられると、一番下の枝の先がだらしなく垂れ下がって、ついには地面についてしまった。地面についた枝のそれぞれの先が根を生やし、新しいサワラたちが、母樹の周囲に環になって萌え出した。枝はまたもや首を垂れて根づき、新たな環ができる。そこでもまた環ができる。かつては丈が二二・五メートル、樹冠の差し渡しが二一メートルほどだった木が、およそ一世紀経った今は高さ一八メートル、差し渡しなんと一〇八メートルになっている。四世代の木々が含まれているこれは、一本の木と言えるのか、あるいはコロニーと言うべきなのだろうか。

アメリカ南西部からメキシコ北部にかけての平原は、現在かなりの部分がクレオソートブッシュに覆われている。クレオソートブッシュは在来種ではあるけれども、牧草地などではやっかいな雑草だ。茎が横に広がって地面に達すると、そこで根を出す。このようにして、一本のクレオソートブッシュがついには何エーカーもの土地を覆いつくすようになるのだ。植物学者のフランク・ヴァセックは、巨大なクレオソートブッシュの環の中心あたりで、最も古そうな枯れた茎の年齢を、放射性炭素年代測定法によって測定した。さらに環の半径を測り、平均的な成長率を計算した。それよりももっと大きな環が見つかったが、途方もなく広がっていて古いため、中心部分はもはや失われているほどだった。ヴァセックが、自分で求めた平均成長率をこれに当てはめ、超大型クローンの年代を大まかに計算してみると、その数値は九四〇〇年と出た。

アメリカグリを襲った病気は一九〇四年に発生したが、それとてもクリを絶やすことはできなかった。枯れた巨木の根から若枝が萌え、再び大きくなったのだ。結実できる樹齢になる前に病害で若枝は枯れたが、その前に木は、基部から芽を生やしていて、これが再び成長のもとになった。一世紀の後、かつてのクリ林には今もクリがある。ただ、その昔の巨木は姿を変え、低木が連なっている。理屈の上では、そのような形でクリは永遠に生き残る。

根から出た新芽で広がるクローンは、長寿のチャンピオンだと言えよう。もっとも、その正確な年齢を測るすべを見つけた者はまだいない。こうした木々は地下で広がっていく根から、次から次へと芽を出していく。オーストラリアの植物学者四人が、タスマニアの温帯雨林の川床に広がるヤマモガシ科のキングス・ロマティアの灌木群を調べた。この植物は三倍体のため不稔性で、花は咲くが実はつかない。異なる三カ所から採取した標本の遺伝子を分析したところ、遺伝的差異はまったく見られなかった。同時期の個体群同士が同一であるばかりでなく、四万年以上前のものとされる化石植物とも遺伝的に同一だった。現在の植物は化石のクローンだったのだ。この植物は少なくとも四万三六〇〇歳になる。

さらにこの上をいくのが、ユタ州南部にあるPando《パンド》――「わたしは広がる」の意――、フィッシュレイク・ナショナル・フォレストの山肌一〇〇エーカー、四〇万平方メートル近くを埋めつくすヨーロッパヤマナラシのクローン株だ。このクローンには四万七〇〇〇の幹がある。全部とは言わないが、ほとんどが同じひとつの根から出ている。このとてつもない巨大生物の年齢は、およそ一万年から一〇〇万年に及ぶ。といっても、ギネスブック的観点から生命をみて、最大かつ最古、最速にして、最高をよしとする考え方の持ち主でない限り、年齢はさほど重要ではない（ただし植物学者たちの中に、現存する地上の生命体で「最も重い」のは間違いなくパンドだと悦に入っている者がいるのもたしかだ）。重要なのはダーウィンによって提起された問題だ。羽根ペンのような形をして、羽毛の一本一本にそれぞれ口も体も触手もありながら、全体が一体となって動き生殖するウミエラのコロニーを観察したダーウィンは、「このような疑問を呈しても許されるのではないか――『個体とはいったい何だろう？』」と書いたのだ。

芽吹きもまた見事に、この疑問をさらに厄介なものにしてくれる。それぞれのクローン体が個体であることは間違いない。だが一つひとつの個体がまた、全体の一部分だ。それはどことなく、量子重ね合わせに似ている。入り口で物体を放出するとこれかあれかどちらかの経路をとるのではなく、同じものがふたつの経路を同時にとる。生命は、このような意味で揺らいでいて、ある面から見ると唯一無二だが、別の面から見ると無数に分岐している。さやかにでもこの考えがひらめくと、永遠を垣間見ることになる。

不死と個別性とは交じり合わない。不滅性が個体の財産であると考えると、キリスト教的な、あるいは仏教的な意味での永遠の命は怪しくなってくる。ローマン・カトリックが火葬に反対するのは、復活の日のために肉体を保存しておかなければならないからだ。こんなことをまじめに考える人々は、よもや、腐敗だの墓の中にいる有機物に思いをはせたりはしないだろうし、ましてやわれわれが死んだあとわれわれの肉体を消化する輩が、われわれが生きているときにはわれわれがほかの肉体を消化する手助けをしてくれているなどとは考えもしないだろう。

生きている間でさえ、個の何たるかを抽出することは難しい。わたしたちの細胞の九〇パーセントは人のゲノムではなく、主としてバクテリアだ。一〇〇種以上のバクテリアがわれわれの腹の中に生息していて、わたしたちが外の世界から取りこんだ生き物を解体し、それらの細胞を、わたしたちの体を維持できる形にするのを補佐している。われわれの免疫系だって、われわれの城である肉体の中に、あるものは寄生し、あるものは相利共生し、また単に片利共生している有機物たちとの親密な関係によって成り立っている。そしてわたしたちはその体からひっきりなしに、ある意味では排泄物であり、ある意味では命そのものであるものを、周囲の世界に吐き出している。わたしたちのゲノムは、他者の複合体なのだ。

キリスト教におけるヨハネの福音書は、この点についてじつに明快だ。人は、成長する蔓の枝であるときにこそ真に生きている、とヨハネは書いている。神はその枝がよく実るように刈り込むこともあるかもしれない。けれども親たる蔓につき従っている限り、栄えるのだ。切られた蔓は枯れて火にくべられる。何度でも繰り返し芽吹く木のごとく、蔓もまた個であり、全体の一員なのだ。

エッサイの株から若枝が萌え出すとイザヤは書いた。「われ（キリスト）にとどまれ」とヨハネは書いた。自分こそは枝を生かす蔓であるという、イエスの言を伝えるべく。木も蔓も、どちらも揺らぎを教えてくれる。個体などない、というのはほんとうではない。そして、個体がある、というのもほんとうではない。ある枝は切られると芽を出す。木の本体が枯れたように見えるときでも、根から新しくやりなおすかもしれない。そして木は、どうやらいつまでもそれを繰り返すことができるようなのだ。同じであり、同じでないもの。それが揺らぎだ。萌え出す芽が教えてくれるのはそのことだ。不死とは、しがみつくことではなく、放すことなのだ。

ボランティアたち

木々は巧みに芽吹き、巧みに生きる

フランス語の「リクルート」は、文字通りに萌芽更新で芽生える若枝を指す。刈り込まれた木で、新芽がへこたれずに自分から顔を出すのを見ると、わたしには「新兵（リクルート）」というよりボランティアに見える。彼らはその土地を覆ってやるぞ、と言い募り、少しずつ少しずつ、景観を変えていく。わたしたちが忘れてほったらかしにした木立でも――特に都市部では――、木々はわたしたちを見捨てない。わたしがニューヨークで一等好きな森も一番好きでない森も、若枝が盛んに萌え出してこちらをひっかいてくるような場所だ。

ごみの上にできた森

まず挙げるならゲリットセン・ビーチの森だ。一晩をここで過ごしたら、朝目覚めたときには忍び寄ってくる小枝に体中覆われているような気がする。週末には行かないようにしている。週末は、砂の道をスピードを上げて走りまわるオフロードバイクに轢かれる可能性大だからだ。また日没の頃に行ったときには明るいうちに森を通り抜けるようにしている。ここの森に入ったときには必ず焚火の痕を確かめる。若者のグループや野宿者たちが丸太やガードレールの残骸などでベンチをこしらえ、集まっていたような場所がそここに見つかる。コンクリートの割れ目から顔を出している草を訪ね、燃やされた車を数える。開けた草原に、前にはなかった何かが生えていないか確認する。秋と冬にはどの植物の種子が多くあるのだろうか。実はどんなふうに裂けるのだろうか、ヨシとウルシとヨモギの競り合いは誰が勝つのだろう。

一〇〇年前、ここは森ではなかった。というより、この土地自体がなかった。ここの森は埋め立て地にできたものだ。一九三四年まで、ニューヨーク市のごみのほとんどは、家庭から出たごみや排泄物も建築廃材も放水路を掘ったり広げたりして出た残土もみんな、平底船で沖合に運ばれ、ニューヨーク湾に捨てられていた。

そのうちに目端の利く役人がいいことを思いついた。何しろ人口増のプレッシャーは大きくなるばかりだったのだ。それはつまり、ごみはますます増え土地は足りなくなるということだ。せっかくのごみを沖合に捨てていてはもったいない。ごみで土地を造ればいいではないか。「市の低地は……ほぼ無限にごみ廃棄所となりうる」現在のニューヨーク衛生局の前身である部局の報告書は、気の利いた解決策をひねり出している。「それはほとんど無限の土地開発につながりうる」

ニューヨークの海岸部はびっしりと埋め立てられている。その昔、コニー・アイランドはまぎれもなく島だった。本土とコニー・アイランドの間の海も埋め立てられた。ラ・ガーディア空港とケネディ国際空港は埋め立て地に造られている。クイーンズ区フラッシングの万博会場も埋め立て地だ（ここは主に石炭の灰を投棄していた初期の埋め立て地だった。フィッツジェラルドの小説『華麗なるギャツビー』で、主人公がここを「灰の谷」と呼んでいる)。バッテリーパークは浚渫土でできた埋め立て地だ。ボーリングすると九メートルの深さのあたりに船材や桟橋の残骸が見つかる。ブルックリンのアベニューUの南側は、シープスヘッド湾からケネディ国際空港に至る一帯すべてが、並べれば一兆ヤードにも達しようかという廃棄物で造られた。二万三〇〇〇エーカー、九三平方キロに及ぶごみの土地だ。土壌の専門家は埋め立て地の土の質を「ビッグアップル・シリーズ」、公式には「人工的変容土」と名づけている。つまりわたしたち人間によって持ちこまれた土だ。埋め立て処理技術が確立する以前は、ごみはむき出しのまままだ捨てられていた。

埋め立て地でわたしのお気に入りの森が根ざす土壌は、主に三種類の廃棄物がもとになっている。ひとつは浚渫された砂で、船の通行を確保するのと、新しい土地を生み出すこと、両方の目的で掻き出されてきたものだ。ふたつ目が、固形廃棄物の層で、家庭ごみや行政が集めたごみなどだが、これだけでこの一帯を二・四メートルの厚みで覆っている。三番目が掘削や建築、解体などで出た廃棄物だ。

先達の中に、どうやら、ごみのままでは自分たちが望む土地開発用の土壌として充分ではないと考えた人たちがいたらしく、ところどころ、砂と下水沈殿物を徹底的にまぜ合わせ、その上に三年にわたってアルファルファのすきこまれた場所がある。だがこの計画は高くつきすぎたのと、ほうっておいてもいずれ植物がすべてを覆いつくすことがわかって、打ち止めになった。役人たちにはわからなかったのだ――森にはごくゆっくりとだが着実に回復していく力のあることが。そしてそれは金の力によってではなく、乏しさと時間によってなされる回復であることが。

ハリケーン「サンディ」が襲来した二〇一二年は埋め立てが始まってからわずかに七八年ほどしか経っていなかった。台風は森の真上を通り、大通りを渡ってその向こうの平らな埋め立て地まで入りこんだ。車は道路から巻き上げられ、塩を舐めにきたシカよろしく鼻先同士をくっつけるような形で吹き寄せられた。停電し、家屋も商業ビルも何かしらの損害を被った。街路樹のプラタナスは葉が全部落ち、樹皮はさびた鉄パイプみたいな色に変わり、白い松葉は焼けたような赤茶色になって枯れた。だが道路の反対側、自生の森は嵐をやり過ごした。何本かは木が倒れたが、それだけだった。

大通りの東側、芝がでこぼこで、ゴロを打てばヒットになること間違いなしというほど荒れた野球場の東側に、雑多な木々の入りまじった森が揺れている。緑に黄色、紫色、茶色がかった黄色に銅色、つやのある淡い青などが、筋になって感潮河川の名残の小川や平地の間を縫っている。ここは雑木林だ。アイランサスやニセアカシアの茂みが、コンクリート塊の脇につきだし、地面近くにはヨモギがびっしり生えている。海岸沿いは波が浜辺の土を、そしてヨシの邪《よこしま》なたくらみをむき出しにする。ヨシは栄養たっぷりな黒土でなら一シーズンで九メートルも根茎を伸ばすし、匍匐枝は早瀬並みの勢いで葦原を広げていく。茂みの合間に、砂だけの草地があり、ブラックチェリーやウルシが所々に顔を出している。土手際に生えているのは、よい香りのするヤマモモだ。キビ科のスイッチグラスやイネ科の大小のウシクサ、スゲ属のペンシルヴェニア・セッジといった草が砂の間から伸びている。草の生えていない場所に点々とシミをつけているのは、痂状《かじょう》地衣類や葉状《ようじょう》地衣類だ。

アルファルファをすきこんでもらわなくとも、あるいは世話などまったく焼かれなくとも、偉大なる自然は与えられた三種のごみを三層の土壌に変えた。投棄されたごみを「無駄」扱いするのは自由だが、堆肥の専門家クラーク・グレゴリーがかつて言ったように、「無駄にされない限り無駄ではない」のである。

小石や掘削土からできた土壌は水はけはいいが、コンクリートやモルタルだらけのため、pHの高い酸化カルシウムが多く含まれる。この成分に惹かれるのはアイランサスやニセアカシア、エノキ、ヨモギなどで、まさにこうした石灰質の土を好む。分解途上の排泄物を多分に含む黒い土は有機物の含有率が高く、窒素の好きなヨシがはびこって、ほかの植物を追いやってしまう。淡い黄褐色の土は、水底から浚ってきた砂とほとんど変わらず、pHが非常に低いため、有機物がとても少ない。正真正銘貧しい土だ。この貧弱な土壌に、浜辺を生息地とする在来植物が直に生えてくる。スイッチグラス、ブラックチェリー、ウルシ、ウシクサ、地衣類、ヤマモモなどだ。場所によってはブラック・トゥペロを見ることもできる。

土は、ごみの運搬船がどこに荷を下ろすかに左右されるため、性質の違う者同士が織り合わさって、ある種の土壌が別の種の土の中に埋めこまれる場合もある。スイッチグラスとウルシだらけで、裏白の葉が風にひっくり返されるとまるで楕円形の鏡を集めた草原のように見えるところに、アイランサスの茂みがぽつんと生えていたりする。アイランサスの根元をよく見れば、建設残土の瓦礫が見つかるだろう。

ある小道をたどると、おおよそ三角形になった舗道にたどり着く。もともとどのように使われていたものかはわからない。一見すると三角形の中心部にひとつ、南側の一辺を縁どるようにひとつ、ウルシの茂みが二カ所にあるように見える。シカの角よろしくあちこちから枝が張り出している形状からわかるのだ。ウルシがそのような枝ぶりになるのは、枝の先端に花がついてしまうので、そのあとの枝は先端より下に張り出すしかないからだ。さて、茂みに近づいてよく見ると、ひとつはたしかにウルシだった。先端に赤さび色の実がついている。だがもうひとつの茂みは多枝のアイランサスだったのだ。一方は砂地に、一方はコンクリートの瓦礫の上に生えていながら、両方がともにいくつもの枝を出して地面を覆っていた。

ここがかつて塩沼《えんしょう》だった頃に比べると、生物の多様性に乏しいのは間違いない。それでもなんと多くの営みが生じていることだろう。ブラックチェリーに作られた鳥の巣には四角くて白いプラスティックの枠が使われている。どう見ても、ビールの六缶パックの枠だ。ゴイサギは大勢でコロニーを作っていて、彼らの落とし物がアイランサスの茂みを花のように飾っている。わたしがそばを通りかかるとゴイサギは、除雪シャベルで道路をひっかいたような声をたてて騒いだ。

ここでは痩せた土ほど確実な結果を出している。菜園などをやっていると、いい土とはすなわち肥えた土だと思いこみがちだが、ゲリットセン・ビーチでは、肥沃な土壌に生えているのはヨシだけだ。少しずつではあるけれども、浚渫土には地衣類や草、灌木、それに樹木までが、栄養的にはほとんど無から成長していく。コンクリートの土壌もスタートダッシュが苦手で、こちらは非常にpHの高い土壌に耐えうる植物専用だ。

人間の生命スパンでは無理かもしれないが、充分な時間が経てばカルシウム化合物は土から滲み出してやがてはなくなる。コンクリートも解けてなくなる。有機物を豊富に含むごみは分解され、一部は大気中に、一部は地下水に溶けこんで運ばれてしまう。耐え忍びさえすれば、乏しいがゆえに命を育むことのできる砂地の浜辺が、やがて完全に復活することだろう。砂まじりの土壌も、もともとの植生が生と死を繰り返すことで徐々に豊かになっていく。

わたしが胸を打たれるのは、景観の復活が人間の真摯な努力、手入れによるばかりでなく、放置することで成し遂げられるという事実だ。こんなところに来るのは、歩いて体を鍛えたい人、子ども、ひとりになりたいホームレス、茂みをさまよいたい人、仲間と焚火を囲みたい人、オフロードバイクを楽しむ人くらいだ。だがその手つかずの場所で三層の土壌が積み上げられてきた。土は生き返る。枝も生き返る。わたしたちは助けになれないとしたらじゃまになるだけだ。

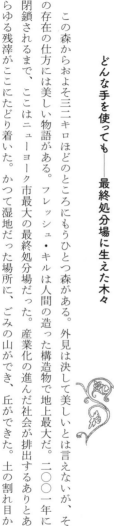

どんな手を使っても——最終処分場に生えた木々

この森からおよそ三二キロほどのところにもうひとつ森がある。外見は決して美しいとは言えないが、その存在の仕方には美しい物語がある。フレッシュ・キルは人間の造った構造物で地上最大だ。二〇〇一年に閉鎖されるまで、ここはニューヨーク市最大の最終処分場だった。産業化の進んだ社会が排出するありとあらゆる残滓がここにたどり着いた。かつて湿地だった場所に、ごみの山ができ、丘ができた。土の割れ目からメタンガスが上がってくる。萌芽林にあった、人と樹木が互いを尊重し合う関係とは真逆の状況だった。きらびやかな都会にあると口にしたくはないものをここに隠し、そのおかげで都市住民は心おきなく窓を磨き上げ、オペラやクラシックコンサートを鑑賞し、外食することができたのだ。

わたしたちは、この場所のほんのささやかな一画にあるおよそ二〇〇〇本の木の状態を診断するよう依頼されていた。冬の終わり、激しい雪嵐で多くの木が倒れたのだ。無理もない。木々は大きな灰色の捨て石や赤土、色とりどりのガラス瓶のかけら、それにプラスティック片といったものの堆積の上に植えられていたのだ。ここは最新式の処分場で、単にごみが積まれていくのではなく、投棄されたごみは封印され、堆積物や浸出液が漏れださないように処理されている。土と言えるようなものはほとんどなかったが、それでも木々は生えてきていた。

アイランサスにブラックチェリー、キリ、クワ、ニセアカシア、カエデ、トネリコバノカエデなどなどで、どれもがせいぜい一〇～一二メートル程度にしか育っていなかった。多くの木に、ツルウメモドキやツタウルシ、ヤマブドウ、ノブドウといった蔓植物がびっしりと絡まって息苦しいほどだ。あるブラックチェリーは、倒れてむき出しになった根の差し渡しが、一・八メートルあった。根は、乏しい表土に入ったり出たりしていたと見えて複雑に入り組み、繊細なティファニーの金細工ブローチを思わせる。慣れない土壌に、懸命に根を張ろうとしていたのだろう。表に晒された絡み合う支根には、緑色や透明や茶色の大小さまざまなガラス瓶だの、半分に割れたおもちゃの赤いプラスティック製トラックだの、皿やカップの破片だの、どういうわけか腐敗せずに残った赤や黄色のラベルなどが絡み合っていた。片端が根の先に引っかかり、反対の端が地面に頑固にしがみついて、ぴんと突っ張っているベージュ色のストッキングもあった。

健康的な土地でも、見た目に美しい土地でもない。キリの花が咲いているときだけは別かもしれないが。実際のところ、わたしが足を踏み入れた数々の森の中で断トツで見苦しい場所だった。多くの木が枯れているか枯れかけていた。蔓が木を覆いつくして倒してしまったものもある。倒れた木の枝と蔓が隙間なく絡み合って、まるで屈託を抱えた子どもが線で塗りつぶしてしまった絵のようだ。キノコも目立つ。マンネンタケが多くの木の根方にあり、アミヒラタケのごく淡い褐色をした反りかえったカサが木の割れ目から覗いている。枯れた幹には、上から下までカワラタケがびっしりだ。キノコですら、元気に見えず、何やら腐敗性の菌に侵されているらしく黄緑色のシミのついたキノコがたくさん見られた。

倒れたばかりの木々は、マシュー・ブレイディが撮影した南北戦争の戦死者の写真を思わせる。ふやけているか、あるいはしおれてしわくちゃになっているか。だが前の年以前に倒れた木々は、ぐずぐずと倒れたままになってはいなかった。三本の太い枝のあるブラックチェリーが根元で割れ、太い枝はどれも地面に落ちていた。もとの木はまず間違いなく、以前ここにあった切り株から芽生えたものだろう。三本の枝のうち一本は枯れてしまっていたが、二本目は側枝のひとつを上向かせようとしているところで、三本目にはすでに独立した木になりかけている枝が三本あった。だがいずれの枝も根を伸ばせそうな余地がなく、最終的には枯れてしまうだろう。近くにあった別のチェリーはもっと運がよかった。枝がよりかかっている細い幹は地面から浮いておらずちゃんと地についている。主幹はすでに腐り始めていたが、くだんの枝は自分の根を下ろしつつあった。「どんな手を使ってでも」と、言えるものなら森は言うだろう、「わたしはこの地で成長する」と。

見に行ったのは寒い日で、わたしは疲れてきていた。依頼者が話していたよりずっとたくさんの木があった。ブーツは防水という触れこみだったが、雪解けのぬかるみに長いこと立っていたせいで、茶色く浸みてきていた。終わりも見えず、ありがたみも感じられない作業だった。セクション9の斜面で、サルトリイバラの蔓が有刺鉄線よろしく地面を覆っているのに出くわした。その中にも木が生えていたので、入っていかざるを得ない。刺々と敵意に満ちた蔓は、少なくとも一エーカー（四〇〇〇平方メートル）にわたって地面を埋めつくしているようだった。

わたしは踏み分け道らしきものをたどろうとしたが、いつの間にか途切れてしまった。仕方なくイバラの茂みに足を下ろすと、イバラはブーツに絡みつき、靴紐に絡みつき、脚にまで絡みついてきた。蔓を避けようとして別の方向へ踏み出すと、そちらはそちらでまた別の蔓が巻きついてくる。ある地点で、多分988９番の木のそばだったと思うが、わたしは抜け出せなくなってしまった。一方は進もうにも隙間がなく、反対を向くと蔓が巻きついてくる。前にも行けず、後ろにも行けない。コルク栓抜きにでもなった気分で、くるくる回っているうちに地面の中にめりこんでしまうのではないかという気がしてきた。脱出するのに一五分はかかっただろう。

ようやく脱出できたとき、割れた瓶だの古い靴底といったものよりは害のないものの上を歩けることがとてもありがたく思えた。ごみを分厚く覆った砂利の感触が戻ってきた。斜面に敷かれた石で滑り、緑色のヘドロがいっぱいの小川に突っこみそうになった。クソ#$@%!と叫んで振り向いたとたん、また滑った。思わず四つん這いになっていた。そうして森の下生えの高さから、枯れた幹や落ちた枝やちぎれた蔓の散乱した、お世辞にも麗しいと言えない眺めの先に目をやっていた。わたしの鼻先に根こそぎ倒れたニセアカシアの根の部分があった。一本の根のてっぺん、地面から一・五メートルの高さのところに、新しい枝が生え始めていた。

これは何という――わたしは息をのんだ。地面についた膝が何やら怪しげな菌に侵されるのではという不安をよそに、わたしは立ち上がる気が失せていた。不意にその一瞬が美しいものになっていた。コヨーテの目の高さから見ると、木々が何をしようとしているかがわかった。腐敗し、沈着し、そして酸を含んだ液体が砂利を通して堆積物に滴って、土を作り上げていく。青天の霹靂のように、わたしは理解した。見るもおぞましいこの森は、与えられてしまった傷を修復するためにあるのだ。それもわたしたちの意向とはまったく無関係に。森は、美しく見られたいのではない。ひとえに生き続けたいのだ。一年また一年、一世紀また一世紀と。あらゆるものを、あのストッキングですらも浄化し、景色をすっかり一新させるまで連綿と。茎は育ちきらず、ついえるかもしれない。枝は落ち、腐るかもしれない。蔓が茂み全体をまるで一本の幹のように束ねてしまい、もろともに崩れ落ちるかもしれない。これも腐る。あちらこちらで腐っていく塊から、有機酸が生じる。雨と雪が作用し、ごみはわずかずつ変化を遂げていく。

スペインのサン・セバスチャンに近いパサイアの商業港には、役所が掲げた素敵な標識があって、海にごみを捨てないよう呼びかけている。さまざまな種類のごみが、それぞれ土に還るのにどのくらいの時間を要するかを説明しているのだ。有機物はわりと早く分解される。段ボールで三カ月、木材は一年から三年、毛糸の靴下は一足につき一～五年、リンゴの芯は二年だ。そこから時間の幅が急に長くなる。タバコの吸い殻は一〇年、買い物をして店でもらえるプラスティック袋は一〇～二〇年、プラスティックのコップは五〇年もかかる。それでもここまではみんな、人間の一生のうちに方《かた》がつく。しかし工業製品の多くはそうはいかない。アルミ缶は二〇〇年は姿を変えることなくわたしたちにつき合ってくれるし、ガラス瓶は五〇〇年、ペットボトルなら七〇〇年、そして発泡スチロールに至っては一〇〇〇年は持つという。標識はバスク語とスペイン語で記されている。キャッチコピーはこう読める。「第二の地球はありません」

森はそんなふうには考えない。あたかも第二の地球があるかのようにふるまう。巧みに芽を出し、さらに芽を出し、繰り返し何度も種子を作り、優に一〇〇〇年という時をかけても生と死を紡いでいくことができる。サセックスのブラッドフィールドの森でも、発泡スチロールを吸収するのに、まるまる一〇〇〇年かかるかもしれない。だがブラッドフィールドもフレッシュ・キルもどちらも、木々が、蔓植物が、そして菌類がみんなそろって再生に取りかかることを示していた。木々は意識してそうしているのではない。もっといいことに、彼らはただそこに在るのだ。

同僚のローラが、泥の中でフレッシュ・キルの魔神を見つけた。ごみの山で見つけたプラスティック人形の頭はこれが初めてではなかったが、魔神はほかと様子が違っていた。グレイのフェットチーネみたいな髪の毛が、コケとまじって緑色のクルーカットになっていたのだ。生産者の想像をはるかに超えて、人形は命を吹きこまれていた。

ホワイトのヤナギの言うことには

新たな命の生まれるところ

メトロポリタン美術館前のプラタナスを、再び刈り込む時期がやってきた。今度こそ取り返しのつかないことをしでかすのではないかと不安に駆られるあまり、果たして当日は、午前三時には目が覚めてしまった。刈り込みのタイミングを逸してしまったかもしれないとか、気温が低すぎるか高すぎるかとか、何かありえないようなことが起こるとか。切りすぎてしまうかもしれない、あるいは切らなすぎてしまうかもしれない……わたしのほうはぐずぐずと悩んでいたが、木は誠実だった。木に触れ、伸びている枝の隙間から梢を見上げたとき、わたしの不安はどこかへいっていた。

プラタナスの剪定法を知りたくて出た旅で、わたしは多くの素晴らしい助言者に出会うことができた。だが何にもましてわたしに教えてくれるのは木々そのものだ。木々は人類を新石器時代から現代へと導いてくれた。木々とともに働く方法、そしてみんなにとってよい結果を生むすべを示してくれた。教科書のようなものを探そうと旅を始めたのだが、見つけたのは中石器時代から現代に至る生き方だった。木だけがあるのではないし人だけがいるのでもない。両者が互いの支えになってきたのだった。

気前のいい木々に教えてもらえばもらうほど、そして今も木々とともに生きる人から教わるほどに、わたしは規則の必要性を感じなくなっていた。わたしは、自分がプラタナスの形を作り、世話をするのだと思っていたが、世話されているのはわたしのほうだった。木はわたしより賢いし、強いし、年季が入っているし、わたしよりずっと長寿で寛容だ。

何十本とある美しい枝を恐る恐る刈り込むわたしに、木はちゃんと応えてくれる。わたしがここにないほうがいいと思う枝を切ったとしたら、木はそれを受け入れて、成長の形をそれに合わせて変えてくれる。わたしが木を不自然なほど若々しく作ろうとして、いつでも一年目の枝があるように剪定しても、木々は決して動じないように見える。日陰になって幹が弱ると、木はサインを送ってわたしに再考を促す。冬、スクエアに位置を変えながら踊るカドリールさながらに木々の間を縫い、周囲をぐるぐる回って健康状態を確かめていると、一本一本がこちらの働きかけに応えてくれる個体でありながら、また若々しいコロニーの一部であり、その両方の在り方をわかると思えるようになってきた。

プラタナスたちはわたしたちに、定まった場所で成長する技を教えてくれている。ひとつの場所を動かずに成長するのは人間には不自然なことだし、うまくできないが、これはひとつの技なのだ。適切に剪定すれば一本一本の枝は長生きするが、育ったときの美しさはどうだろうか。冬、街路に薔薇窓のような影を落とすことができるだろうか。夏にはカエデのような広い葉が、仏塔《パゴダ》みたいに幾層にも重なってくれるだろうか。

木は、できるだけ多くの葉にできるだけ多く日光を浴びられるように自ら枝ぶりを調整するのだと園芸家は教えられる。わたしたちはその手助けをするという事実と向き合わねばならないのだ。自然に大きくなっている木は、いともやすやすと成長しているように見えるし、結果としてできあがった樹形はいかにも美しい。一本一本のプラタナスと向き合ってみて、わたしたちは自分たちに与えられた機会も選択も、とても難解であると思わずにいられなかった。

今日もプラタナスは、自分たちがこうやって街に貢献しているのだと示してくれる。四ヵ所にわたしたちが植えたプラタナスの木立は、独特の美しさがあるだけではない。植わっている場所での在り方がまさに適切なのだ。ちょうど、わたしのお気に入りの外来種、背の高いオウシュウニレの木立のあるのがセントラル・パークの森の際で、これ以上ないほどうってつけの場所に植わっているように。

舗装した広場に植えたプラタナスは、太くて重い枝は生やさず、ちんまりと育てている。大風でもきて枝が通行人に落ちでもしたら大変なことになるからだ。毎年の剪定で、根も短くとどまっている。だから舗装をゆがめたり舗道を押し上げたりコンクリートに割れ目を作って、通行人をつまずかせたりはしない。ひんやりした木陰を投げかけてはくれるけれども、木陰は濃すぎもせず、広すぎもしない。だからほかの植物がそばに生えることもできる。圧迫感を感じることなく、木陰に気持ちよく腰を下ろすこともできる。冬には繊細な影模様を地面に投げる。電線の下に植えても平気だ。電線に触れないよう、変に枝を刈り込む必要もない。

昔から変わらず、木はわたしたちとともにある。剪定した若枝の使い道は、遊び半分で作る籠の材料くらいのものかもしれないが。

木は戻ってくる。切る。倒す。燃やす。たわめて伸ばす。それでもまた戻ってくる。木が枝を出す力ほどに強くて屈しないものがこの地上にあるだろうか。少なくとも、こんなに痛快な力はほかにはない。ヘンリー・デイヴィッド・ソローはある年の早春、コンコードの森一〇〇エーカーを野焼きした。焼かれた一帯は、秋には「瑞々しく、(周辺のどこよりも)豊かな緑に覆われていた」。新芽はソローの心に平穏をもたらした。「この大地は文句なく住むのにふさわしい場所だ。こんなにたくさんの若い植物が我勝ちに出てこようとするからには、多くの営みは希望をもって成し遂げられるだろう」

そうなのだ！ プラタナスはわたしの不安をよそに、美しく枝を出した。だが六月も終わろうとする暑い午後、わたしはもうどうでもよくなっていた。ここまでわたしは、消えかけている技術を学ぼうと、光の速度で情報が飛びかう時代にあって、地道に一歩ずつ努力を重ねてきた。こんな古臭いやり方を今さらいちいち気にかける人などいるだろうか。庭に出るドアがひっかかってなかなか開かない。蹴とばしてみた。すると今度は勢いよく開いて、Ｅ・Ｂ・ホワイトがエッセイに書いたヤナギがまるで額縁に嵌められたように見えた。若い幹は、魚の皮のような模様の樹皮がつややかに光っている。三月に剪定した枝からは一〇余りの新しい茎が出ていて、鉛筆くらいの太さになり、どれもが少なくとも九〇センチほどに伸びて黄緑色の葉をたくさんつけていた。ヤナギはおそらく、この庭にやってきてからの五年間、ずっとわたしに語りかけていたのだろう。けれども今になって初めて、その声が届いてきた。

マンハッタンのコミュニティ・ガーデンにあった頃の年老いたヤナギを覚えている。幹は太くて強そうな外観をしていたけれども、植物としてはこの上ないほどに弱っていた。空洞になり、今にもひび割れ、自分の重さでひしゃげてしまいかねない。わずかに残った腐りかけの根にもほとんどつながっていなかった。かつては高く美しい姿を誇っていたのに、もはや救い出すすべは何もなかった。弱りすぎていて、種子を作ることもできなかった。以上、ご臨終である。

だが真実は違っていて、わたしたちがそれを知ったのはほんの偶然だった。若そうな枝を数本、地面に挿しておいたのだ。主幹は死にかけていたが、ヤナギの本体はそうではなかった。地面に挿された小枝は根を出し、茎を出し、葉をつけた。木が生き延びるために必要なたった三つだけの器官すべてを。それ以来、最初の年に生えてきた若枝を使って、わたしたちは市内に何百本というヤナギを移植してきた。

新たな命は、権力の中枢や富や資源の集中や交換によってのみ生まれるものなのだろうか。もしかしたら、辺境に追いやられ、末端に追いやられたところからも、成長する芽は伸びてくるのではないか——芽吹きの国から。もしかしたら新しい道は時の彼方から、あるいは空間の彼方から、はたまた、その両方の彼方からわたしたちのところに向かってくるのではないだろうか。世界との生きたつながりが一新されている世界から。例えばグリンデ農場から。あるいは大沢から、ブラッドフィールドの森から、レイツァから、遠野から、ビーソアの牧草地から、サマセット・レヴェルズから、早池峰神社から、パサイアから、ヨルストラから、キリミから、エチャリアラナズから、紫波から、住田から、スター・カーから、桜ケ丘公園から……。普段のわたしたちが耳にしたこともないような土地、わたしたちが生きている時代からは程遠い歴史の彼方からやってくるのかもしれない。

謝辞

本書はほとんどすべて、大勢の方々に見せていただいたこと、教えてもらったことで成り立っている。事の起こりは、デニス・マッグレード、スコット・ディスムークス、アリソン・ハーヴェイをはじめとするオーリン・スタジオのスタッフが、ニューヨーク市メトロポリタン美術館の前庭の木々を整枝するのにわたしたちを雇ってくれたことだった。わたしは台伐り（pollard）を研究する必要に迫られた。カリフォルニアでは、サンフランシスコ公園局のスコット・マコーミックやカリフォルニア大学バークリー校のフィル・コディとジム・ホーナー、そしてフィロリのアレクサンダー・フェルナンデスが専門知識を惜しみなく提供してくれただけでなく、わたしと一緒に頭を悩ませてもくれた。

英国では、ネヴィル・フェイとサマセット・レヴェルズをドライブしたこと、そしてバーナム・ビーチに赴き、刈り込まれたブナの古木を訪ねてヘレン・リードがガイドするコモンをめぐる素晴らしいツアーに参加したことで、萌芽更新という古式ゆかしい伝統をたどる気持ちになったのだった。文献を読み、フェイの、姿を変え行く自然のセミナーに参加したことも大きかった。優れた育樹の専門家であるレグ・ハリスは、わたしのために惜しげもなく時間を使い、手をつくしてさまざまな手はずを整えてくれたのだが、中でもブラッドフィールドの森——ここではピート・フォーダムという素晴らしい人物とめぐり会えた——、スタヴァートン——ここではゲイリー・バッテルにこれまで見た中で最良のナラの刈り込みを見せてもらった——を訪問できるよう取り計らってもらえたことは特筆に値する。ビル・キャスカートは、ウィンザー・グレート・パークを案内して目を見張るような木々を見せてくれたし、クライヴ・リークにも引き合わせてくれた。リークの生け垣づくりの教室も特別に見学させてもらえた。トニー・カーカムは、キュー・ガーデンでの正式な剪定と略式の剪定を見せてくれた。またマシアス・アントンは、彼の素敵な種苗場、ディープデイル・ナーサリーを案内してくれ、高いところで枝葉を茂らせる高垣の資材や刈り込みを披露してくれた。一方ライザ・エディンバラはヒドコート・マナーで、込み入った高垣構造を説き、正式な剪定の手順をわたしが理解できるよう骨折ってくれた。テッド・グリーンには、「自然のために闘う」人物だといって引き合わされた。懐が深くて率直で、萌芽樹の伐採について彼が口にした一言一言、そしてその考え方は忘れがたい。ジル・バトラーも同じくらい情に厚く、木立のある牧草地についてきわめて鋭い質問を繰り出してきた。

ヘレン・リードを通じてわたしは多くの人に会うことができた。リードの同僚のヴィッキ・ベンクトスンは、スウェーデンで萌芽林をめぐる駆け足ツアーに連れて行ってくれて、わたしが「台伐りフリーク」になりつつあると喝破した。リードは西ノルウェーのイングヴィルド・アウスタッドに会うといいと教えてくれたが、この人物こそ、ノルウェー西部の萌芽林研究の先達のひとりだった。アウスタッド教授は、今日はここ、明日はあそこと来る日も来る日もわたしを連れまわしてソグネ・フィヨルド中の森林を見せてくれ、自分や同僚のレイフ・ハウゲらの研究について辛抱強く説いて聞かせてくれた。アウスタッド教授は以来折に触れて研究成果を伝えてくれている。またインゲボルグ・メルグレン＝マシーセンに紹介してくれたのも教授で、わたしにニコライ・アストラップの農場庭園のことを教えてくれたのがメルグレン＝マシーセンだった。彼女はさらに、若き農家カレ・ソルハウグにも引き合わせてくれた。カレは工業化の進んだ社会でも伐採と収穫のサイクルが機能するよう、新しい方法を試している人物だ。

リードはまた、スペインの林業者も紹介してくれた。その筆頭がホセ・ミゲル・エロセギだ。エロセギはレイツァのことならどんな細部に至るまでも研究しつくしていて、これまで見たことのないほど精密な市街地地図を作成している。エロセギが、伝統の技術を受け継ぎ、今も現役で働いている町の優れた職人を大勢教えてくれた中に、羊飼いのパトクシ・バリオーラと斧名人のガブリエル・サラレギがいた。園芸家のサムエル・アルバレスは、アラバとナバラのナラやブナの森を足がつりそうになるまで案内してまわってくれた。オスカー・シュヴェントナーも、シエラ・デ・ウルバサの頂にある巨大な共有地の萌芽林へ案内してくれた。

日本では、岩手大学のふたりの教官、原科幸爾と東淳樹が、里山の利点を近代的な植樹林に生かそうという試みを知ることのできる二日間の視察を組んでくれた。紹介してもらったひとり、千葉和は遠野エコネットの主宰者で一般の人に林業の基礎知識を伝授しているが、じつは素晴らしい神楽の舞い手であることがわかった。コヤマ・サヤコは能登半島への旅を企画してくれたばかりか、そこへ同行してくれた。能登では伝統的な萌芽林を守る林業家に会うことができた。この旅には日本の伝統的林業を学ぶ若者も複数同行していた。そのひとりが当時は国連大学サステナビリティ高等研究所所属であった飯田義彦であり、もうひとりが若き杣人《そまびと》のイフミ・ユウホだ。大野長一郎は自分のナラ林を見せてくれた。一部は最近伐採されたもの、一部は伐採後一〇年以上を経ていた。彼はまた、炭焼きの工程も披露してくれた。

東京近郊の里山再生を見る旅を計画してくれたのが、明治大学の倉本宣《のぼる》だ。多摩ニュータウンの桜ケ丘公園ボランティアでリーダーを務める岸本剛一は、ボランティアが手入れする森を案内してくれ、そこでの仕事ぶりを見せてくれた。対馬良一、安藤直子、安藤聡彦《としひこ》は、トトロのふるさと基金が行っている森と水田の再生事業について説明してくれ、現場を案内してくれた。

アフリカを訪れることはかなわなかったが、A・エンドレ・ニェルジェ教授がわざわざ電話での取材に応じてくれ、ギニア・サバンナの萌芽林について、ご自身やほかの研究者の成果を教えてくれた。

カリフォルニアでは、優れた書き手で人類学者のカット・アンダーソンが、カリフォルニア先住民に関するご自分の研究をわかりやすく説明してくれた。彼女は、籠作りの名人、ロイス・コナー・ボーナに引き合わせてくれた。ボーナは自分の仕事ぶりを見せてくれている間じゅうずっと、籠を擁する文化について語りとおした。アンダーソンはさらに、カリフォルニア大学バークリー校のフィービー・A・ハースト人類学博物館の学芸員であるナターシャ・ジョンソンに会わせてくれたが、ナターシャは忍耐をもって、カリフォルニア先住民文化にとっての籠の役割に関するわたしの無知を正してくれた。ニューヨーク市立図書館のメラニー・ロケイは、わたしのためにヴェルサイム学習室に席を確保してくれたが、おかげで文献調査が大いにはかどった。また、ニューヨーク植物園図書館のエスター・マリー・ジャクソンは、探すのがとても厄介な雑誌掲載論文を見つけるのを手伝ってくれた。

本書の第一稿は分厚くて難しかった。前半の読みこみをして意見を述べてくれたデイヴィッド・サスーン、ジョゼフ・チャラップ、ウェイン・ケイリー、後の稿を始めからしまいまで読んでくれたジョゼフ、そして異なる複数の稿を読んでくれた妻のノラに大いに助けられた。また、日本語の初歩を教えてくれたスーザン・ケスラーには深く感謝している。彼女のレッスンは楽しくてためになり、大変役に立った。

この本ばかりでなく、萌芽更新している樹木を刈り込むことも、わがアーバン・アーボリスト社の面々がいなければ成し遂げられなかった。骨身を惜しまない彼らの丁寧な手仕事が、わが社の礎だ。

最後になったが、編集者のアレイン・メイソンにはまたしても大変お世話になった。彼女の指摘は常に表現豊かかつ的確で、とても重要なものを含んでいた。こういうタイプの編集者はもういない、と言われる。メイソンがいてくれたことに感謝したい。

訳者あとがき

庭仕事をする人は誰でも（多分）知っているが、木は切るとそこから伸びてくる。ただし、いつでもそうなるわけではないし、どこを切っても必ず同じように生えてくるわけでもなく、木の種類（樹種）によって反応は違ってくる。

多年草は秋の終わり、地際ぎりぎりまで切り詰めてやる。すると春、新しい芽が生き生きと伸びてくる――はずだ。

ブルーベリーの栽培を始めた知人は、最初の収穫のあとの剪定を果樹の専門家に依頼したところ、あまりにも思い切りよくバチバチ枝が落とされていくのにハラハラし、同時に、自分には到底あそこまで切れなかった、と頼んで正解だったと感じ入ったそうだ。果樹は、一度実のついた枝には実をつけない、という記述をどこかで見た覚えがある……が、そうとわかっていても生きている（ように見える）枝を断つのは抵抗がある。

わたしのような素人は、枯れている（ように見える）茶色くなった枝先を切り落とすのがせいぜいだが、例えば秋も深まったバラ園で、てっぺんが切られ、数本の枝（それも枝先は断ち落とされて茎から一〇センチもないくらいまで切り詰められている）だけになってしまっている木々を見たことはないだろうか。あるいはまた、街路樹がほとんど丸裸に近いくらい刈り込まれているのを見たことはないだろうか。

ニセコの我が家の近所では、枝の一本すらなく、ほんとうに丸太棒になったシラカバが一〇本ほど、一列に植えられているのに出くわした。

バラ園や街路樹のその後は特段追跡しなかったが、丸太棒シラカバはどうなることかと推移を見守った。一年以上は沈黙していたように思う。やはりみんな立ち枯れてしまったかと思っていたら、すべてではないがそのうちの数本がいつしか芽吹き、枝から葉を出したのだった。数年たった今では、何事もなかったかのようにごく当たり前のシラカバらしく、夏には葉を繁らせ、秋になると落葉している。

こんなふうに、断たれた幹や枝、はたまた地中に残った根から芽吹いて再生することを、萌芽更新と呼ぶ、らしい。そして、顕微鏡的な知識によってではなく木々と対話を繰り返した経験によって樹木をよく知る人々は、萌芽更新という特質にあずかって、木から糧を得てきた。

本書（原題 Sprout Land の sprout は名詞では新芽、動詞で芽吹くという意味になる）の著者であるウィリアム・ブライアント・ローガンは、知識と経験の両方から樹木をよく知る人である。日本ではよく「樹医」「樹木医」と訳される arborist であり、その知識と経験とを駆使して樹木を管理する会社を運営している。公園の木や街路樹、個人住宅の庭木を手入れするだけでなく、苗木を植えこみに適するまで育てるナーサリー、種苗場も有しているから、日本でいう植木屋さんに近い仕事をしていると考えればそう的外れでもないだろう。

アメリカ西海岸、カリフォルニアのベイエリアで少年期を過ごし、現在は東部ニューヨークを拠点にしている。

その彼の会社がメトロポリタン美術館前の植栽管理を依頼されたとき、豊富だったはずの知識と経験が揺らいだことが、本書の出発点となる。見る影もなく刈り込まれたプラタナスは果たして再生し、夏には木漏れ日と葉の影が薔薇窓を思わせる日陰を地面に落とす木になるのだろうか――。

萌芽更新による再生を期待するしかない、と腹をくくったローガンは、この特性を生かした剪定手法を学べるところはないか、どこかにマニュアルがあるはずだ、と探し始める。だが合衆国内にそれを教えられる人は存在しなかった。そもそも萌芽更新による樹木の管理自体が、どうやらすでにすたれた手法らしかったのだ。

そんな中、萌芽更新を自家薬籠中《じかやくろうちゅう》のものとしているのはイングランドと聞き、大西洋を渡った旅のどこかの時点で、プラタナスの再生に関しては自信を取り戻していたことと思われる。それでもローガンは旅を止めなかった。萌芽更新する樹木の特性がなければ、木を原材料とするさまざまな産品を、人々が暮らしにこれほどまでに利用することはできなかったことに気づき、木々の利用が人類の歴史の礎の、少なくともひとつになっていると思い至ったから、そして行く先々で、「あそこではこんなことをやっているらしい」と耳寄りな情報を仕入れてしまい、自分の目で確かめずにはいられなかったからだ。

本書に触れるまで、林業というものは、手ごろな太さになった木を一定の間隔で切り、周期的に植林して補っていくものという漠然とした認識しかなかった。もちろん、育ちのよくない木を間引いたり、下草を刈ったり、日差しや風の通りがよくなるように枝を払ったりと、林そのものの管理が不可欠であることは知識として知らなかったわけではないが、要するに林業は、丸太を「採取」するものだと考えていたのだ。そのイメージがあったからか、原書で使われているharvestという語に「収穫」という日本語をあてるのに、当初抵抗を感じ、何かほかにいい訳語はないかと考えあぐねていた。自然の恵みをそのままいただくのが採取だとすれば、収穫という言葉には、自然の助けを借りて自分（たち）で作ったものを採るという含意がある。

だが読み進むうちに、萌芽更新した枝を刈り取る行為に充てる日本語には、「収穫」以外考えられなくなる。人々はかつて確かに、こういう材が欲しいという明確な意思をもって樹木に刃を入れ、芽吹いたものを収穫して念頭にあった用途に充てていたのだ。そのためにはどこをどう切ればいいのか、いつ切ればいいのか、そこまで育つには何年待てばいいのか、経験は蓄積され、世代を渡り、地域社会に継承されていった。ヨーロッパでも、アフリカでも、アジアでも――日本でも。

ローガンが発見したのは、二〇世紀前半まで世界中で営まれてきた、農林・畜産一体の生産方式が解体され、萌芽更新先駆地のヨーロッパでさえも、周期的に樹木を伐採し萌芽枝を収穫する林産業は、ごく細々とした個人的な営みを除けば、ほぼ失われていることだった。長らく人間の生活を支えた木質繊維が、燃料としての薪炭が、石油とその産物であるプラスティックにとってかわられ（とはいえ、石油もまた、大昔の植物ではあるけれども）、収穫までに五年、一〇年と要するテンポが、拡大再生産至上の二〇世紀後半の時間観念と折り合わなかったのは想像に難くない。

しかし時代は生物多様性と持続可能性の二一世紀だ。そして、萌芽樹利用という究極の循環を手放すまいとする動きもまた、二〇世紀後半から静かに各地で進行していた。もちろん、ＳＤＧｓという政策目標によってかろうじて支えられている側面もあるだろうし、技能の継承も課題ではあるだろう。けれどもローガンは旅の後半で、北欧や極東に着実に芽吹いているそうした動きを、衰退に抗う段階を越えて、具体的な手法として新たに蓄積されていきそうな営みを希望をもって見つめている。

木材がどのように使われ、それによって人類の文明が支えられてきたかを紐解いた本は数々あるけれども、芽吹くこと、切られてもなお、そこに人との対話が成立していれば木は芽を出して応えてくれることに着目した作品はきわめて珍しいのではないか。Arborist たるローガンの真骨頂だろう。

それにしても、樹木の、植物のなんとダイナミックなことだろう。

今はそんな教え方はしないのかもしれないが、訳者が小学生だった半世紀ほど前は、理科の授業で「動くのが動物で動かないのが植物」と教わった。だが本書を読むと、そんな思いこみは軽々と覆る。たまたま条件のいい場所に根づけば、根と主幹はその場を死守するかもしれない。それでも、わずかな日差しの変化や風向き、人間をはじめとする動物の介入、周囲の植物との競争などによって樹形は変わっていく。まして、水の乏しい場所、うっすらとしか土のない場所、日光のほとんど当たらない場所に着地してしまったなら、わずかな日光を、水を、土を求めて、根を伸ばし、枝を伸ばし、向きを変え、這い上る。切り詰められれば横に伸び、縦に伸びられないところでは地面を覆う。

石油製品の時代が静かに幕を下ろし、植物性素材とバイオマスエネルギーの時代を迎えようとするならば、すでに数千年も前から、植物の中の構造など見えなくても、人々がその活かし方を知り、与えようとしてくれる分だけを受け取って、一方で生育に手を貸していた歴史を、今一度見直してみるちょうどいい時機なのかもしれない。

本書のふたつのキーワードcoppiceとpollardについては本文中にも語源の説明があるが、一言でこれ、と置き換えられる日本語が見当たらず、訳出に苦慮した。木を伐採する行為についても言うが、そのようにして伐採された木そのものや、そうした木々の集まった林について言っている場合もある。林業の専門書というわけではないので、あまり日常から乖離した訳語を使うこともためらわれたため、同じ原語に対して幾通りもの訳し方をしている。

編集部を通じた萌芽更新に関する術語についての問い合わせに、伊藤哲さん、正木隆さん、山浦悠一さんなどに大変丁寧にご教授いただいたものの、訳者のこだわりから、ひょっとしたら専門的には不適切な表現となっている部分があるかもしれない。
また、本書には日本人も複数登場する。インターネットなどで確認できた方については漢字表記にすることができたが、確認しきれなかった方は、カタカナ表記とさせていただいた。バランスを欠く表記になってしまったことをお詫びしたい。

これまで知らなかった萌芽更新の世界に導いてくださった築地書館の土井二郎社長、訳出に時間がかかったせいでとりとめなく、首尾一貫しない訳稿を丁寧にひとつにまとめ上げてくださった編集部の橋本ひとみさん、たんねんにゲラをあらためてくださった校正の村脇恵子さんに、この場を借りてお礼申し上げたい。いつも、もう終わらないのではないかと思うけれども、ここまでこぎつけられたのはみなさんのおかげです。

今年の北海道はとりわけ雪が多い。それでも雪の下に見えている枝には、もう膨らみかけている芽がある。若い芽がこれだけ萌え出ようとしている大地ならば、この世界もそれほど悪いところではない、とソローのように思える春を迎えられることを祈りたい。

二〇二二年二月二一日

屋代通子

図版クレジット

p. 61 : Illustration courtesy of Francis Hallé.

p. 22, 52, 76, 96, 122, 292, 309 : Illustrations courtesy of Nora H. Logan.

p. 69, 88, 89, 124, 152, 155, 181, 237 : Photographs by William Bryant Logan.

p. 233 : Nikolai Astrup illustration, reprinted by permission of Leif Hauge, from his photograph in Austad, Ingvild, and Hauge, Leif. *Trær og Tradisjon*. Bergen, Norway: Fagbokforlager, 2014.

p. 191 : *Ancient Trees, Lullingstone Park*, Samuel Palmer, 1828. Graphite; Sheet: 10½ × 14⅝ inches (26.7 × 37.1 cm). Yale Center for British Art, Paul Mellon Collection, B1977.14.308.

p. 246 : Mrs. Mary Jacobs (Karuk) with baskets, by B. F. White, courtesy of the Phoebe A. Hearst Museum of Anthropology and Regents of the University of California (Catalog No. 15-9018).

p. 268, 269 : Courtesy of Peter Del Tredici, from "Redwood Burls: Immortality Underground," *Arnoldia*, vol. 59, no. 3 (1999), pp. 14–22.

Windes, Thomas C., and P. J. McKenna. 2001. "Going Against the Grain: Wood Production in Chacoan Society." *American Antiquity* 66 (1): 119–40.

Takeuchi, Kazuhiko. 2010. "Rebuilding the Relationship Between People and Nature: The Satoyama Initiative." *Ecological Research* 25: 891–97.

Takeuchi, K., R. D. Brown, I. Washitani, A. Tsunekawa, and M. Yokohari, eds. 2003. *Satoyama: The Traditional Rural Landscape of Japan.* Tokyo: Springer Japan.

Takeuchi, Kazuhiko, K. Ichikawa, and T. Elmqvist. 2016. "Satoyama Landscape as Social-Ecological System: Historical Changes and Future Perspective." *Current Opinion in Environmental Sustainability* 19: 30–39.

Tallantire, P. A. 2002. "The Early-Holocene Spread of Hazel (*Corylus avellana* L.) in Europe North and West of the Alps: An Ecological Hypothesis." *The Holocene* 12 (1): 81–96.

Terada, Toru, M. Yokohari, J. Bolthouse, and N. Tanaka. 2010. " 'Refueling' *Satoyama* Woodland Restoration in Japan: Enhancing Restoration Practice and Experiences Through Woodfuel Utilization." *Nature and Culture* 5 (3): 251–76.

Thoreau, Henry David. 1962. *The Journal of Henry D. Thoreau.* Edited by Bradford Torrey and Frances H. Allen. New York: Dover.

Tomlinson, P. B. 1983. "Tree Architecture." *American Scientist* 71: 141–49.

——— . 1987. "Architecture of Tropical Plants." *Annual Review of Ecology and Systematics* 18: 1–21.

Tomlinson, P. B., and M. H. Zimmermann, eds. 1978. *Tropical Trees as Living Systems.* Cambridge: Cambridge University Press.

Totman, Conrad. 1989. *The Green Archipelago: Forestry in Preindustrial Japan.* Berkeley: University of California Press.

Tusser, Thomas, and William Fordyce Mavor. (1812.) 2012. *Five Hundred Points of Good Husbandry.* Memphis: General Books.

Unsain, José María. 2014. *Balleneros vascos: Imágenes y vesitgios de una historia singular.* Donostia–San Sebastián, Sp.: Museo Naval.

Vandekerkhove, Kris, H. Baeté, B. Van Der Aa, L. De Keersmaeker, A. Thomaes, A. Leyman, and K. Verheyen. 2016. "500 Years of Coppice-with-Standards Management in Meerdaal Forest (Central Belgium)." *iForest—Biogeosciences and Forestry* 9 (4): 509–17.

Varien, Mark, S. G. Ortman, T. Kohler, D. M. Glowacki, and D. Johnson. 2007. "Historical Ecology in the Mesa Verde Region: Results from the Village Ecodynamics Project." *American Antiquity* 72 (2): 273–99.

Vasek, Frank C. 1980. "Creosote Bush: Long-Lived Clones in the Mojave Desert." *American Journal of Botany.* 67 (2): 246–55.

Warren, G., S. Davis, M. McClatchie, and R. Sands. 2014. "The Potential Role of Humans in Structuring the Wooded Landscapes of Mesolithic Ireland: A Review of Data and Discussion of Approaches." *Vegetation History and Archaeobotany* 23 (5): 629–46.

White, E. B. (1949). 1976. *Here Is New York.* New York: The Little Book Room.

Wilson, Carl L. 1942. "The Telome Theory and the Origin of the Stamen." *American Journal of Botany* 29 (9): 759–64.

——— . 2005. "The Telome Theory." *Botanical Review* 71 (5): 485–505.

———. 2006b. "The History and Future of African Rice: Food Security and Survival in a West African War Zone." *Africa Spectrum* 41 (1): 77–93.

Richens, R. H. 1983. *Elm.* Cambridge: Cambridge University Press.

Rodd, Laurel Rasplica, trans. 2015. *Shinkōkinshū: New Collection of Poems Ancient and Modern.* 2 vols. Leiden: Brill.

Rodd, Laurel Rasplica, and Mary Catherine Henkenius, trans. 1984. *Kokinshū: A Collection of Poems Ancient and Modern.* Princeton, NJ: Princeton University Press.

Saqalli, Mehdi, A. Salavert, S. Bréhard, R. Bendrey, J.-D. Vigne, et al. 2014. "Revisiting and Modelling the Woodland Farming System of the Early Neolithic Linear Pottery Culture (LBK), 5600–4900 B.C." *Vegetation History and Archaeobotany* 23 (supp. 1): 37–50.

Sayers, William. 2004. "Marie de France's 'Chievrefoil,' Hazel Rods, and the Ogam Letters 'Coll' and 'Uillenn.' " *Arthuriana* 14 (2): 3–16.

Scott, Gilbert F., J. Sapp, and A. I. Tauber. 2012. "A Symbiotic View of Life: We Have Never Been Individuals." *The Quarterly Review of Biology* 87 (4): 325–41.

Simpson, Jamie, and Luke Barley. 2012. "Ensuring Ancient Trees for the Future Guidelines for Oak Pollard Creation." *Quarterly Journal of Forestry* 106: 277–86.

Slomian, Sabina, M. E. Gulvik, G. Madej, and I. Austad. 2005. "Gamasina and Microgyniina (Acari, Gamasida) from Soil and Tree Hollows at Two Traditional Farms in Sogn og Fjordane, Norway." *Norwegian Journal of Entomology* 52: 39–48.

Slotte, Hakan. 2001. "Harvesting of Leaf Hay Shaped the Swedish Landscape." *Landscape Ecology* 16: 691–702.

Smith, Bruce D. 2011a. "The Cultural Context of Plant Domestication in Eastern North America." *Current Anthropology* 52 (S4): S471–84.

———. 2011b. "General Patterns of Niche Construction and the Management of 'Wild' Plant and Animal Resources by Small-Scale Pre-Industrial Societies." *Philosophical Transactions of the Royal Society B Biological Sciences* 366 (1566): 836–48.

Smith, Elise L. 2007. " 'The Aged Pollard's Shade': Gainsborough's *Landscape with Woodcutter and Milkmaid.*" *Eighteenth Century Studies* 41 (1): 17–39.

Smith, H., and D. Smith. 1971. "The Box Huckleberry, *Gaylussacia brachycera.*" *Castanea* 36: 81–89.

Smith, J. Russell. 1953. *Tree Crops: A Permanent Agriculture.* New York: Devin-Adair.

Somerset Levels Papers. Number 3. Somerset Levels Project, 1977.

Steigerwald, Joan. 2002. "Goethe's Morphology: *Urphänomene* and Aesthetic Appraisal." *Journal of the History of Biology* 35: 291–328.

Stein, William E., and James S. Boyer. 2006. "Evolution of Land Plant Architecture: Beyond the Telome Theory." *Paleobiology* 32 (3): 450–82.

Stidd, B. M., 1987. "Telomes, Theory Change, and the Evolution of Vascular Plants." *Review of Palaeobotany and Palynology* 50: 115, 126.

Szabó, Peter. 2010. "Ancient Woodland Boundaries in Europe." *Journal of Historical Geography* 36 (2): 205–14.

England — Disease and Human Impact?" *Vegetation History and Archaeobotany* 2 (2): 61–68.
Peñuelas, J., and S. Munné - Bosch. 2010. "Potentially Immortal?" *New Phytologist* 187: 564–67.
Peterken, George F. 1996. *Natural Woodland: Ecology and Conservation in Northern Temperate Regions.* Cambridge: Cambridge University Press.
Pollard, E. 1973. "Hedges: VII. Woodland Relic Hedges in Huntingdon and Peterborough." *Journal of Ecology* 61 (2): 343–52.
Pollard, E., M. D. Hooper, and N. W. Moore. 1974. *Hedges.* London: William Collins.
Pom Poko (The Heisei-Era Racoon Dog Wars). 2005. Directed by Isao Takahata. Burbank, CA: Walt Disney Home Entertainment. (Original, 1994. Tokyo: Toho.)
Posey, Darrell A. 1997. "Indigenous Knowledge, Biodiversity, and International Rights: Learning about Forests from the Kayapó Indians of the Brazilian Amazon." *The Commonwealth Forestry Review* 76 (1): 53–60.
Rackham, Oliver. 1976. *Trees and Woodland in the British Landscape.* London: J. M. Dent.
———. 1977. "Neolithic Woodland Management in the Somerset Levels: Garvin's, Walton Heath, and Rowland's Track." *Somerset Levels Papers* 3: 65–71.
———. 1989. *The Last Forest: The Story of Hatfield Forest.* London: J. M. Dent.
———. 1991. "Landscape and the Conservation of Meaning." *RSA Journal* 139 (5414): 903–15.
———. 2008. "Ancient Woodlands: Modern Threats." *The New Phytologist* 180 (3): 571–58.
Raimbault, P., F. De Jonghe, R. Truan, and M. Tanguy. 1995. "La gestion des arbres d'ornement, 2e partie: Gestion de la partie aérienne: Les principes de la taille longue moderne des arbres d'ornement." *Revue Forestière Française* 47 (1): 7–38.
Raimbault, P., and M. Tanguy. 1993. "La gestion des arbres d'ornement. 1re partie: Une méthode d'analyse et de diagnostic de la partie aérienne." *Revue Forestière Française* 45 (2): 97–117.
Rasmussen, Peter. 1993. "Analysis of Goat/Sheep Faeces from Egolzwil 3, Switzerland: Evidence for Branch and Twig Foddering of Livestock in the Neolithic." *Journal of Archaeological Science* 20: 479–502.
Read, Helen. 2006. "A Brief Review of Pollards and Pollarding in Europe." In *1er colloque européen sur les trognes.* 1–6.
Read, Helen J., J. Dagley, J. M. Elosegui, A. Sicilia, and C. P. Wheater. 2013. "Restoration of Lapsed Beech Pollards: Evaluation of Techniques and Guidance for Future Work." *Arboricultural Journal: The International Journal of Urban Forestry.* doi: 10.1080/03071375.2013.747720.
Reid, Robin S., and James E. Ellis. 1995. "Impacts of Pastoralists on Woodlands in South Turkana, Kenya: Livestock-Mediated Tree Recruitment." *Ecological Applications* 5 (4): 978–99.
Richards, Paul. 2005a. "To Fight or to Farm? Agrarian Dimensions of the Mano River Conflicts (Liberia and Sierra Leone)." *African Affairs* 104 (417): 571–90.
———. 2005b. "West-African Warscapes: War as Smoke and Mirrors: Sierra Leone 1991–2, 1994–5, 1995–6." *Anthropological Quarterly* 78 (2): 377–402.
———. 2006a. "An Accidental Sect: How War Made Belief in Sierra Leone." *Review of African Political Economy* 33 (110): 651–63.

Landscape and Ecological Engineering 7: 163–71.

Munson, Patrick J. 1986. "Hickory Silviculture: A Subsistence Revolution in the Prehistory of Eastern North America." Paper presented at Conference on Emergent Horticultural Economies of the Eastern Woodlands, Center for Archaeological Investigations, Southern Illinois University, Carbondale, IL.

My Neighbor Totoro. 2006. Directed by Hayao Miyazaki. Burbank, CA: Walt Disney Home Entertainment. (Original, 1988. Tokyo: Toho.)

Nichols, Robert F., and D. G. Smith. 1965. "Evidence of Prehistoric Cultivation of Douglas-Fir Trees at Mesa Verde." *Memoirs of the Society for American Archaeology* 19: 57–64.

Nicholson, Rob. 2011. "Little Big Plant: Box Elderberry (*Gaylussacia brachycera*)." *Arnoldia* 68 (3): 11–18.

Nordbakken, J. F., and I. Austad. 2010. "Epiphytic Biophytes on Pollarded Trees of *Ulmus glabra* in Sogn og Fjordane, W. Norway." *Blythia* 68 (4): 245–55.

Notes on Pollards: Best Practices' Guide for Pollarding. N.d. Donostia: Diputación Foral de Gipuzkoa.

Nyerges, A. E. 1987a. "Development in the Guinea Savanna." *Science* 238: 1637–38.

———. 1987b. "The Development Potential of the Guinea Savanna: Social and Ecological Constraints in the West African 'Middle Belt.' " In *Lands at Risk in the Third World: Local-Level Perspectives,* edited by P. D. Little, M. N. Horowitz, and A. E. Nyerges, 316–36. Boulder: Westview.

———. 1989. "Coppice Swidden Fallows in Tropical Deciduous Forest: Biological, Technological, and Sociocultural Determinants of Secondary Forest Successions." *Human Ecology* 17: 379–400.

———. 1992. "The Ecology of Wealth-in-People: Agriculture, Settlement, and Society on the Perpetual Frontier." *American Anthropologist* 94: 860–81.

———. 1994. "Deforestation History and the Ecology of Swidden Fallows in Sierra Leone." *Culture and Agriculture* 14: 6–12.

———. 1996. "Ethnography in the Reconstruction of African Land Use Histories: A Sierra Leone Example." *Africa* 66: 122–44.

———. 1997. "The Social Life of Swiddens: Juniors, Elders and the Ecology of Susu Upland Rice Farms." In *The Ecology of Practice: Studies of Food Crop Production in Sub-Saharan West Africa*, edited by A. E. Nyerges, 169–200. London: Routledge.

———. 2001. "Is There a Political Ecology of the Sierra Leone Landscape?" *American Anthropologist* 103: 828–33.

Nyerges, A. E., and G. M. Green. 2000. "The Ethnography of Landscape: GIS and Remote Sensing in the Study of Forest Change in West African Guinea Savanna." *American Anthropologist* 102: 271–89.

Oosthuizen, Susan. 2011. "Archaeology, Common Rights and the Origin of Anglo-Saxon Identity." *Early Medieval Europe* 19 (2): 153–81.

Parvulescu, Adrian. 1987. " 'Coppice' and 'Coppicing' in Old Forestry. A Note on the Etymology of Grk. drios 'Coppice' and Skt. Vana 'Forest.' " *The American Journal of Philology* 108 (3): 491–94.

Peglar, Sylvia M., and H. J. B. Birks. 1993. "The Mid-Holocene Ulmus Fall at Diss Mere, South-East

Lomatia tasmanica (Proteaceae) Is an Ancient Clone." *Australian Journal of Botany* 46 (1): 25–33.
Maclean, Murray. 2006. *Hedges and Hedgelaying.* Ramsbury, U.K.: Crowood Press.
The Manyōshū: The Nippon Gakujutsu Shinkōkai Translation of One Thousand Poems. 1965. New York: Columbia University Press.
Marinova, Elena, and S. Thiebault. 2008. "Anthracological Analysis from Kovacevo, Southwest Bulgaria: Woodland Vegetation and Itsuse During the Earliest Stages of the European Neolithic." *Vegetation History and Archaeobotany* 17 (2): 223–31.
Martin, Roy W. (1998.) 2001. *Resource Inventory: Plant Life. Big Basin Redwoods State Park.* http://www.parks.ca.gov/pages/21299/files/bbplant.pdf.
Mason, S. L. R. 2000. "Fire and Mesolithic Subsistence—Managing Oaks for Acorns in Northwest Europe?" *Palaeogeography, Palaeoclimatology, Palaeoecology* 164: 139–50.
Meier, Andrew R., M. R. Saunders, and C. H. Michler. 2012. "Epicormic Buds in Trees: A Review of Bud Establishment, Development and Dormancy Release." *Tree Physiology* 32 (5): 565–84.
Mellars, Paul, and Petra Dark. 1998. *Star Carr in Context: New Archaeological and Palaeological Investigations at the Early Mesolithic Site.* Oxford: Oxbow Books.
Menotti, Francesco, and Aidan O'Sullivan, eds. 2012. *The Oxford Handbook of Wetland Archaeology.* Oxford: Oxford University Press.
Michener, D. C. 1988. "The Introduction of Black Locust (*Robinia pseudoacacia* L.) to Massachusetts." *Arnoldia* 48 (4): 52–57.
Minnis, Paul E., ed. 2003. *People and Plants in Eastern North America.* Washington, D.C.: Smithsonian Books.
———. 2004. *People and Plants in Western North America.* Washington, D.C.: Smithsonian Books.
Mitton, J. B., and M. C. Grant. 1980. "Observations on the Ecology and Evolution of Quaking Aspen, *Populus tremuloides,* in the Colorado Front Range." *American Journal of Botany* 67: 202–9.
———. 1996. "Genetic Variation and the Natural History of Quaking Aspen." *BioScience* 46 (1): 25–31.
Miyazawa, Kenji. 1973. *Spring and Asura.* Translated by Hiroaki Sato. Chicago: Chicago Review Press.
———. *Selections.* 2007. Translated by Hiroaki Sato. Berkeley: University of California Press.
Moe, Dagfinn, and Oliver Rackham. 1992. "Pollarding and a Possible Explanation of the Neolithic Elmfall." *Vegetation History and Archaeobotany* 1 (2): 63–68.
Molloy, Karen, and Michael O'Connell. 1988. "Neolithic Agriculture: Fresh Evidence from Cleggan, Connemara." *Archaeology Ireland* 2 (2): 67–70.
Moore, Christopher R., and Victoria G. Dekle. 2010. "Hickory Nuts, Bulk Processing and the Advent of Early Horticultural Economies in Eastern North America." *World Archaeology* 42 (4): 595–608.
Morgan, Ruth A. 1982. "Current Tree Ring Research in the Somerset Levels." In. *Archaeological Aspects of Woodland Ecology,* edited by Martin Bell and Susan Limbrey, 79–84. Cambridge: B.A.R. Publishing.
Morimoto, Yukihiro. 2011. "What Is Satoyama? Points for Discussion on Its Future Direction."

Canadian Journal of Botany 59: 476–80.
Hofmann, Daniela, R. Ebersbach, T. Doppler, and A. Whittle. 2016. "The Life and Times of the House: Multi-Scalar Perspectives on Settlement from the Neolithic of the Northern Alpine Foreland." *European Journal of Archaeology* 19 (4): 596–630.
Holling, C. S., and G. K. Meffe. 1996. *Conservation Biology* 10 (2): 328–37.
Hu, Shiu Ying. 1979. "Ailanthus." *Arnoldia* 39: 29–50.
Huntley, J. C. 1990. "*Robinia pseudoacacia* L. Black Locust." In *Hardwoods. Agriculture Handbook, No. 654*, edited by R. M. Burns and B. H. Honkala, 755–61. Vol. 2 of *Silvics of North America*. Washington, D.C.: USDA Forest Service.
Iñaki Iriarte, Goñi. *Bienes comunales y capitalismo agrario en Navarra, 1855–1935*. 1996. Madrid: Ministerio de Agricultura, Pesca y Alimentación.
Innes, James B., J. J. Blackford, and P. A. Rowley-Conwy. 2013. "Late Mesolithic and Early Neolithic Forest Disturbance: A High Resolution Palaeoecological Test of Human Impact Hypotheses." *Quaternary Science Reviews* 77: 80–100.
James, Susanne. 1984. "Lignotubers and Burls — Their Structure, Function and Ecological Significance in Mediterranean Ecosystems." *The Botanical Review* 50: 225–66.
Jeník, Jan. 1994. "Clonal Growth in Woody Plants: A Review." *Folia Geobotanica* 29: 291–306.
Jett, Stephen C. 2005. "Navajo-Modified Living Trees and Cradleboard Manufacture." *Material Culture* 37 (1): 131–42.
Jurgelski, W. M. 2008. "Burning Season, Burning Bans: Fire in the Southern Appalachian Mountains, 1750–2000." *Appalachian Journal* 35: 170–217.
Kaplan, Lawrence, M. B. Smith, and L. Sneddon. 1990. "The Boylston Street Fishweir: Revisited." *Economic Botany* 44 (4): 516–28.
Kobori, Hiromi, and Richard B. Primack. 2003. "Participatory Conservation Approaches for Satoyama, the Traditional Forest and Agricultural Landscape of Japan." *Ambio* 32 (4): 307–11.
———. 2004. "Conservation for Satoyama, the Traditional Landscape of Japan." *Arnoldia* 62 (4): 2–10.
Lamikis, Xabier. "Basques in the Atlantic World: 1450–1824." *Oxford Research Encyclopedia of Latin American History*. Posted online October 2017. doi: 10.1093/acrefore/9780199366439.013.4.
Lancashire, Terence. 2010. "A Discussion of Nagasawa Sōhei's *Hayachine take kagura: Mai no shōchō to shakaiteki jissen*." *Asian Ethnology* 69 (1): 159–69.
Leach, Melissa, and James Fairhead. 2000. "Challenging Neo-Malthusian Deforestation Analyses in West Africa's Dynamic Forest Landscapes." *Population and Development Review* 26 (1): 17–43.
Lightfoot, Kent G., and Otis Parrish. 2009. *California Indians and Their Environment: An Introduction*. Berkeley: University of California Press.
López Sáez, José Antonio, Pilar López García, Lourdes López-Merino, Enrique Cerrillo Cuenca, Antonio González Cordero, and Gallardo Prada. 2007. "Origen prehistórico de la dehesa en Extremadura: Una perspectiva paleoambiental." *Revista de estudios extremeños* 63 (1): 493–510.
Lynch, A. J. J., R. W. Barnes, J. Cambecedes, and R. E. Vaillancourt. 1998. "Genetic Evidence That

Variations Found in Aubreville's Model." *American Journal of Botany* 69 (5): 690–702.
"Forests: Regeneration by Coppice." 1907. In *Cyclopedia of American Agriculture: Crops*, edited by Liberty Hyde Bailey, 325ff. New York: Macmillan Company.
Fredengren, Christina. 2016. "Unexpected Encounters with Deep Time: Enchantment. Bog Bodies, Crannogs and 'Otherworldly' Sites. The Materializing Powers of Disjunctures in Time." *World Archaeology*. doi: 10.1080/00438243.2016.1220327.
Gardner, A. R. 2002. "Neolithic to Copper Age Woodland Impacts in Northeast Hungary? Evidence from the Pollen and Sediment Chemistry Records." *The Holocene* 12 (5): 541–53.
Genin, D., C. Crochot, S. MSou, et al. 2016. "Meadow up a Tree: Feeding Flocks with a Native Ash Tree in the Moroccan Mountains." *Pastoralism* 6: 11.
Girardclos, Olivier, A. Billamboz, and P. Gassmann. 2011. "Abandoned Oak Coppice on Both Sides of the Jura Mountains: Dendroecological Growth Models Highlighting Woodland Development and Management in the Past." *TRACE: Tree Rings in Archaeology, Climatology and Ecology*, vol. 10 of *Proceedings of the Dendrosymposium 2011*, May 11–14, 2011, in Orleans, France. Reprinted in *Deutsches GeoForschungsZentrum GFZ* 10: 71–78.
Goethe, Johann Wolfgang von. *The Metamorphosis of Plants.* 2009. Cambridge, MA: MIT Press, 2009.
Green, E. E. 2006. "Fungi, Trees and Pollards." In *1er colloque européen sur les trognes*, 1–4. Vendome.
Greenleigh, Jason M., and Langenheim, Jean H. 1990. "Historic Fire Regimes and Their Relation to Vegetation Patterns in the Monterey Bay Area of California." *The American Midland Naturalist* 124 (2): 239–53.
Grenier, Robert, M.-A. Bernier, and W. Stevens. 2007. *The Underwater Archaeology of Red Bay: Basque Shipbuilding and Whaling in the 16th Century.* 5 vols. Ottawa: Parks Canada.
Gross, Briana L., and Zhihun Zhao. 2014. "Archaeological and Genetic Insights into the Origins of Domesticated Rice." *Proceedings of the National Academy of Sciences* 111 (17): 6190–97.
Hæggström, Carl-Adam. 2012. "Hazel (*Corylus avellane*) Pollards." *Memoranda Societatis pro Fauna et Flora Fennica* 88: 27–36.
Hallé, Francis, R. A. A. Oldeman, and P. B. Tomlinson. 1978. *Tropical Trees and Forests: An Architectural Analsysis.* Berlin: Springer-Verlag.
Hammett, Julia E. 1992. "Ethnohistory of Aboriginal Landscapes in the Southeastern United States." *Southern Indian Studies* 41: 1–51.
Harding, P. 2014. "Working with Flint Tools: Personal Experience Making a Neolithic Axe Haft." *Lithics: The Journal of the Lithic Studies Society* 35: 40–53.
Hardy, Thomas. 1981. *The Woodlanders.* Oxford: Clarendon Press.
Hauge, Leif. 1998. "Restoration and Management of a Birch Grove in Inner Sogn Formerly Used for Fodder Production." *Norsk Geografisk Tidsskrift* 52: 65–78.
Hayashida, Frances M. 2005. "Archaeology, Ecological History, and Conservation." *Annual Review of Anthropology* 34 (1): 43–65.
Hibbs, David E. 1981. "Leader Growth and the Architecture of Three North American Hemlocks."

De Jaime Lorén, Chabier, and F. Herrero Loma. 2016. *El chopo cabecero en el sur de Aragón: La identidad de un paisaje.* Calamocha, Sp.: Centro de Estudios Jiloca.

Delcourt, Paul A., H. R. Delcourt, C. R. Ison, W. E. Sharp, and K. J. Gremillion. 1998. "Prehistoric Human Use of Fire, the Eastern Agricultural Complex, and Appalachian Oak-Chestnut Forests: Paleoecology of Cliff Palace Pond, Kentucky." *American Antiquity* 63 (2): 263–78.

Delhon, Claire, S. Thiebault, and J.-F. Berger. 2009. "Environment and Landscape Management During the Middle Neolithic in Southern France: Evidence for Agro-sylvo-pastoral Systems in the Middle Rhone Valley." *Quaternary International* 200: 50–65.

Delpuech, Catherine. 2014. "La journee classique de *kagura* de Hyachine." *Cipango* 21 (2014). Posted online September 8, 2016, accessed April 21, 2018, http://journals .openedition .org/ cipango/2205; doi: 10.4000/cipango.2205.

Del Tredici, Peter. 1999. "Redwood Burls: Immortality Underground." *Arnoldia* 59 (3): 14–22.

———. 2000. "Aging and Rejuvenation in Trees." *Arnoldia* 59 (4): 10–16.

———. 2001. "Sprouting in Temperate Trees: A Morphological and Ecological Review." *The Botanical Review* 67: 121–40.

De Witte, L. C., and J. Stöcklin. 2010. "Longevity of Clonal Plants: Why It Matters and How to Measure It." *Annals of Botany* 106 (6): 859–70. http://doi.org/10.1093/aob/mcq191 .

DeWoody, Jennifer, C. A. Rowe, V. D. Hipkins, and K. E. Mock. 2008. " 'Pando' Lives: Molecular Genetic Evidence of a Giant Aspen Clone in Central Utah." *Western North American Naturalist* 68 (4): 493–97.

Dey, Daniel C., M. C. Stambaugh, S. L. Clark, and C. J. Schweitzer. 2012. *Proceedings of the Fourth Fire in Eastern Oak Forests Conference.* Newtown Square, PA: U.S. Forest Service.

Dods, Roberta Robin. 2002. "The Death of Smokey Bear: The Ecodisaster Myth and Forest Management Practices in Prehistoric North America." *World Archaeology* 33 (3): 475–87.

Etienne, David, P. Ruffaldi, J. L. Dupouey, M. Georges-Leroy, F. Ritz, and E. Dambrine. 2013. "Searching for Ancient Forests: A 2000 Year History of Land Use in Northeastern French Forests Deduced from the Pollen Compositions of Closed Depression." *The Holocene* 23 (5): 678–91.

Ewers, F. W., and M. H. Zimmermann. 1984. "The Hydraulic Architecture of Eastern Hemlock (*Tsuga canadensis*)." *Canadian Journal of Botany* 62: 940–46.

Favre, Pascal, and Jacomet, Stefanie. 1988. "Branch Wood from the Lake Shore Settlements of Horgen Scheller, Switzerland: Evidence for Economic Specialization in the Late Neolithic period." *Vegetation History and Archaeobotany* 7 (3): 167–78.

Fay, Neville. 2002. "Environmental Arboriculture, Tree Ecology and Veteran Tree Management." *Arboricultural Journal* 26: 213–38.

Fenley, John M. 1950. "Pollarding: Age-Old Practice Permits Grazing in Pays Basque Forests." *Journal of Range Management* 3 (4): 316–18.

Finney, Mark A., and Robert E. Martin. 1992. "Short Fire Intervals Recorded by Redwoods at Annadel State Park, California." *Madroño* 39 (4): 251–62.

Fisher, Jack B., and David E. Hibbs. 1982. "Plasticity of Tree Architecture: Specific and Ecological

Cambridge University Press, 1988.
Black, B. A., and M. D. Abrams. 2001. "Influences of Native Americans and Surveyor Biases on Metes and Bounds Witness Tree Distribution." *Ecology* 82: 2574–86.
Blackburn, Thomas C., and Kat Anderson. 1993. *Before the Wilderness: Environmental Management by Native Californians.* Menlo Park, CA: Ballena Press.
Blaustein, Richard J. 2008. "The Green Revolution Arrives in Africa." *BioScience* 58 (1): 8–14.
Bogdanova, Sandra. "Bark Food: The Continuity and Change of Scots Pine Inner Bark Use for Food by Sámi People in Northern Fennoscandia." MA thesis, Arctic University of Norway, 2016.
Bond, William J., and J. J. Midgley. 2003. "The Evolutionary Ecology of Sprouting in Woody Plants." *International Journal of Plant Sciences* 164 (S3): S103–14.
Bromfield, Louis. 1997. *Pleasant Valley.* Wooster, OH: The Wooster Book Company.
Brooks, A. 1937. "Castanea Dentata." *Castanea* 2 (5): 61–67.
Brundrett, Mark C. 2002. "Tansley Review No. 134. Coevolution of Roots and Mycorrhizas of Land Plants." *The New Phytologist* 154 (2): 275–304.
Buckley, G. P., ed. 1992. *Ecology and Management of Coppice Woodlands.* London: Chapman and Hall.
Carey, Frances, I. A. C. Dejardin, and M. Stevens. 2016. *Painting Norway: Nikolai Astrup, 1880–1928.* London: Scala Arts and Heritage Publishers.
"Chestnut Flour. (Castanea sativa, Mill.) 1890." *Bulletin of Miscellaneous Information* (Royal Botanic Gardens, Kew) 44: 173–74.
Claben-Bockhoff, Regine. 2001. "Plant Morphology: The Historic Concepts of Wilhelm Troll, Walter Zimmermann, and Agnes Arber." *Annals of Botany* 88: 1153–72.
Clare, John. 1984. *The Oxford Authors: John Clare.* Oxford: Oxford University Press.
Clark, J. G. D. 1954. *Excavations at Starr Carr.* Cambridge: Cambridge University Press.
Clément, Vincent. 2008. "Spanish Wood Pasture: Origin and Durability of an Historical Wooded Landscape in Mediterranean Europe." *Environment and History* 14 (1): 67–87.
Coles, Bryony, and R. Brunning. 2009. "Following the Sweet Track. Relics of Old Decency." In *Archaeological Studies in Later Prehistory: Festschrift for Barry Rafferty*, edited by Gabriel Cooney et al. Dublin: Wordwell, 25–37.
Coles, J. M., and A. J. Lawson. 1987. *European Wetlands in Prehistory.* Oxford: Clarendon Press.
Coles, J. M., and B. E. Orme. 1976. "A Neolithic Hurdle from the Somerset Levels." *Antiquity* 50 (197): 57–61.
——— . 1977. "Neolithic Hurdles from Walton Heath, Somerset." *Somerset Levels Papers* 3: 6–29.
——— . 1983. "*Homo sapiens or Castor fiber?*" *Antiquity* 57: 95–102.
Conedera, Marco, P. Krebs, W. Tinner, M. Pradella, and D. Torriani. 2004. "The Cultivation of *Castanea sativa* (Mill.) in Europe, from Its Origin to Its Diffusion on a Continental Scale." *Vegetation History and Archaeobotany* 13 (3): 161–79.
Cronon, William. 1983. *Changes in the Land: Indians, Colonists and the Ecology of New England.* New York: Hill and Wang.
Curry, Andrew. 2014. "The Neolithic Toolkit." *Archaeology* 67 (6): 38–41.

Austad, I., L. Hauge, and T. Helle. 1993. "Maintenance and Conservation of the Cultural Landscape in Sogn og Fjordane, Norway." Final report. 1–60. Sogn og Fjordane: Department of Landscape Ecology, Sogn og Fjordane University College.

Austad, I., and M. H. Losvik. 1998. "Changes in Species Composition Following Field and Tree Layer Restoration and Management in a Wooded Hay Meadow." *Nordic Journal of Botany* 18: 641–62.

Austad, I., A. Nordehaug, L. N. Hamre, and K. M. Norderhaug. 2003. "Vegetation and Production Mosaics of Wooded Hay Meadows." *Gjengroing av kulturmark, Bergen Museums Skrifter* 15: 51–60.

Austad, I., A. Norderhaug, L. Hauge, and A. Moen. 2004. "An Overview of Norwegian Summer Farming." In R. G. H. Bunce et al., *Transhumance and Biodiversity in the European Mountains*, 7–18. Wageningen, Neth.: Alterra.

Austad, Ingvild, and Arnfinn Skogen. 1990. "Restoration of a Deciduous Woodland in Western Norway Formerly Used for Fodder Production: Effects on Tree Canopy and Field Layer." *Vegetatio* 88 (1): 1–20.

Austad, I., A. Skogen, L. Hauge, and A. Timberlid. 1991. "Human-Influenced Vegetation Types and Landscape Elements in the Cultural Landscapes of Inner Sogn, Western Norway." *Norsk Geografisk Tidsskrift* 45: 35–58.

Barrow, Edmund. 1988. "Trees and Pastoralists: The Case of the Pokot and the Turkana." *ODI Social Forestry Network*, Paper 6B: 1–24.

Barthelemy, Daniel, and Yves Caraglio. 2007. "Plant Architecture: A Dynamic, Multilevel and Comprehensive Approach to Plant Form, Structure and Ontogeny." *Annals of Botany* 99: 375–407.

Bases técnicas para el plan de gestión de la Zona Especial de Conservación (ZEC) ES2200018 "Belate" Diagnosis. Natura 2000: 2014.

Batchelor, C. R., N. P. Branch, E. A. Allison, P. A. Austin, B. Bishop, A. D. Brown, S. A. Elias, C. P. Green, and D. Young D. 2014. "The Timing and Causes of the Neolithic Elm Decline: New Evidence from the Lower Thames Valley (London, UK)." *Environmental Archaeology: The Journal of Human Palaeoecology* 19 (3): 263–90.

Bean, Lowell J., and Thomas C. Blackburn. 1976. *Native Californians: A Theoretical Retrospective.* Ramona, CA: Ballena Press.

Bechmann, Roland. 1990. *Trees and Man: The Forest in the Middle Ages.* New York: Paragon House.

Beerling. David J., and Andrew J. Fleming. 2007. "Zimmermann's Telome Theory of Megaphyll Leaf Evolution: A Molecular and Cellular Critique." *Current Opinion in Plant Biology* 10: 4–12.

Billamboz, Andre. 2003. "Tree Rings and Wetland Occupation in Southwest Germany Between 2000 and 500 BC: Dendrochronology Beyond Dating, in Tribute to F. H. Schweingruber." *Tree-Ring Research* 59 (1): 37–49.

———. 2014. "Regional Patterns of Settlement and Woodland Developments: Dendroarchaeology in the Neolithic Pile Dwellings on Lake Constance (Germany)." *The Holocene* 24 (10): 1278–87.

Birks, Hilary H., et al., eds. *The Cultural Landscape: Past, Present, and Future.* Cambridge:

引用文献

Abrams, Marc D. 1992. "Fire and the Development of Oak Forests." *BioScience* 42 (5): 346–53.

Abrams, Marc D., and Nowacki, G. J. 2008. "Native Americans as Passive and Active Promoters of Mast and Fruit Trees in the Eastern USA." *The Holocene* 18 (7): 1123–37.

Acreman. M. C., R. J. Harding, C. Lloyd, N. P. McNamara, J. O. Mountford, D. J. Mould, B. V. Purse, M. S. Heard, C. J. Stratford, and S. Dury. 2011. "Trade-off in Ecosystem Services of the Somerset Levels and Moors Wetlands." *Hydrological Sciences Journal* 56 (8): 1543–65.

Alberry, Alan. 2011. "Woodland Management in Hampshire, 900–1815." *Rural History* 22 (2): 159–81.

Albion, Robert Greenhalgh. 1926. *Forests and Sea Powers: The Timber Problem of the Royal Navy, 1652–1882.* Annapolis, MD: Naval Institute Press.

Allison, P. A. 1962. "Historical Inferences to Be Drawn from the Effect of Human Settlement on the Vegetation of Africa." *The Journal of African History* 3 (2): 241–49.

Anderson, M. Kat. 2005. *Tending the Wild: Native American Knowledge and Management of California's Natural Resources.* Berkeley: University of California Press.

"Aprobación definitiva de modificación de ordenanza de comunales. Leitza." 2015. *Boletín oficial de Navarra* 113 (June 12, 2015).

Aragón Ruano, Álvaro. 2009. "Una longeva técnica forestal: Los trasmochos o desmochos guiados en Guipúzcoa durante la Edad Moderna." *Revistas Espacio, Tiempo y Forma. Series I-VIIÑ Espacio, Tiempo y Forma, Serie IV, Historia Moderna.* Madrid: Facultad de Geografía e Historia/UNED.

Arber, Agnes. 1937. "The Interpretation of the Flower: A Study of Some Aspects of Morphological Thought." Onlinelibrary.wiley.com/doi/10.1111/j.1469-185X.1937.tb01227.x/pdf.

Astatt, Peter R. 1988. "Are Vascular Plants 'Inside-Out' Lichens?" *Ecology* 69 (1): 17–23.

Austad, I. 1988. "Tree Pollarding in Western Norway." In *The Cultural Landscape, Past, Present and Future*, edited by H. H. Birks, H. J. Birks, P. E. Kaland, and D. Moe, 13–29. Cambridge: Cambridge University Press.

———. 1993. "Wooded Pastures in Western Norway: History, Ecology, Dynamics and Management." In *Soil Biota, Nutrient Cycling, and Farming Systems*, edited by M. G. Paloetti, W. Foissner, and D. Coleman, 193–205. Boca Raton: Lewis Publishers.

Austad, I., L. N. Hamre, K. Rydgren, and A. Norderhaug. 2003. "Production in Wooded Hay Meadows." In *Ecosystems and Sustainable Development*, edited by E. Tiezzi, C. A. Brebbia, and J. L. Uso, vol. 2, 1091–1101. Ashurst, New Forest, U.K.: Wit Press.

Austad, Ingvild, and Leif Hauge. 2008. "The 'Fjordscape' of Inner Sogn, Western Norway." In *Nordic Landscapes: Region and Belonging on the Northern Edge of Europe*, edited by Michael Jones and Kenneth R. Olwig. Minneapolis: University of Minnesota Press.

———. 2014. "Pollarding in Western Norway." *Agroforestry News* 22 (3): 16.

【マ行】

【ヤ行】

【ラ行】

【ワ行】

【タ行】

【ナ行】

【サ行】

索　引

著者紹介

ウィリアム・ブライアント・ローガン（William Bryant Logan）

ニューヨーク植物園で教鞭をとる。

これまで30年間、木を相手に働いてきた。認定育樹家で、ニューヨーク市を拠点とする樹木管理の会社の創設者兼社長。

ガーデンライターズアソシエーションから数々の賞を受賞しており、「House Beautiful」「House and Garden」「Garden Design」などの雑誌の寄稿編集者、「ニューヨークタイムズ」のレギュラーのガーデンライターでもある。

国際樹芸学会 International Society of Arboriculture（ISA）のニューヨーク州支部から2012年のSenior Scholar賞を、国際ISAからTrue Professional of Arboriculture賞を受賞。本書で、最も優れたネイチャーライティングの著作に贈られるジョン・バロウズ賞を受賞。

著書に、『Oak』（『ドングリと文明』日経BP社）、『Air』『Dirt』などがある。

訳者紹介

屋代通子（やしろ・みちこ）

兵庫県西宮市生まれ。札幌市在住。

出版社勤務を経て翻訳業。

主な訳書に『シャーマンの弟子になった民族植物学者の話　上・下』『虫と文明』『馬の自然誌』『外来種のウソ・ホントを科学する』『木々は歌う』（以上、築地書館）、『ナチュラル・ナビゲーション』『日常を探検に変える』（以上、紀伊國屋書店）、『数の発明』『ピダハン』『マリア・シビラ・メーリアン』（以上、みすず書房）など。

樹木の恵みと人間の歴史

石器時代の木道からトトロの森まで

2022年5月10日　初版発行

著者　ウィリアム・ブライアント・ローガン
訳者　屋代通子
発行者　土井二郎
発行所　築地書館株式会社
〒104-0045 東京都中央区築地 7-4-4-201
TEL.03-3542-3731　FAX.03-3541-5799
http://www.tsukiji-shokan.co.jp/
振替 00110-5-19057
印刷・製本　中央精版印刷株式会社
装丁・装画　秋山香代子

ISBN978-4-8067-1633-4

● 築地書館の本 ●

英国貴族、領地を野生に戻す

野生動物の復活と自然の大遷移

イザベラ・トゥリー［著］三木直子［訳］

2700 円＋税

中世から名が残る南イングランドの農地
1400ha を再野生化する——
所有地に自然をとりもどすために野ブタ、鹿、
野牛、野生馬を放ったら、チョウ、野鳥、
めずらしい植物までみるみるうちに復活。
その様子を農場主の妻が描いた
全英ベストセラーのノンフィクション

木材と文明

ヨアヒム・ラートカウ［著］山縣光晶［訳］

3200 円＋税

ヨーロッパは、文明の基礎である「木材」を
利用するために、どのように森林、河川、
農地、都市を管理してきたのか。
王権、教会、製鉄、製塩、製材、造船、
狩猟文化、都市建設から
木材運搬のための河川管理まで、
錯綜するヨーロッパ文明の発展を
「木材」を軸に膨大な資料をもとに描き出す